冷库设计及实例

张国东　主编

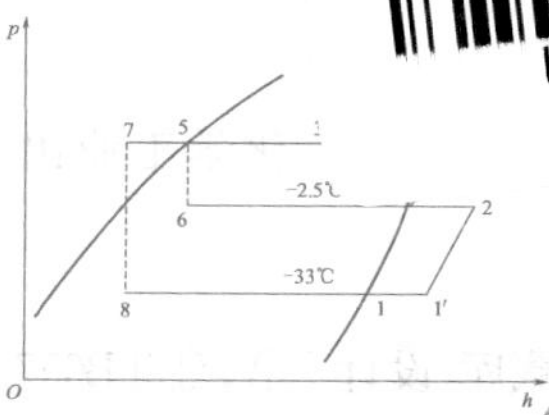

化学工业出版社
·北京·

全书共7章，涵盖了冷库设计相关的全部内容。重点介绍了冷库基本知识、隔热与防潮、制冷系统的设计（包括负荷计算、机器设备选型计算与布置、机房和库房设计、管道设计等）、气调冷库、制冰与储冰设计、冷库给排水等相关内容，并介绍了以氨和氟里昂为制冷剂的冷库设计工程实例。本书在强化理论的基础上，更注重实践应用能力的提高。

本书可作为教育、劳动社会保障系统，以及其他培训机构或社会力量办学和企业所举办的职业技能培训教学，也可作为职业技术院校的技能实训教材，还可供从事冷库技术工作人员参考使用。

图书在版编目（CIP）数据

冷库设计及实例/张国东主编．—北京：化学工业出版社，2012.12（2023.8重印）
ISBN 978-7-122-15526-9

Ⅰ.①冷…　Ⅱ.①张…　Ⅲ.①冷藏库-设计　Ⅳ.①TB657.1

中国版本图书馆CIP数据核字（2012）第237681号

责任编辑：辛　田　　文字编辑：冯国庆
责任校对：陈　静　　装帧设计：尹琳琳

出版发行：化学工业出版社（北京市东城区青年湖南街13号　邮政编码100011）
印　　装：北京盛通数码印刷有限公司
787mm×1092mm　1/16　印张14　字数344千字　2023年8月北京第1版第15次印刷

购书咨询：010-64518888　　售后服务：010-64518899
网　　址：http：//www.cip.com.cn
凡购买本书，如有缺损质量问题，本社销售中心负责调换。

定　　价：48.00元

Preface

前言

随着我国经济的高速发展与人们生活水平的提高，生鲜与速冻食品具有巨大的发展潜力，为了保障生鲜与速冻食品在流通中的安全与质量，核心是不断改造与新建不同类型的冷藏冷冻仓库。为了满足社会需要，提高人们对冷库的设计水平，编者根据2010年国家标准《冷库设计规范》，并在引入了本领域的新技术、新工艺和新设备的前提下编写了本书。

本书以冷库制冷工艺设计过程为主线，重点介绍了冷库基本知识、冷库的隔热与防潮、冷库制冷系统的设计（包括制冷负荷计算、制冷机器设备选型计算与布置、机房和库房设计、制冷系统管道设计等），还有针对性地介绍了气调冷藏库工艺设计、冷库制冰与储冰设计、冷库给排水等相关内容，并介绍了以氨和氟里昂为制冷剂的冷库设计工程实例。在本书组织上，基本理论力求深入浅出、通俗易懂，强调实际和实用，突出能力培养，使本书既具有行业特色，又有较宽的覆盖面，是一本适应性、实用性较强的专业教材。

本书除适用于高职、中职制冷专业作为实训教学教材外，还可用于劳动社会保障系统、社会力量办学以及其他培训机构所举办的培训教学，也适用于各级各类职业技术学校举办的中短期培训教学以及企业内部的培训教学。

本书由张国东负责大纲的起草及全书的主要编写和统稿工作。本书在编写和出版过程中得到了魏龙教授的关心和支持，张桂娥协助进行文字和插图的校对工作，同时还得到陶洁、蒋李斌、冯飞、张蕾等的大力帮助，在此一并表示衷心的感谢。

限于编者的水平，书中疏漏之处在所难免，敬请广大读者批评指正。

编者

Contents
目录

第1章 冷库基本知识

冷库是指通过人工制冷保持库内一定的温度和湿度条件，主要用于食品的冷冻加工和冷藏；对于气调库还需要控制氧和二氧化碳气体成分的比例，以便更好地保证食品储藏的质量。冷库主要包括制冷机房、库房、变配电间等。

1.1 冷库在食品冷藏链中的地位和作用

1.1.1 食品冷藏链

食品冷藏链是建立在食品冷冻工艺学的基础上，以制冷技术为手段，使易腐农产品从生产者到消费者之间的所有环节，即从原料（采摘、捕、收购等环节）、生产、加工、运输、储藏、销售流通的整个过程中，始终保持合适的低温条件，以保证食品的质量，减少损耗。这种建立在食品冷冻工艺学上的连续低温环节称为食品冷藏链（Cold Chain），如图 1-1 所示。

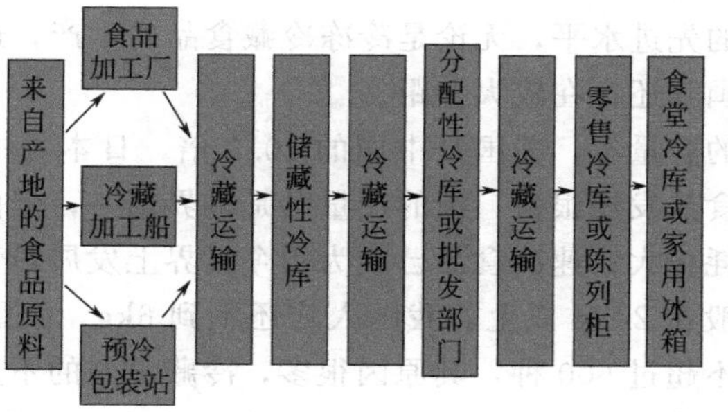

图 1-1　食品冷藏链组成图

（1）冷冻加工　包括肉类、鱼类的冷却与冻结；果蔬的预冷与各种速冻食品的加工等。主要涉及冷却与冻结库或装置。

（2）冷冻储藏　包括食品的冷藏和冻藏，也包括果蔬的气调储藏。主要涉及各类冷藏库、冷藏柜、冻结柜及家用冰箱等。

（3）冷藏运输　包括食品的中、长途运输及短途送货等。主要涉及铁路冷藏车、冷藏汽车、冷藏船、冷藏集装箱等低温运输工具。

在冷藏运输过程中，温度的波动是引起食品质量下降的主要原因之一，因此，运输工具必须具有良好的性能，不但要保持规定的低温，更切忌大的温度波动，长距离运输尤其如此。

（4）冷冻销售　包括冷冻食品的批发及零售等，由生产厂家、批发商和零售商共同完成。早期，冷冻食品的销售主要由零售商的零售车及零售商店承担，近年来，城市中超级市场的大量涌现，已使其成为冷冻食品的主要销售渠道。超市中的冷藏陈列柜，兼有冷藏和销售的功能，是食品冷藏链的主要组成部分之一。

1.1.2 国内外冷库发展现状及趋势

改革开放以来，我国冷冻冷藏食品产业快速发展，低温仓储业取得重大进步。据空调制冷大市场调查数据获悉，我国各类生鲜品年总产量约 7 亿吨，冷冻食品的年产量在 2500 万吨以上，总产值在 520 亿元以上；年营业额在 500 万元（含 500 万元）以上的食品冷冻、冷藏企业约 2 万家（包括加工企业内的冷库车间及冷藏库），就业人员 250 万人，全国冷库容量达 900 万吨左右。与改革开放初期相比，不仅冷库总容量增加了一倍半，冷库的建设技术也得到了明显进步。

一方面，以当年的上海吴径冷库、现在的锦江国际低温物流公司为代表的传统土建冷库，根据市场需要与物流的要求得到改造，冷藏的温度带得到拓宽，改建了封闭式低温站台；另一方面，以大连海洋渔业公司、中外运上海冷链物流公司、杭州肉联厂、山东银座圣洋、青岛港怡之航、宁波远东、烟台中鲁等企业为代表，按照冷链物流中心的要求建造了一大批新型的现代冷库，不仅温控幅度宽，最低库温已达－55℃，单体冷库容量已达 3.5 万吨以上，最大冷库群的容量达到 10 万吨以上，有的冷库的自动化程度已达到国际先进水平，封闭式站台、升降式装卸平台、低温理货区、形式多样的货架和托盘的配置已被这些现代冷库所普遍采用；冷库的标准化工作也提上日程，上海市《食品冷链物流技术与管理规范》地方标准已经颁布实施，对封闭式站台的温度、理货间的温度、进库货物温度的上限以及冷藏车货物的装载时间等均已有了具体的规定，这为全国范围内的冷库标准化工作开了个好头。

不过相比发达国家的先进水平，无论是冷冻冷藏食品的生产，还是冷藏库的数量、技术水平及其运营方式，我国都还存在较大差距。

从人均占有冷藏库的容量看，美国是中国的 10.3 倍，日本是中国的 15.73 倍。我国的肉类水产、果蔬等生鲜食品发展很快，肉的产量已是世界第一，但由于冷藏设施跟不上，在流通过程中的损失与损耗很大；速冻食品已成为当今世界上发展最快的食品之一，发达国家人均年消费速冻食品一般在 20kg 以上，我国人均还不到 6kg，美国、日本等国家速冻食品的品种有几千种，我国不超过 600 种，其原因很多，冷藏设施的不足也是其中之一。

从冷库的质量及其运营方式看，我国冷库的 80％以上是 20 世纪 90 年代以前的多层土建冷库，新型的装配式立体化冷库不到 20％。多层土建冷库技术含量低，温控区间小，相关设施不配套，有的已经陈旧老化，从体制与适用范围上分属于肉类、水产、果蔬企业，企业自运营冷库的效益不高，专业化、社会化的第三方综合冷藏物流企业较少，不能适应我国生鲜与速冻食品发展的需要。

空调制冷大市场的专家分析认为，业界应充分认识生鲜和速冻食品发展的潜力与趋势，通过建立健全先进、科学的冷链物流系统，以适应与促进我国食品工业又快又好地发展。

随着我国经济的高速发展与人们生活水平的提高，生鲜和速冻食品具有巨大的发展潜力，为了保障生鲜和速冻食品在流通中的安全与质量，一方面要不断改造与新建不同类型的冷藏冷冻仓库，这是基础及核心；另一方面，还要强化预冷环节，健全冷藏运输系统，加强食品流通全过程的温度控制，只有建立健全以冷库为核心的冷链物流系统，才能最终保障食品的安全与质量。冷链物流是一个社会化的系统工程，单一企业是难以实现的，企业的冷藏设施应该社会化，冷库的服务功能应该向上下延伸，应该倡导与促进第三方综合冷链物流企业的发展，应该倡导和促进冷库与冷藏运输企业之间的合作。

1.2 冷库的组成与分类

1.2.1 冷库的组成

冷库，特别是大中型冷库是一个以主库为中心的建筑群，主要由建筑主体（主库）、其他生产设施和附属建筑组成。

1.2.1.1 主库

主库是冷库的主体建筑，主要有冷却间、冻结间、冷却物冷藏间、冻结物冷藏间、冰库等，具体组合由储藏品种和加工工艺决定，储藏品种不同，工艺不同，主体建筑的组合也不一样。

（1）冷却间　冷却间是用来对食品进行冷冻加工或冷藏前，预先冷却的库房。水果、蔬菜在进行冷藏前，为除去田间热，防止某些生理病害，应及时、逐步降温冷却。鲜蛋在冷藏前也应进行冷却，以免骤然遇冷时，内容物收缩，蛋内压力降低，空气中微生物随空气从蛋壳气孔进入蛋内而使鲜蛋变坏。肉类在冷却间短期储存（中心温度 0～4℃）称为冷却肉，其肉味较冻结肉鲜美。当果蔬、鲜蛋的一次进货量小于冷藏间容量的 5%时，也可不经冷却直接进入冷藏间。

（2）冻结间　冻结间是食品进行冷冻加工的库房，要求温度较低。需要长期储存的食品必须先经过冻结加工，然后才能进行冷藏。目前，肉、禽类多采用一次冻结，即入库的货物不经过冷却直接进入冻结间冻结。这种加工方法可减少能耗，缩短加工时间，节省一次搬运劳动和进出库的时间，但冻结间因货物进出和冻结设备冲霜频繁，温度波动较大，建筑结构因冻融循环而易损坏。为了便于冻结间的维修和保证冷库的正常使用，冻结间可单独建造。

（3）再冻间　再冻间设于分配性冷库中，供外地调入冻结食品中品温超过－8℃的部分在入库前再冻之用。再冻间冷却设备的选用与冻结间相同。

（4）冷却物冷藏间　主要用于储藏经过冷却过的食品，如鲜蛋和果蔬，又称高温冷藏间。由于果蔬和鲜蛋仍有呼吸作用，所以除了要保持库内温度和湿度外，还需引进适量的新鲜空气。如储藏冷却肉，储藏时间不宜超过 20 天。

（5）冻结物冷藏间　主要储存冻结加工过的食品，又称低温冷藏间，用于较长期地储存冻结食品。在国外有的冻结物冷藏间温度有降至－28～－30℃的趋势，日本对冻金枪鱼还采用了－45～－50℃所谓超低温的冷藏间。

（6）制冰间和冰库　冰在食品保鲜中用途很多，例如从海中或养殖场内捕捞鱼虾后运输到加工间需要冰，鲜货长途运输需要冰，医疗、科研、生活服务等部门也需要冰。所以大、中型冷库中常附设制冰间，制冰方式有盐水制冰、桶式快速制冰等。

制冰间的位置宜靠近设备间，水产冷库常把它设于多层冷库的顶层，以便于冰块的输出。制冰间宜有较好的采光和通风条件，要考虑到冰块入库或输出的方便，室内高度要考虑到提冰设备运行的方便，并要求排水畅通，以免室内积水和过分潮湿。

冰库是用以储存冰的房间，以解决需冰旺季和制冰能力不足的矛盾。储存盐水制冰的冰库，其库温一般为－4℃；储存快速制冰的冰库，其库温为－10℃。

(7) 穿堂　为冷却间、冻结间、冷藏间进出货物而设置的通道，其室温分常温或某一特定温度。

穿堂是食品进出的通道，并起到沟通各冷间、便于装卸周转的作用。库内穿堂有低温穿堂和中温穿堂两种，分属高、低温库房使用。目前冷库中较多采用库外常温穿堂，常温穿堂的温度经常保持在接近或略低于外界大气温度，在建筑构造上无需进行隔热处理，只要求有一般自然通风条件。低温穿堂的温度一般低于0℃以下，其围护结构必须设置隔热层，同时为了迅速而有效地吸收外界空气和"热货"带入的热量，穿堂内必须布置制冷设备。

(8) 气调保鲜间　气调保鲜主要是针对水果蔬菜的储藏而言，即在果蔬储藏环境中适当降低氧的含量和提高二氧化碳的浓度，来抑制果蔬的呼吸强度，延缓成熟，达到延长储藏的目的。控制气体成分有自然降氧法和机械降氧法。自然降氧法是用配有硅橡胶薄膜的塑料薄膜袋盛装物品，靠果蔬本身的呼吸作用降低氧和提高二氧化碳的浓度，并利用薄膜对气体的透性，透出过多的二氧化碳，补入消耗的氧气，起到自发气调的作用。机械降氧法是利用降氧机、二氧化碳脱降机或制氮机来改变室内空气成分，达到气调的作用。

(9) 其他　如电梯间、挑选间、包装间、分发间、副产品冷藏间、次品冷藏间、楼梯间等。

1.2.1.2　生产设施间

(1) 制冷压缩机房　制冷压缩机房是冷库主要的动力车间，安装有制冷压缩机及其配套设备。目前国内大多将制冷压缩机房设置在主库邻近单独建造，一般采用单层建筑。国外的大型冷库常把制冷压缩机房布置在楼层，以提高底层利用率。对于单层冷库，也有在每个库房外分设制冷机组，采用分散供液方法，而不设置集中供冷的压缩机房。

(2) 设备间　设备间与机房相连，与设备间以墙分隔，主要安装有卧式壳管式冷凝器、储氨器、气液分离器、低压循环储液桶、氨泵等制冷设备。小型冷库为了操作方便，也可将两者合二为一。

(3) 变配电间　包括变压器间、高低压配电间和电容器间（大型冷库），一般设在机房的一端，室内要有良好的通风条件，炎热地区必须设通风装置，为了减少太阳辐射热的影响，变配电间不宜朝西布置。

1.2.1.3　附属建筑

主要指主体建筑以外，和主体建筑有密切关系的其他建筑，包括肉类屠宰间、包装整理间等。鱼类、蛋类、水果、蔬菜等食品在进库前，须先在包装整理间内进行挑选、分级、整理、过磅、装盘或包装，以保证食品质量和库内卫生，包装整理间要有良好的采光和通风条件，每小时要有1～3次的通风换气，地面要便于冲洗，排水要通畅。

1.2.2　冷库的分类

冷库分类的方法很多，不同的分类方法可以从不同的角度反映出冷库的特性。目前，国内的分类方法主要如下。

1.2.2.1 按规模分类

冷库的设计规模以冷藏间或冰库的公称容积为计算标准，一般分为大、中、小型。公称容积大于20000m³为大型冷库；20000～5000m³为中型冷库；小于5000m³为小型冷库。

1.2.2.2 按使用库温要求分类

（1）冷却库　又称高温库，库温一般控制在不低于食品汁液的冻结温度，用于果蔬之类食品的储藏。冷却库或冷却间的保持温度通常在0℃左右，并以冷风机进行吹风冷却。

（2）冻结库　又称低温冷库，库温一般在－20～－30℃，通过冷风机或专用冻结装置来实现对肉类食品的冻结。

（3）冷藏库　即冷却或冻结后食品的储藏库。它把不同温度的冷却食品和冻结食品在不同温度的冷藏间和冻结间内作短期或长期的储存。通常冷却食品的冷藏间保持库温为4～2℃，主要用于储存果蔬和乳蛋等食品；冻结食品的冷藏间的保持库温为－18～－25℃，用于储存肉、鱼等。

1.2.2.3 按冷库制冷设备选用制冷剂分类

（1）氨冷库　此类冷库制冷系统使用氨作为制冷剂。

（2）氟里昂冷库　此类冷库制冷系统使用氟里昂作为制冷剂。

1.2.2.4 按结构形式分类

（1）土建式冷库　这是目前建造较多的一种冷库，可建成单层或多层。建筑物的主体一般为钢筋混凝土框架结构或者砖混结构。土建冷库的围护结构属重体性结构，热惰性较大，室外空气温度的昼夜波动和围护结构外表面受太阳辐射引起的昼夜温度波动，在围护结构中衰减较大，故围护结构内表面温度波动就较小，库温也就易于稳定。

（2）装配式冷库　这类冷库的主体结构（柱、梁、屋顶）采用轻钢结构，其围护结构的墙体使用预制的复合隔热板。隔热材料为硬质聚氨酯泡塑料和硬质聚苯乙烯泡沫塑料等。由于除地面外，所有构件均是按统一标准在专业工厂成套预制，可在工地现场组装，所以施工进度快，建设周期短。

（3）夹套式冷库　这类冷库是在常规冷库的围护结构内增加一个内夹套结构，夹套内装设冷却设备，冷风在夹套内循环制冷，将外围护结构传入的热量带走，防止热量传入库内，所以库内温度稳定均匀，食品干耗小，外界环境对库内干扰小，夹套内空气流动阻力小，气流组织均匀，但造价较高。

（4）覆土式冷库　它又称土窑洞冷库，洞体多为拱形结构，有单洞体式，也有连续拱形式。一般为砖石砌体，并以一定厚度的黄土覆盖层作为隔热层。用作低温的覆土冷库，洞体的基础应处在不易冻胀的砂石层或者基岩上。由于它具有因地制宜、就地取材、施工简单、造价较低、坚固耐用等优点，在我国西北地区得到较大的发展。

（5）气调式冷库　这类冷库主要用于新鲜果蔬、农作物种子和花卉等活体的长期储存。气调式冷库除了要控制库内的温度和湿度外，还有通过技术措施形成特定的库内气体环境，以抑制活体的呼吸和新陈代谢，达到长期储存的目的。

1.2.2.5 按使用性质分类

（1）生产性冷库　主要建在食品产地附近、货源较集中的地区和渔业基地，通常是作为鱼类、肉类、禽蛋、蔬菜和各类食品加工厂等企业的一个重要组成部分。这类冷库配有相应的屠宰车间、理鱼间、整理间，具有较大的冷却、冻结能力和一定的冷藏容量，食品在此进行冷加工后经过短期储存即运往销售地区、直接出口或运至分配性冷藏库作长期储藏。生产性冷库平面图如图 1-2 所示。

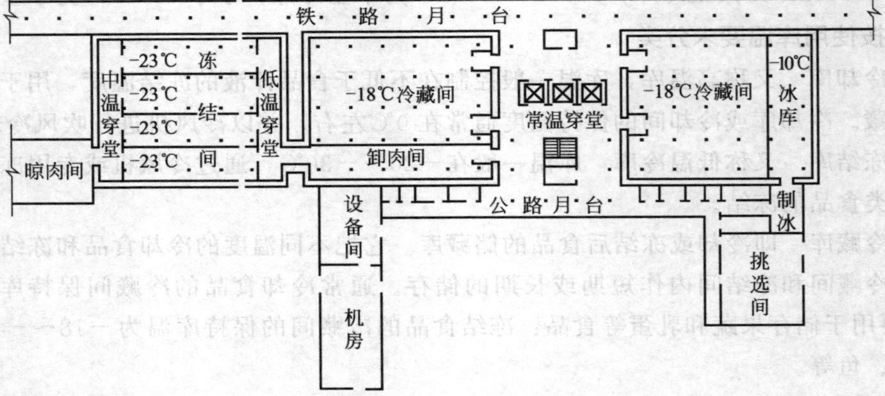

图 1-2 生产性冷库平面图

（2）分配性冷库 主要建在大中城市、人口较多的工矿区和水陆交通枢纽一带，专门储藏经过冷加工的食品，以供调节淡旺季节、保证市场供应、提供外贸出口和作长期储备之用。它的特点是冷藏容量大并考虑多品种食品的储藏，其冻结能力较小，仅用于长距离调入冻结食品在运输过程中软化部分的再冻及当地小批量生鲜食品的冻结。分配性冷库平面图如图 1-3 所示。

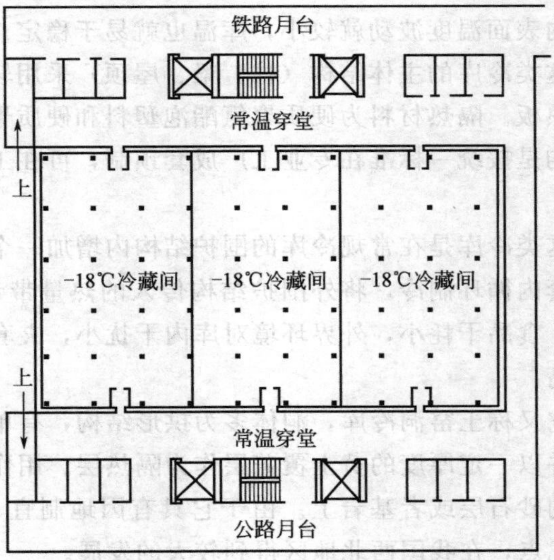

图 1-3 分配性冷库平面图

（3）零售性冷库 一般建在工矿企业或城市大型副食品店和超市内，供临时储存零售食品之用。这类冷库的库容量小，食品储存期短，可以根据使用要求调节库温。在库体结构上，大多采用装配式冷库。

（4）中转性冷库 中转性冷库有两种：一种建在水陆交通枢纽，批量接收来自生产性冷库的食品，具有少量的再冻能力，食品经过短期储存后，整批运往分配性冷库或外运出口；

另一种建在渔业基地，能进行大批量的冷加工，关能在冷藏船、车的配合下，起中间转运的作用。食品的流通特点是整进整出。因此，为适应进出货集中的要求，中转性冷库的站台较大，装卸能力较强。

（5）综合性冷库　这类冷库容量大、功能齐全，集生产性和分配性功能于一身，如图1-4所示。

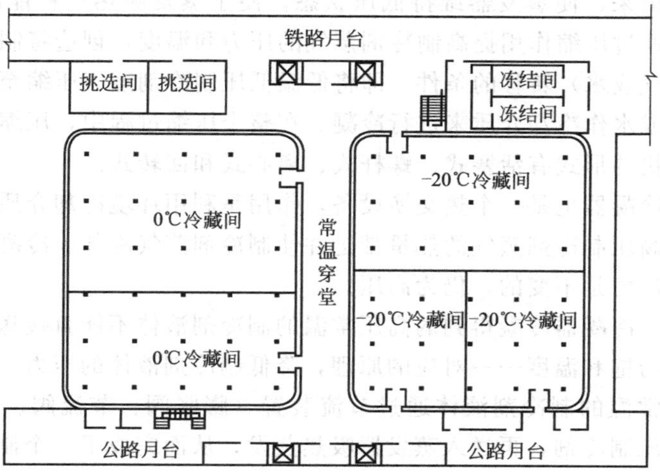

图1-4　综合性冷库平面图

1.3 冷库制冷技术基础

1.3.1 单级蒸气压缩式制冷

1.3.1.1 单级蒸气压缩式制冷主要设备

所谓单级蒸气压缩式制冷循环，是指制冷剂在一次循环中只经过一次压缩。单级蒸气压缩式制冷，其最低蒸发温度可达－30～－40℃。

单级蒸气压缩式制冷循环基本构成包括制冷压缩机、冷凝器、节流装置和蒸发器（俗称制冷四大件）。用管道依次将其连接，形成一个完全封闭的系统，如图1-5所示为由四大主件构成的最简单的蒸气压缩式制冷装置。制冷剂在这个封闭的制冷系统中以流体状态循环，通过相变，连续不断地从蒸发器中吸取热量和在冷凝器中放出热量，从而实现制冷目的。

单级蒸气压缩式制冷循环的工作过程：蒸发器内，制冷剂在一定的蒸发温度下气化，从被冷却对象中吸取热量 Q_0，实现制冷。气化后的低温低压的制冷剂蒸气被压缩机及时抽出，并压缩至冷凝压力，送入冷凝器，压缩过程中压缩机消耗功率 P_0。高温高压制冷剂蒸气在冷凝器内把热量 Q_k 传递给环境冷却介质，首先被冷却，然后被冷凝为高压常温的制冷剂液体。

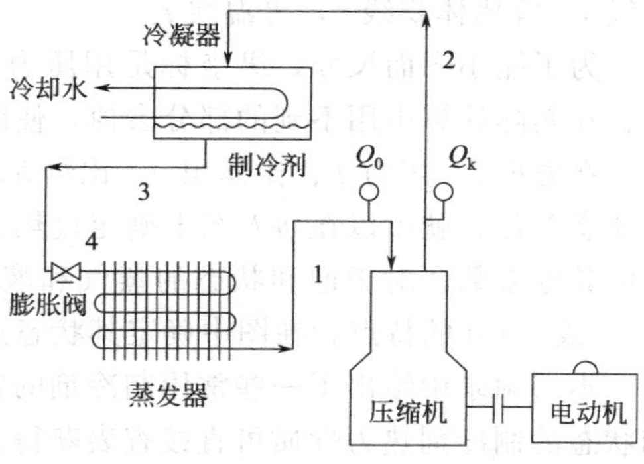

图1-5　蒸气压缩式制冷装置

该液体通过节流降压装置，降压降温为湿蒸气进入蒸发器，准备再次吸热气化，从而完成一个单级蒸气压缩式制冷循环。

(1) 蒸发器　蒸发器是热交换设备，其作用是将蒸发器外被冷却对象的热量传递给蒸发器内制冷剂，液态制冷剂气化吸热而使被冷却对象的温度降低，从而达到制冷的目的。

(2) 制冷压缩机　制冷压缩机的作用之一是不断地将完成了吸热过程而气化的制冷剂蒸气从蒸发器中抽吸出来，使蒸发器维持低压状态，便于蒸发吸热过程能继续不断地进行下去；其作用之二是通过压缩作用提高制冷剂蒸气的压力和温度，创造将制冷剂蒸气的热量向外界环境介质（空气或水）转移的条件。即将低温低压制冷剂蒸气压缩至高温高压状态，以便能用常温的空气或水作冷却介质来进行冷凝。在整个压缩过程中，压缩机将消耗一定的外功。常用制冷压缩机的形式有活塞式、螺杆式、离心式和回转式。

(3) 冷凝器　冷凝器也是一个热交换设备，作用是利用环境冷却介质空气或水，将来自制冷压缩机的高温高压制冷剂蒸气的热量带走并使制冷剂蒸气冷却、冷凝为液体。在制冷剂蒸气冷凝过程中，压力是不变的，仍为高压。

(4) 节流装置　冷凝器冷凝得到的高压常温的制冷剂液体不能直接送入低温低压的蒸发器。利用饱和压力与饱和温度一一对应的原理，降低制冷剂液体的压力，从而降低制冷剂液体的温度。将高压常温的制冷剂液体通过节流装置（膨胀阀、节流阀、毛细管等），膨胀、降压后得到低温低压制冷剂，再送入蒸发器吸热蒸发，从而完成了一个制冷循环。

在单级蒸气压缩式制冷机中，除了上述四大部件外，为了保证制冷装置的经济性和运行安全，还增加了其他许多辅助设备，如过滤器、油分离器、储液器等。

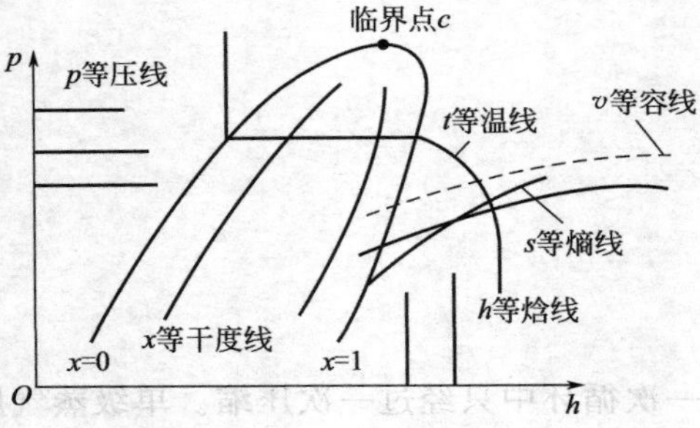

图 1-6　压-焓图（p-h图）

1.3.1.2　压-焓图（p-h 图）

如图 1-6 所示为压-焓图（p-h 图）。借助它可以分析、计算制冷循环。p-h 图以绝对压力 p 为纵坐标，焓值 h 为横坐标。图中包含以下内容。

一点：临界点 c。

三区：液相区、两相区（湿蒸气区）、气相区。

五态：过冷液状态、饱和液状态、湿蒸气状态、饱和蒸气状态、过热蒸气状态。

八线：等压线 p，等焓线 h，饱和液线 $x=0$，饱和蒸气线 $x=1$，无数条等干度线 x，等熵线 s，等比体积线 v，等温线 t。

为了缩小图面尺寸，纵坐标是用压力的对数值 $\lg p$ 来绘制的，有时还将湿蒸气区中间的、在实际计算中用不到的部分去掉，使图形更为紧凑。

在温度 t、压力 p、比体积 v、比焓 h、比熵 s、干度 x 等参数中，只要知道其中任何两个状态参数，就可以在 p-h 图上确定过热蒸气或过冷液体的状态点，从而在图中读出该状态下的其他参数。对于饱和状态的蒸气和液体，则只需知道一个状态参数，就可根据其干度 $x=1$ 或 $x=0$ 的特点，在图中确定其状态点。

本书附录中给出了一些常用制冷剂的饱和液体及蒸气的热力性质表和相应的 p-h 图。饱和状态的制冷剂热力性质可直接查表获得。

应用 p-h 图时还应掌握各参数在 p-h 图上的变化趋势，尤其应该注意：等熵线是一组不平行线，越靠图右侧，等熵线走势越平坦，即数值变化越大；等温线在液相区、两相区和气相区三个区域里走势是变化的。

1.3.1.3 单级蒸气压缩式理论制冷循环在压-焓图（lg*p*-*h* 图）上的表示

熟悉蒸气压缩式制冷循环和制冷剂的 lg*p*-*h* 图后，理论制冷循环在该图上的表示则十分容易。

在理论制冷循环中，制冷压缩机吸入干饱和蒸气，制冷剂状态点为 1（图 1-7），吸入压力为 p_0（即蒸发压力）、温度为 t_0（压力 p_0 下的饱和温度）的蒸气，吸入蒸气经压缩机绝热压缩（沿等熵线 *s* 进行）后压力升至冷凝压力 p_k，由于气体压缩过程在过热区进行，压缩机排出气体状态为过热蒸气点 2，理论排气温度为 t_2。当过热蒸气进入冷凝器后，受到冷却水或空气的冷却，制冷剂将逐渐放出热量，温度开始降低。当温度由 t_2 降至 t_k（压力 p_k 下的饱和温度）时，制冷剂将开始冷凝、液化，整个冷凝过程在等压 p_k 和等温 t_k 下进行，直至制冷剂放出全部潜热，冷凝为饱和液体结束（状态点 3）。当液体流经膨胀阀时，将产生绝热节流过程，压力由 t_k 降至 p_0。由于制冷剂在绝热节流前后的焓值不变，因此该过程可假设为沿等焓线进行，膨胀阀出口的制冷剂状态为点 4（压力 p_0，温度 t_0）。虽然该状态的制冷剂处于湿蒸气区，说明制冷剂在节流过程中已有部分气化，成为气液两相的共存的湿蒸气状态，当这些湿蒸气进入蒸发器后，其中的液态制冷剂便在蒸发器中等压 p_0 下蒸发、吸热，从而达到了制冷目的。当蒸发器中的液态制冷剂全部蒸发结束，又回复到干饱和蒸气状态点 1 时，再次被压缩机吸入而进行循环。根据以上介绍可以知道，蒸气压缩式理论制冷循环实际上由四个过程组成：即绝热压缩过程 1-2（压缩机）；等压冷凝过程 2-3（冷凝器）；绝热节流过程 3-4（膨胀阀）和等压蒸发过程 4-1（蒸发器）。这四个过程依靠制冷装置中的四大主件完成。

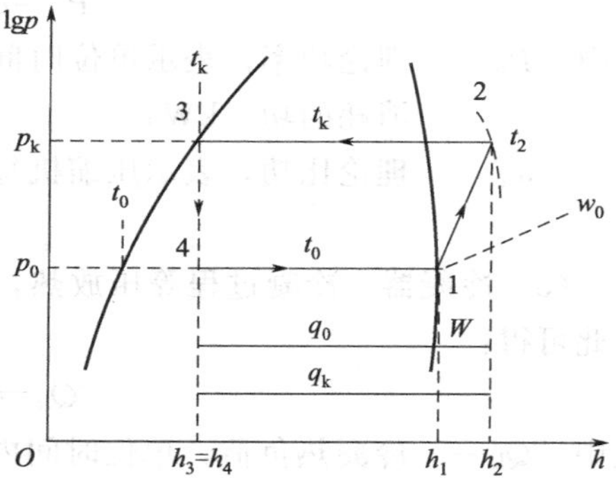

图 1-7 理论制冷循环在 lg*p*-*h* 图上的表示

1.3.1.4 单级蒸气压缩式理论制冷循环的热力计算

理论制冷循环是在一定假设条件下进行的，并不涉及制冷系统的大小和复杂性。因此，理论循环的性能指标包括：单位制冷量 q_o、单位理论功 w_o、单位冷凝器负荷 q_k、理论循环制冷系数 ε_o 等。理论制冷循环的热力计算就是对这些性能指标的分析和计算，为后面的实际循环的热力计算打基础。

理论制冷循环中，制冷剂的流动过程可认为是稳定流动过程。根据热力学第一定律，稳定流动过程的能量方程可表示为：

$$Q + P = q_m (h_{out} - h_{in}) \tag{1-1}$$

式中 Q——单位时间内外界加给系统的热量，kW；

P——单位时间内外界加给系统的功率，kW；

q_m——质量流量，表示单位时间内循环的制冷剂质量，kg/s；

h_{out}，h_{in}——1kg 制冷剂在系统出、进口处的比焓，kJ/kg。

式(1-1) 所示的能量方程既可用于整个系统，也可单独用于制冷系统中的每一个设备。因此，根据式(1-1)、理论制冷循环的假设条件以及图 1-7，对理论制冷循环进行热力计算如下。

（1）蒸发器　蒸发过程等压吸热，从外界吸收热量 Q_o，与外界没有功量交换，$P=0$。因此可得

$$Q_o = q_m(h_1-h_4) = q_m q_o \tag{1-2}$$

式中　Q_o——制冷量，表示单位时间内，循环的制冷剂在蒸发器中从被冷却对象吸取的热量，kW；

q_o——单位质量制冷量，表示 1kg 制冷剂在蒸发器中的制冷量（kJ/kg）。

$$q_o = h_1 - h_4 \tag{1-3}$$

（2）压缩机　压缩过程等熵，与外界无热量交换，$Q=0$，因此可得：

$$P_o = q_m(h_2-h_1) = q_m w_o \tag{1-4}$$

式中　P_o——理论功率，表示单位时间内，压缩机按等熵过程压缩循环中的制冷剂蒸气所消耗的功，kW；

w_o——理论比功，表示压缩机每压缩输送 1kg 制冷剂蒸气所消耗的功，kJ/kg。

$$w_o = h_2 - h_1 \tag{1-5}$$

（3）冷凝器　冷凝过程等压放热，向外界放出热量 Q_k，与外界没有功量交换，$P=0$，因此可得：

$$Q_k = q_m(h_3-h_2) = q_m q_k \tag{1-6}$$

式中　Q_k——冷凝热负荷，单位时间内循环的制冷剂在冷凝器中放出的热量，kW；

q_k——单位冷凝器负荷，表示 1kg 制冷剂蒸气在冷凝器中的放出的热量，kJ/kg。

$$q_k = h_3 - h_2 \tag{1-7}$$

（4）节流装置　节流过程绝热等焓，与外界没有热交换，也不做功，因此：

$$P=0$$

$$Q=0$$

$$h_3 = h_4 \quad \text{（节流前后焓值不变）}$$

（5）理论制冷循环的能量转换　根据热力学第一定律有：

$$Q_o + P_o = Q_k \tag{1-8}$$

（6）理论循环制冷系数 ε_o　理论制冷循环中，制取的冷量与所消耗的功率之比称为制冷系数，用 ε_o 表示，即理论制冷循环的效果和代价之比。

$$\varepsilon_o = \frac{Q_o}{P_o} = \frac{q_m q_o}{q_m w_o} = \frac{q_o}{w_o} \tag{1-9}$$

制冷系数 ε_o 是分析理论制冷循环的一个重要性能指标。制冷系数越大，制冷循环经济性越好，投入少，产出多；反之则投入多，产出少。

【例 1-1】　一单级蒸气压缩式制冷的理论循环，工作条件如下：蒸发温度 t_o 为－10℃，冷凝温度 t_k 为 35℃，制冷剂为 R22，循环的制冷量 Q_o 为 55kW，试对该循环进行热力计算。

解：首先根据制冷循环的工作温度，在工质 R22 的 p-h 图上找出理论制冷循环的各状态点，从而绘出整个循环过程，如图 1-8 所示。

在 p-h 图上，根据蒸发温度 $t_o=-10$℃，冷凝温度 $t_k=35$℃，作等压等温线分别交 $x=1$ 饱和蒸气线和 $x=0$ 饱和液线于点 1 和点 3。点 1 为压缩机吸气点，点 3 为冷凝器冷凝后的饱和液点。由点 1 作等熵线交等压线 p_k 于点 2，由点 3 作等焓线交等压线 p_o 于点 4。1-2-3-

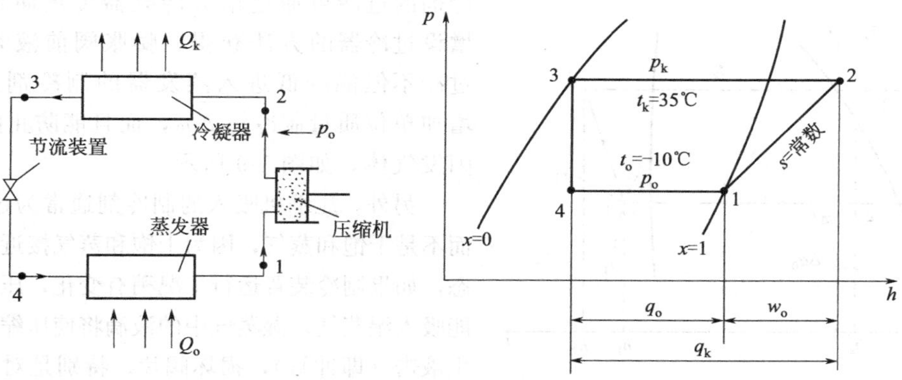

图 1-8　理论循环系统原理图和p-h图

4-1 构成一个封闭的循环，即为此例的理论制冷循环。

点 1 和点 3 为饱和状态点，故其状态参数可直接由热力性质表（见书后附录）查出，查 R22 热力性质表有：

$$p_o = 0.35\text{MPa} \qquad h_1 = 401.555\text{kJ/kg}$$

$$p_k = 1.35\text{ MPa} \qquad h_3 = h_4 = 243.114\text{kJ/kg}$$

由图 1-8 可以看出，点 2 在过热蒸气区，故其状态参数需查 p-h 图，查 R22 的 p-h 图得：

$$h_2 = 435.2\text{kJ/kg}$$

热力计算如下。

① 单位质量制冷量 q_o

$$q_o = h_1 - h_4 = (401.555 - 243.114)\text{kJ/kg} = 158.441\text{ kJ/kg}$$

② 制冷剂的质量流量 q_m

$$q_m = \frac{Q_o}{q_o} = \frac{55}{158.441} = 0.347(\text{kg/s})$$

③ 理论比功 w_o

$$w_o = h_2 - h_1 = (435.2 - 401.555)\text{kJ/kg} = 33.645\text{ kJ/kg}$$

④ 压缩机消耗的理论功率 P_o

$$P_o = q_m w_o = 0.347 \times 33.645 = 11.68(\text{kW})$$

⑤ 理论循环制冷系数 ε_o

$$\varepsilon_o = \frac{Q_o}{P_o} = \frac{q_o}{w_o} = 4.7$$

⑥ 单位冷凝器热负荷 q_k

$$q_k = h_3 - h_2 = (243.114 - 435.2)\text{kJ/kg} = -192.086\text{kJ/kg}$$

⑦ 冷凝热负荷 Q_k

$$Q_k = q_m q_k = 0.347 \times (-192.086) = -66.65(\text{kW})$$

负号代表是放热过程，与前面分析的理论制冷循环相吻合。

1.3.1.5　液态制冷剂过冷和吸气过热的理论制冷循环

应该指出，在制冷循环过程中，膨胀阀前的液态制冷剂温度通常低于它的冷凝温度 t_k，即液态制冷剂处于过冷状态。制冷剂的冷凝温度 t_k 与过冷温度 t_u 之差称为液体的过冷度。制

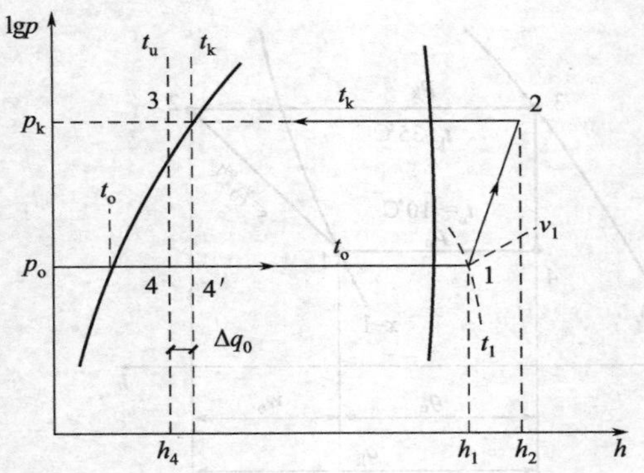

图 1-9 具有液态过冷和吸气过热的理论循环

冷剂的过冷可通过增大冷凝器传热面积或者用增设过冷器的方法获得。膨胀阀前液态制冷剂过冷不但能降低进入蒸发器的制冷剂焓值 h_3，增加单位质量制冷量 Δq_0，而且能防止阀前出现闪发气体，如图 1-9 所示。

另外，压缩机吸入的制冷剂通常为过热蒸气，而不是干饱和蒸气，因为干饱和蒸气接近湿蒸气状态，如果制冷装置运行工况稍有变化，压缩机就可能吸入湿蒸气，湿蒸气中的液滴将使压缩机汽缸产生液击（即冲缸），损坏阀片。特别是对于往复式压缩机，尤应重视。压缩机吸入过热蒸气温度 t_1 与蒸发温度 t_k 之差称为吸气过热度，压缩机在实际运行时的吸气过热度与制冷装置的工况和所用制冷剂种类有关，对于氟里昂制冷剂约为 10℃，对于氨制冷剂约为 5℃。

1.3.1.6 回热制冷循环

单级蒸气压缩式制冷回热循环系统图如图 1-10 所示。在制冷循环系统中增加了一个气液热交换器——回热器。冷凝器冷凝后的饱和制冷剂液体，用状态点 3 表示先通过回热器再去节流阀；蒸发器吸热气化后的饱和制冷剂蒸气，用状态点 1 表示，先通过回热器再去制冷压缩机。从而使节流阀前常温下的饱和制冷剂液体与制冷压缩机吸入口前低温的饱和制冷剂蒸气进行热交换，达到节流前的制冷剂液体过冷、制冷压缩机吸气过热的目的。3-3′为液体过冷过程，1-1′为吸气过热过程。如图 1-11 所示为理论循环与回热循环的 p-h 图。

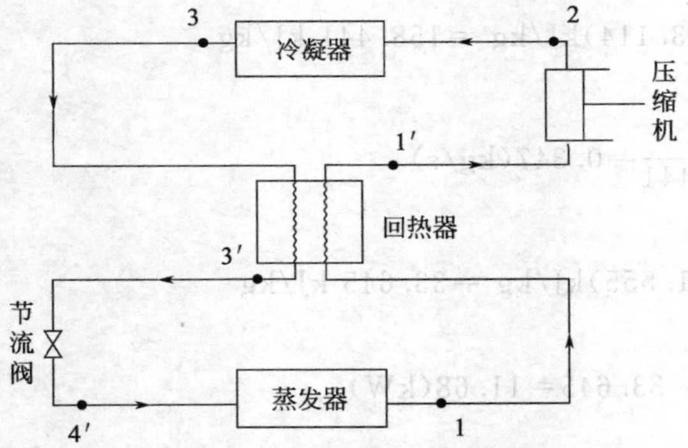

图 1-10 单级蒸气压缩式制冷回热循环系统图

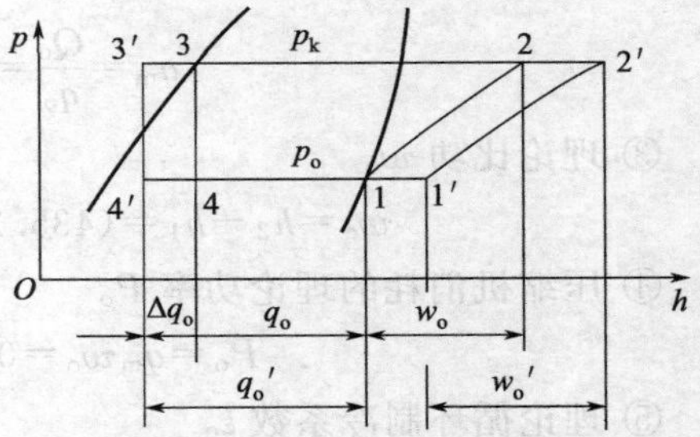

图 1-11 理论循环与回热循环的 p-h 图

在实际应用中，氟里昂制冷循环适合使用回热器。因为氟制冷系统一般采用直接膨胀供液方式给蒸发器供液。直接膨胀供液是指靠压力差给蒸发器供液，即利用节流阀前、后的高低压差（p_k-p_o）给制冷剂液体提供动力，向蒸发器供液。回热循环的过冷可使节流降压后的闪发性气体减少，从而使节流机构工作稳定、蒸发器的供液均匀。同时回热循环的过热又可使制冷压缩机避免“湿冲程”，保护制冷压缩机。

1.3.2 双级蒸气压缩式制冷

为了满足生产工艺的要求，往往需要制冷循环能获得较低的蒸发温度。单级蒸气压缩式制冷循环所能达到的最低蒸发温度因压缩机的工作原理和制冷剂的种类不同而有所差异。常用的单级活塞式制冷压缩机，在使用氨制冷剂的时候，所能达到的最低蒸发温度一般不超过－30℃。为了获得更低的蒸发温度，同时保证制冷循环的效率不至于下降，就需要采用双级或多级压缩式制冷循环。

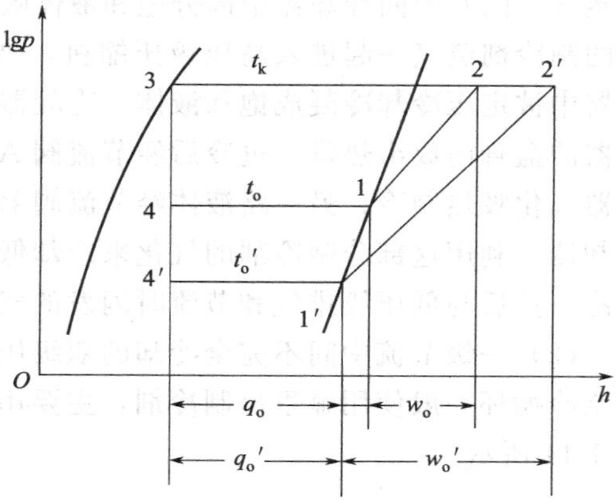

图 1-12　蒸发温度变化对制冷循环的影响

1.3.2.1　单级蒸气压缩的局限性

图 1-12 表示了蒸发温度由 t_o 降至 t_o' 的制冷循环变化过程（为了方便起见，t_k 保持不变），由图中循环过程变化可见，当蒸发温度降低时可以得到如下结论。

（1）压缩机的排气温度由 2 增至 2′，过高的排气温度不但会使润滑油碳化，而且会降低黏度，这些因素均可能影响压缩机的寿命和正常运行。特别是对于封闭式压缩机，过高的排气温度还会危及电机的使用寿命。

（2）压力比增大。压缩机的排气压力与吸气压力之比称为压缩机的压力比，在理论制冷循环中，压力比可用 p_k/p_o 表示。当蒸发温度下降时，压力比增大。压力比是压缩机的重要运行参数，当压力比增大时，压缩机的容积效率下降，实际吸气量减少（即制冷剂的循环质量减少），制冷量下降。

（3）节流损失增加。当蒸发温度由 t_o 降至 t_o' 时，制冷剂的单位质量压缩功增大，进入蒸发器的制冷剂蒸气，干度增加，意味着进入蒸发器中的制冷剂蒸气含量增加，而这些蒸气在蒸发器中已失去吸热、制冷能力，从而使制冷装置的制冷量和制冷系数均相应下降。

因此，当蒸发温度低于－30℃时，采用双级制冷循环能使上述的不利影响得到改善。

1.3.2.2　双级蒸气压缩制冷循环

（1）一级节流中间完全冷却的双级压缩制冷循环　一级节流中间完全冷却的双级压缩制冷循环是目前活塞式、螺杆式等制冷机最常用的双级压缩制冷循环形式，使用氨制冷剂。其制冷系统原理和压焓如图 1-13 所示。

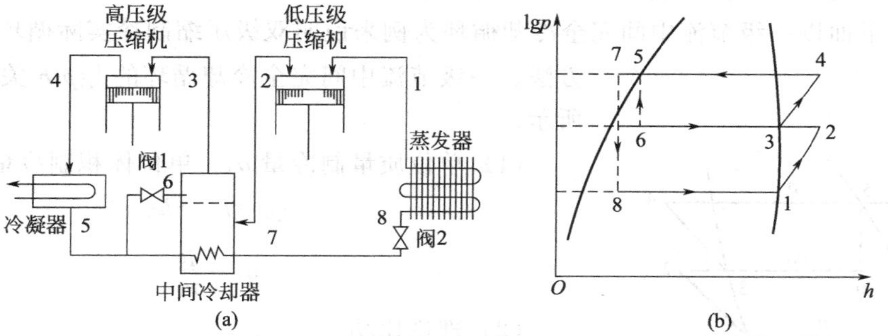

图 1-13　一级节流中间完全冷却的双级压缩制冷循环制冷原理及压焓

一级节流中间完全冷却的双级压缩制冷循环的工作过程是：从蒸发器出来的低温低压制冷剂蒸气在低压级压缩机中由蒸发压力 p_o 压缩至中间压力 p_m，低压级压缩机排出的过热蒸气在中间冷却器中与中间压力下的该制冷剂饱和液体混合，被冷却成为中间压力 p_m 下的饱和蒸气，同时中间冷却器中部分饱和液体吸热气化。冷却后的低压级排气与中间冷却器内产生的制冷剂蒸气一起进入高压级压缩机，被压缩至冷凝压力 p_k，排出后进入冷凝器，在冷凝器中被定压冷却冷凝成饱和液体。冷凝器出来的制冷剂液体分成两路：一路液体在中间冷却器的盘管内放出热量，过冷后经节流阀 A 由冷凝压力 p_k 一次节流至蒸发压力 p_o，进入蒸发器气化吸热制冷；另一路液体经节流阀 B 由冷凝压力 p_k 节流至中间压力 p_m 后进入中间冷却器，利用这部分制冷剂的气化来冷却低压级压缩机的排气和使中冷器盘管中的高压液体过冷，然后与低压级排气和节流时闪发的气体一起进入高压级压缩机。

(2) 一级节流中间不完全冷却的双级压缩制冷循环　一级节流中间不完全冷却的双级压缩制冷循环一般使用氟里昂制冷剂，主要用于中、小型制冷系统。其制冷系统原理和压焓如图 1-14 所示。

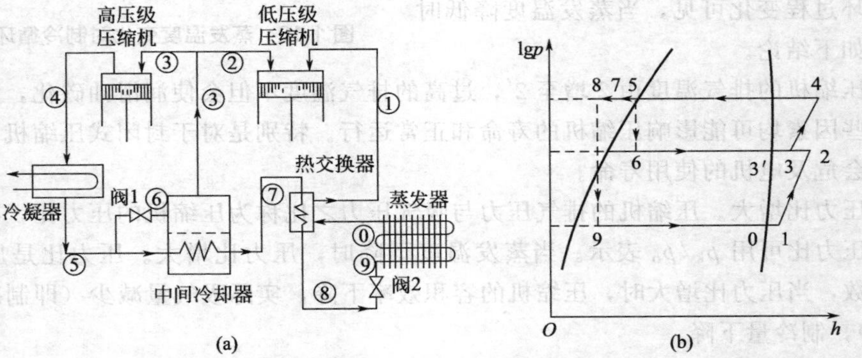

图 1-14　一级节流中间不完全冷却的双级压缩制冷循环制冷系统原理和压焓

与一级节流中间完全冷却的双级压缩循环相比，中间不完全冷却循环的主要区别在于：低压级压缩机的排气不是直接进入中间冷却器中冷却，而是与中间冷却器出来的中温制冷剂蒸气在管道中相互混合被冷却，然后进入高压级压缩机压缩。理论循环一般认为中间冷却器出来的制冷剂状态为干饱和蒸气，因此与低压级排气混合后得到的蒸气具有一定的过热度，高压级压缩机吸入的是中间压力 p_m 下的过热蒸气，这就是所谓的“中间不完全冷却”。

1.3.2.3　双级蒸气压缩热力计算

根据已知的循环工作参数，画出循环的压焓图，查找出各状态点的有关参数，然后进行热力计算。下面以一级节流中间完全冷却循环为例来说明双级压缩制冷实际循环的热力计算方法。一级节流中间完全冷却循环的 lg$p$-h 关系如图 1-15 所示。

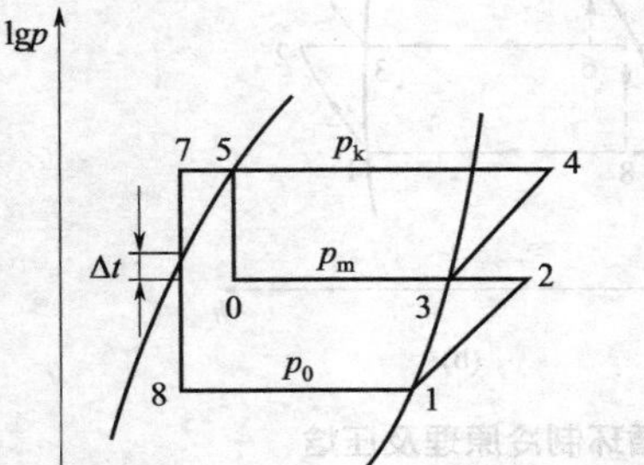

图 1-15　一级节流中间完全冷却循环的 lg$p$-h关系

(1) 单位质量制冷量 q_0、单位体积制冷量 q_v

$$q_0 = h_1 - h_5 \quad (1\text{-}10)$$

$$q_v = \frac{q_0}{v_1} \quad (1\text{-}11)$$

(2) 理论比功

低压级压缩机：　$w_{0_d} = h_2 - h_1$　(1-12)

高压级压缩机：　$w_{0_g} = h_4 - h_3$　(1-13)

(3) 低压级制冷剂的质量流量 q_{m_d}

若已知低压级压缩机型号，其理论输气量 V_{h_d} 可查压缩机样本或根据压缩机的尺寸参数计算出来。

$$q_{m_d}=\frac{V_{h_d}}{v_1} \tag{1-14}$$

（4）高压级制冷剂的质量流量 q_{m_g}　高压级与低压级的流量是不相同的，一般由中间冷却器的能量平衡关系式求得，即忽略中间冷却器从环境的吸热量，则进入中间冷却器的制冷剂能量之和应等于离开中间冷却器的制冷剂能量之和。图 1-16 可得如下关系式。

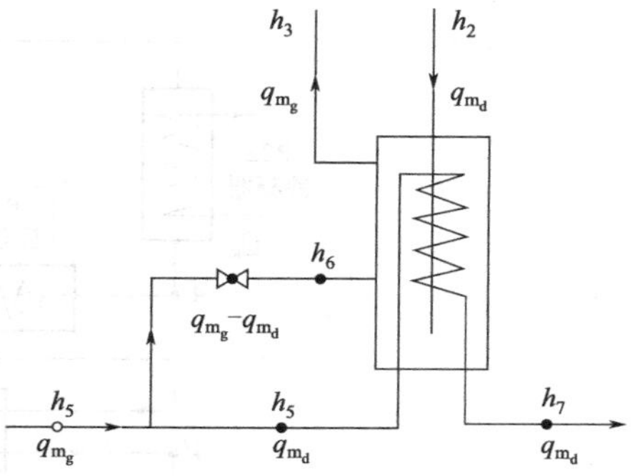

图 1-16　中间冷却器能量分析

$$q_{m_d}h_2+q_{m_g}h_5=q_{m_g}h_3+q_{m_d}h_7$$

整理后可得：

$$q_{m_g}=q_{m_d}\frac{h_2-h_7}{h_3-h_5} \tag{1-15}$$

（5）冷凝热负荷

$$Q_k=q_{m_g}(h_4-h_5) \tag{1-16}$$

（6）高、低压级压缩机理论功率

$$P_{0_d}=q_{m_d}\omega_{0_d}\qquad P_{0_g}=q_{m_g}\omega_{0_g} \tag{1-17}$$

（7）高、低压级压缩机的轴功率

$$P_{s_d}=\frac{P_{0_d}}{\eta_{s_d}}\qquad P_{s_g}=\frac{P_{0_g}}{\eta_{s_g}} \tag{1-18}$$

式中，η_{s_d}、η_{s_g} 分别为低、高压级压缩机的轴效率。活塞式制冷压缩机的轴效率一般取 0.65～0.72，低压级比高压级的轴效率要低。

（8）制冷系数

$$\varepsilon_s=\frac{Q_0}{P_{s_d}+P_{s_g}} \tag{1-19}$$

1.3.3 复叠式压缩式制冷

复叠式压缩制冷循环，由两个（或三个）部分组成：一部分为高温部分；另一部分为低温部分，每个部分都是完整的单级或双级压缩系统。高温部分系统中制冷剂的蒸发用于冷凝低温部分的排气，而低温部分系统中的制冷剂用作蒸发器的吸热制冷。高温部分用中温制冷剂，低温部分用低温制冷剂。两个部分用蒸发冷凝器联系起来，它既作高温部分的蒸发器，又作低温部分的冷凝器。

1.3.3.1 复叠式制冷循环工作原理

复叠式制冷循环工作原理如图 1-17 所示。高温部分的制冷剂常用 R22，低温部分的制冷剂用 R13，蒸发温度可达到－90～－80℃。

1.3.3.2 复叠式制冷循环的热力分析

图 1-18 给出了复叠式制冷循环的 lg$p$-h 关系。利用图 1-18 可对复叠式制冷循环进行热力计算。

图 1-18 中，1-2-3-4-5-6-1 是高温部分的循环，1′-2′-3′-4′-5′-6′-1′是低温部分的循环，低温部分的冷凝温度必须高于高温部分的蒸发温度，这一温差就是蒸发冷凝器中的传热温差。

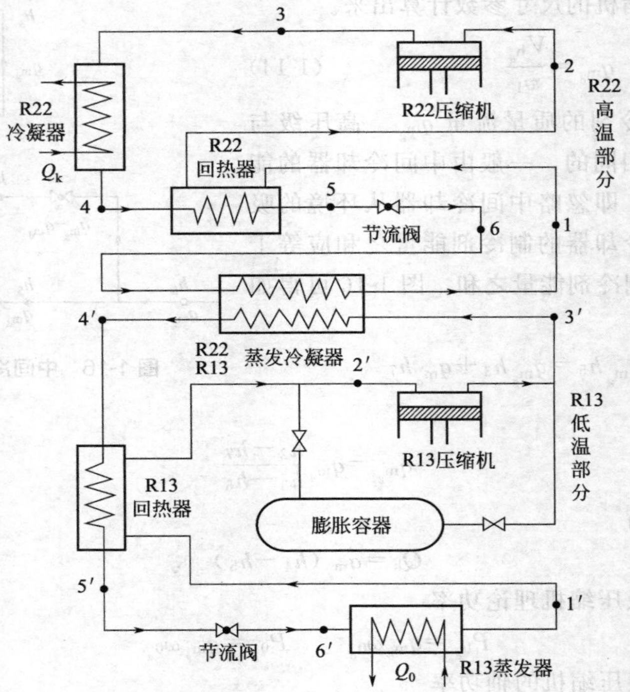

图 1-17 复叠式制冷循环工作原理

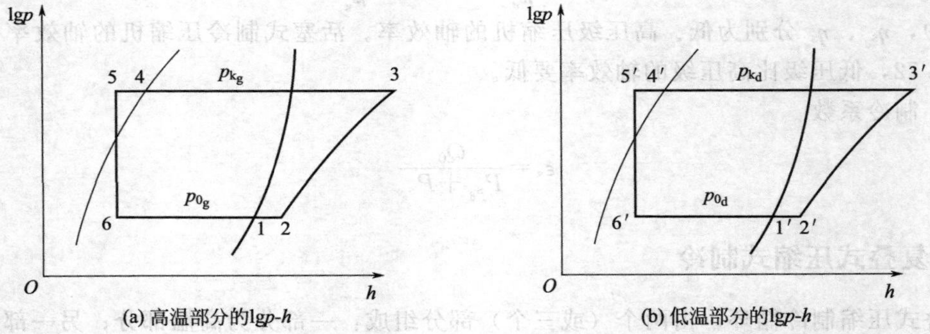

图 1-18 复叠式制冷循环的 lg$p$-h 关系

这个传热温差 $\Delta t=5\sim10$℃，为了提高循环的经济性往往取小值。1-2、4-5 以及 1′-2′、-4′-5′分别是高温部分和低温部分的气、液回热过程。确定了循环的工作参数之后，就可以按两个单级压缩循环分别进行热力计算，这里不再叙述。计算中应注意，高温部分的制冷量基本等于低温部分的冷凝热负荷。

如果高温部分采用双级压缩，低温部分仍为单级压缩，这时低温部分的蒸发温度可达到－110℃。为了获得更低的蒸发温度，就要采用三元复叠式制冷循环。例如：高温部分采用 R22 双级压缩，中温部分采用 R13 单级压缩，低温部分采用 R14 制冷剂，蒸发温度可以达到－120℃以下。

1.3.3.3 复叠式制冷循环的特点

当复叠式制冷机在停止运转后，系统内部温度会逐渐升高到接近环境温度，低温部分的制冷剂就会全部气化成过热蒸气，这时低温部分的压力将会超出制冷系统允许的最高工作压力。当环境温度为40℃时，低温部分允许的最高绝对压力为1.079MPa。为了防止压力过高，对于大型复叠式制冷装置，常采用定期使高温部分运行或将低温制冷剂抽出装入高压储液器的办法；对于中、小型复叠式制冷装置，通常在低温部分的系统中连接一个膨胀容器（图1-17），当停机后低温部分的制冷剂蒸气可进入膨胀容器，以免系统压力过高。

复叠式制冷机在启动时，必须先启动高温部分，当高温部分的蒸发温度降到足以保证低温部分的冷凝压力不超过1.57MPa时，才可以启动低温部分。

与使用单一制冷剂的多级压缩制冷循环相比，复叠式制冷循环压缩机的输气系数和效率都有所提高，且系统内保持正压，运行稳定性好。缺点是冷凝蒸发器、膨胀容器等设备及多元制冷剂使系统的复杂性提高。同时由于蒸发冷凝器有传热温差存在，当传热温差过大时，会使复叠式制冷机消耗的功比多级压缩单一制冷剂的系统要大。

1.4 冷库制冷工艺设计流程

制冷工艺是制冷系统中的一个具体概念，是制冷循环系统中各个组成部分有机联合工艺技术。所有的制冷装置无论大小均需要进行制冷工艺的设计。冷库制冷工艺的基本任务是根据制冷原理和需冷场的性质、冷加工工艺的要求，把制冷压缩机、冷凝器、蒸发器、节流阀及其辅助设备组合起来，构成一个完整、合理的制冷循环系统，创造生产过程中所需求的低温环境，用于易腐食品的冻结和冷藏。

食品冷加工工艺要求是制冷工艺设计的主要依据，是制冷工艺设计时冷库设计内容中的主要组成部分。冷库设计中的土建设计、给排水设计、采暖通风设计和电气设计都应符合制冷工艺的要求，但制冷工艺设计也要受建筑、结构及水电方面各自特点的制约。其中，制冷工艺设计是先行和主导，其他设计要依据制冷工艺设计提出的条件、数据来进行。

1.4.1 食品冷加工的机理和食品在冷加工过程中的变化

1.4.1.1 食品变质的主要原因

新鲜的食品在常温下放置一定时间后会变质，以致完全不能食用。引起食品变质的主要原因有以下几个方面。

（1）微生物的作用　微生物是一种躯体微小的生物，要用显微镜才能看见，如果把食品长期放置，就会受到微生物的污染。食品中含有的营养物质和水分，适于细菌、酵母、霉菌等微生物的生长、繁殖和活动。大量的微生物分泌各种酶类物质，使食品中的高分子物质分解为低分子物质，转变为维持其生长和繁殖所需的营养，从而降低食品的质量，使其发生变质和腐烂。所以，在食品变质的原因中，微生物的作用是主要的。

微生物的生存和繁殖需要一定的环境条件，如适宜的温度、水分和酸碱度等。温度是微生物的一个非常重要生活条件。一般来讲，温度在0℃（低温）左右即可阻止微生物的繁殖。在低温状态下，微生物的新陈代谢活动减弱。菌体处于休眠状态，只能维持生命而不生长、繁殖，并能在一个较长时间内保持其生命的活力。温度升高后，仍可恢复其正常的生命活动，进行生长和繁殖，致使食品腐败。有些嗜冷性微生物抵抗低温的能力较强，如霉菌或酵母菌，在－8℃时，仍能看到孢子出芽。所以为了阻止微生物对食品的分解，必须维持足够低的温度。

（2）酶的作用　食物本身含有酶。酶在适宜的条件下，会促使食物中的蛋白质、脂肪和碳水化合物等营养成分分解。例如屠宰后的肉，放的时间久了，其质量会下降。主要原因是在蛋白酶的作用下，蛋白质发生水解而自溶的结果。果蔬类食物，由于氧化酶的催化，促进了呼吸作用，使绿色新鲜的蔬菜变得枯萎、发黄，同时由于呼吸作用的加强，使温度升高，加速了食品的腐烂变质。另外，霉菌、酵母、细菌等微生物对食品的破坏作用，也是由于这些微生物生活过程中分泌的各种酶所引起的。

酶的活性与温度有关，如分解蛋白质的酶，在 30～50℃活性最强，如降低温度，可以减低它的反应速率。酶的活性与温度有关。在低温时，酶的活性很小。随着温度升高，酶的活性增大，催化的化学反应速率也随之加快。温度每升高 10℃，可使反应速率增加 2～3 倍。因此，食品保持在低温条件下，可防止由酶的作用而引起的变质。

（3）非酶引起的变质　有部分食品的变质与酶无直接关系。如油脂的酸败，这是由于油脂与空气接触，发生氧化反应，生成醛、酮、醇、酸、内酯、醚等化学物质，并且油脂本身黏度增加，密度增加，出现令人不快的“哈喇”味。这是与酶无关的化学变化，称为油脂的酸败或油蚝。除油脂外，食品的其他成分如维生素 C、天然色素等，也会发生氧化破坏。

1.4.1.2 食品冷加工的机理

食品变质的主要原因是微生物的作用和酶的催化作用，而作用的强弱均与温度紧密相关。一般来说，温度降低均使作用减弱，从而阻止或延缓食品腐烂变质的速度。食品可分为植物性食品和动物性食品两大类。由于它们具有不同的特性，冷加工的方法也有所不同。

（1）植物性食品　水果、蔬菜等植物性食品在储藏时，它们仍然是具有生命力的有机体。因此，它们能控制体内酶的作用，并对引起腐败、发酵的外界微生物的侵入有抵抗能力。另外，由于它们是活体，要进行呼吸，同时它们与采摘前不同的是不能再从母株上得到水分和其他营养物质，只能消耗其体内的物质而逐渐衰老。因此，为了长期储藏植物性食品，就必须维持它们的活体状态，同时又要减弱它们的呼吸作用。

低温能减弱果蔬类植物性食品的呼吸作用，延长食品的储藏期限。但温度又不能过低，温度过低会引起植物性食品生理病害，甚至冻死。因此，储藏温度应该选择在接近冰点但又不使植物冻死的温度（有特殊要求的植物性食品储藏温度除外）。如能同时调节空气中的成分（氧、二氧化碳等），即气调储藏，就能取得更为良好的效果。

（2）动物性食品　畜、禽、鱼等动物性食品在储藏时，由于生物体与构成它的细胞都已死亡，因此不能控制引起食品变质的酶的作用，也不能抵抗引起食品腐败的微生物的作用。如果把动物性食品放在低温条件下，则酶的作用受到抑制，微生物的繁殖受到阻止，体内起的化学变化就会变慢，食品就可较长时间维持它的新鲜状态。因此，储藏动物性食品时，要求在冻结点以下进行低温保存。这对生物来说，可认为是破坏整个生活机能的一种特殊干燥过程。

由上可知，防止食品的腐败，对植物性食品来说，主要是保持恰当的温度（因品种不同而异），控制好水果、蔬菜的呼吸作用；对动物性食品来说，主要是降低温度防上微生物的活动和生物化学变化，这样就能达到保持食品质量的良好效果。

1.4.1.3 食品在冷加工过程中的变化

（1）食品冷却（或冷藏）过程中的变化　食品的冷却是将食品的温度降低到指定的温度，但不低于其冻结点，主要针对植物性食品。冷却可以抑制果蔬的呼吸作用，使食品的新鲜度得到很好的保持。对于动物性食品，冷却可以抑制微生物的活动，使其储藏期限延长，对于肉类等一些食品，冷却过程还可以促使肉的成熟，使其柔软、芳香、易消化。但动物性食品由于储藏温度高，微生物易生长繁殖，一般只能作短期储藏。

① 水分蒸发　食品冷却时，由于食品表面水分蒸发，会导致失去新鲜饱满的外观（植物性食品），或者会因水分蒸发而发生干耗，同时导致肉的表面收缩、硬化、肉色变化等（动物性食品）。鸡蛋内的水分蒸发则使得鸡蛋气室增大而造成质量下降。

因此，在食品冷却过程中，应尽量减少其水分蒸发量，通过根据食品的水分蒸发特性控制其适宜的湿度、温度及风速，以及表面积的大小、表面形状、脂肪含量等。

② 生理成熟　水果、蔬菜在收获后仍是有生命的活体。为了运输和储存上的便利，果蔬一般在收获时尚未完全成熟，因此收获后还要进行呼吸作用、后熟过程，体内各种成分也不断发生变化，例如淀粉和糖的比例、糖酸比、维生素C的含量等，同时还可以看到颜色、硬度等的变化。

畜肉在宰后变化中有自行分解的作用。在冷却储藏时，这种分解作用缓慢地进行，分解的结果是使肉质软化，风味鲜美，这种受人们欢迎的变化称肉的成熟作用。但必须注意的是，这种成熟作用如进行得过分时，也会使肉类的品质下降。

③ 低温病害　在冷却过程中，有些水果、蔬菜的温度虽然在冰点以上，但当储藏温度低于某一温度界限时，果蔬的正常生理机能发生障碍，失去平衡，称为低温病害。低温病害有各种现象，最明显的症状是表皮出现软化斑点和内心部变色。像鸭梨的黑心病、马铃薯的发甜现象都是低温病害。有些果蔬在外观上看不出症状，但冷藏后再放至常温中，就丧失了正常的促进成熟作用的能力，这也是低温病害的一种。一般来说，产地在热带、亚热带的水果蔬菜容易发生低温病害。但是，有时为了吃冷的果蔬，短时间放入冷藏库中，即使是在界限温度以下，也不会出现低温病害。因为果蔬低温病害的出现需要一定的时间，症状出现最早的是香蕉，黄瓜和茄子则需要1～14天。

④ 移臭（串味）　有强烈香味或臭味的食品与其他食品放在一起冷却储藏时，这种香味或臭味就会串到其他食品上去。例如蒜与苹果、梨放在一起，蒜的臭味就会移到苹果和梨上面去；洋葱和鸡蛋放在一起，鸡蛋就会有洋葱的臭味。这样食品固有的风味就发生变化，风味变差。另外，冷藏库还具有一些特有的臭味，俗称冷藏臭，也会移给冷却食品。

⑤ 其他　食品除了上述变化之外，还存在脂质劣化、淀粉老化、寒冷收缩、微生物增殖等。

(2) 食品冻结过程中的变化　凡将食品中所含的水分大部分转变成冰的过程，都称为食品的冻结。食品冻结的原理就是将食品的温度降低到其冻结点以下，使微生物无法进行生命活动，生物化学反应速率减慢，达到食品能在低温下长期储藏的目的。

① 体积膨胀　食品内水分冻结成冰，其体积约膨胀8.7%，且在冻结时，水分从表面向内部冻结，在内部水分冻结而膨胀时，会受到外部冻结层的阻碍，于是产生内压，所以有时外层受不了内压面破裂，逐渐使内压消失。如采用冻结速度很快的液氯冻结时就会产生龟裂，还有在内压作用下使内脏的酶类挤出、红细胞崩裂、脂肪向表层移动等，由于血球膜的破坏，血红蛋白流出，加速了变色。

② 干耗　目前大部分食品是以高速冷风冻结，因此在冻结过程中不可避免会有一些水分从食品表面蒸发出来，从而引起干耗。设计不好的装置干耗可达5%～7%，设计优良的装置干耗可降至0.5%～1%。由于冻结费用通常只有食品价值的1%～2%，因此比较不同

冻结方法时，干耗是一个非常重要的问题。影响干耗的主要原因有库内相对湿度、风速大小和食品的表面积等，因此可通过控制温度和风速来减少食品的干耗，也可用不透气的包装材料将食品包装后冻结。

③ 生物和微生物的变化　生物是指小生物，如寄生虫和昆虫，经冻结都会死亡。猪囊虫在－18℃就会死去，大马哈鱼中的列头条虫的幼虫在－15℃下5天死去，因此冻结对肉类所带有的寄生虫有杀灭作用。

微生物包括细菌、霉菌、酵母三种。其中细菌对人体的危害最大，通过冻结可将其杀灭。如在有些国家常导致食物中毒的一种弧状菌，经过低温储藏，其数量能减少到原来的1/5～1/10。所以要求在冻结前尽可能杀灭细菌，而后进行冻结。

④ 其他　在食品冻结过程中，还会出现比热容、热导率等热力学特性的变化，以及组织结构和蛋白质变性等。

(3) 食品冻藏过程中的变化

① 干耗　食品在冷却、冻结、冻藏的过程中都会发生干耗，因冻藏期限最长，干耗问题也更为突出。冻结食品的干耗主要是由于食品表面的冰结晶直接升华而造成的。在冻藏室内，由于冻结食品表面的温度、室内空气温度和空气冷却器蒸发管表面的温度三者之间存在着温度差，因而形成了蒸气压差。冻结食品表面的温度如高于冻藏室内空气的温度，冻结食品进一步被冷却，同时由于存在蒸气压差，冻结食品表面的冰结晶升华，散发到空气中。这部分含水蒸气较多的空气，吸收了冻结食品放出的热量，密度减小，向上运动，当流经空气冷却器时，在温度很低的蒸发管表面水蒸气达到露点，凝结成霜。冷却并减湿后的空气因密度增大而向下运动，当遇到冻结食品时，因蒸气压差的存在，食品表面的冰结晶继续向空气中升华。这样周而复始，以空气为介质，冻结食品表面出现干燥现象，并造成质量损失。

当冻藏室的围护结构隔热不好、外界传入的热量多、冻藏室内收容了品温较高的冻结食品、冻藏室内空气温度变动剧烈、冻藏室内蒸发管表面温度与空气温度之间温差太大、冻藏室内空气流动速度太快等时都会使冻结食品的干耗现象加剧。开始时仅仅在冻结食品的表面层发生冰晶升华，长时间后逐渐向里推进，达到深部冰晶升华。这样不仅使冻结食品脱水，造成质量损失，而且冰晶升华后留存的细微空穴大大增加了冻结食品与空气的接触面积。在氧的作用下，食品中的脂肪氧化酸败，表面发生黄褐变，使食品的外观损坏，食味、风味、质地、营养价值都变差，这种现象称为冻结烧。

② 冰结晶的长大　冻结食品在－18℃以下的低温冷藏室中储藏，食品中90%以上的水分已冻结成冰，但其冰结晶是不稳定的，大小也不全部均匀一致。在冻结储藏过程中，如果冻藏温度经常变动，冻结食品中微细的冰结晶量会逐渐减少、消失，大的冰结晶逐渐生长，变得更大，整个冰结晶数量大大减少，这种现象称为冰结晶的长大。

食品在冻结过程中，冰结晶在生长；在冻藏的过程中，由于冻藏期很长，再加上温度波动等因素，冰结晶就有充裕的时间长大。这种现象会对冻结食品的品质带来很大的影响。即使原来用快速冻结方式生产的、含有微细冰结晶的快冻食品的结构，也会在冻藏温度经常变动的冻藏室内遭到破坏。巨大的冰结晶使细胞受到机械损伤，蛋白质发生变性，解冻时汁液流失量增加，食品的口感、风味变差，营养价值下降。

③ 化学变化　食品冻藏时的化学变化主要有蛋白质变性、脂类水解和氧化、色泽的变化等。

(4) 食品升温和解冻过程中的变化　冷藏的冷却食品在出库前必须经过升温过程，而冻结食品在食用或加工前则需要经过解冻过程。

① 食品的升温过程变化　冷却食品由冷库运出时，当外界空气露点温度较食品表面温度高时，则外界空气中的水分将会在食品表面凝结成水珠，使食品的表面受潮（俗称出汗），为微生物的生长创造了有利条件，增加了食品被微生物污染的可能性，结果会使食品的质量变坏。因此，冷却食品在出库时，必须经过升温过程。升温的目的是在尽可能完全保持食品质量的前提下，逐渐地将食品的温度提高到接近于周围空气的温度。

② 食品的解冻过程的变化　食品的解冻是冻结的逆过程。解冻的目的是将食品的温度回升到所指定的温度，使食品内的冰结晶融化，并保证最完善地恢复到冻结前的状态，获得最大限度的可逆性。但是，要完全恢复到冻结前的状态是不可能的。这主要是因为解冻的方法不同和在解冻过程中要发生物理、化学变化。如肉食品由于冰结晶对纤维细胞组织结构造的损伤，使它们保持水分的能力减弱及蛋白质物理性质的变化，必然要产生汁液的流失；由于温度升高和冰结晶融化成水，能使微生物和酶的活动能力趋于活化，使食品的芳香性成分挥发及加速食品的腐败。

为了使生鲜肉食品解冻后尽可能恢复到冻结前的状态，不仅要求冻结、冷藏条件好，而且要求解冻方法适当。即要使解冻时间尽可能短，解冻终温尽可能低，解冻品表面和中心部分的温差尽可能小，汁液流失尽可能小，并且要有较好的卫生条件。

1.4.2 冷库制冷工艺设计的原则

在冷库工程设计中，为了保证制冷工艺设计有条不紊地进行，避免顾此失彼，就必须首先制定出设计方案。制冷方案设计的内容主要包括：制冷剂的选择、压缩级数的确定、蒸发温度回路的划分、系统的供液方式和冷却方式以及蒸发器的冲霜方式等。而设计方案是依据设计任务书上的要求提出的初步设想。所以，确定制冷方案阶段是一个关键的环节，如果确定的方案欠佳，不仅会给冷库建设造成不应有的经济损失，还会给冷库投产后的运行操作等留下难以克服的后患。在确定方案时，要通过分析对比，权衡利弊，选择出最佳设计方案。其基本原则如下。

(1) 要满足食品冷加工要求，降低食品的干耗，保证食品的质量。

(2) 应尽量采用先进的制冷方法和制冷系统。既要简化制冷系统，便于施工安装和操作管理，又要保证制冷系统完善化，使其调整灵活、便于检修、运行安全可靠。避免由于设计不当造成制冷剂的泄漏、压缩机的湿冲程和失油，从而避免危及人身安全和导致经济损失。要避免制冷管道系统和设备过大的压力损失，保证各个蒸发器得到合理、充分的供液。在可能的条件下尽量实现系统的自动化。采用合理的工艺流程，以减轻工人的劳动强度，避免或减少低温环境中的操作时间。

(3) 既要考虑冷库的建设造价，又要考虑冷库运行管理费用，同时还要考虑技术经济发展的趋势。制冷装置运转的经济指标是机器、设备的投资，年度工作时数、机器设备折旧年限，电力消耗以及食品的干耗率等指标的综合，在设计过程中，要根据具体情况辩证地处理，以求得较高的经济指标。

(4) 要充分利用制冷系统的各种能源，降低能耗，减少制冷成本。

1.4.3 冷库设计的基本程序

冷库的建造是一项比较复杂的综合性工作，既有建设单位、设计单位、施工单位参加，

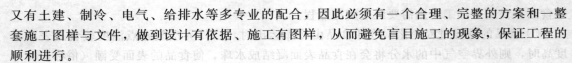

又有土建、制冷、电气、给排水等多专业的配合，因此必须有一个合理、完整的方案和一整套施工图样与文件，做到设计有依据、施工有图样，从而避免盲目施工的现象，保证工程的顺利进行。

1.4.3.1 设计立项

根据需要或引入外资、个人集资、国家投资建设新的冷库或对原有冷库制冷系统进行扩建、改建时，均需进行建设的可行性调查，提出建设计划，编制设计任务书，并报请上级主管部门审批。

（1）设计任务书的编制　设计任务书的内容如下。

① 工程项目的提出和研究工作的依据。

② 建设规模：根据情况可包括食品业务经营情况、牲畜存栏数、货源情况、社会供求情况、现有冷库规模、确定规模指标等。

③ 库址的地理条件、当地水文气象资料和库址的选择方案。

④ 主要生产项目和设计方案。

⑤ 其他说明：包括环境保护、生产组织、劳动编制、人员培训、项目实施进度、建设周期、投资估计、资金筹措、经营效益及偿还能力等。

（2）设计任务书的报批　冷库设计与其他工程一样，是国民经济的组成部分，只有报上级批准，列入国家或省市的计划才能动工筹建，当然也包含着局部要服从全局的意义，以避免重复建设的浪费现象。

1.4.3.2 设计过程

冷库的设计过程有分两个阶段的，也有分三个阶段的。分三个阶段的是初步设计、技术设计和施工设计。分两个阶段的是将初步设计和技术设计合并，并称为扩大初步设计。

（1）初步设计　由建设单位根据设计任务书所规定的性质、规模，提出设想方案，内容包括说明书、总平面布置、建设形式、生产流程、冷间划分、冷却系统以及冷凝方式等的设计说明。

（2）技术设计　一般在初步设计方案批准后，由设计单位承担。其内容就是说明初步设想方案在技术上的可能性以及具体的实施方案，编出概算，报上级或相关部门审核批准。

整个设计工作由工艺、土建、给排水、电气仪表等专业要求配合进行。以工艺为主导，其他专业都要围绕着工艺的要求进行设计，同时工艺也要受到其他专业要求的制约。具体做法是：制冷工艺设计人员提出工艺要求，其专业人员根据工艺条件进行相应的设计，如果其他专业人员在设计中满足不了工艺目的要求，而向工艺专业人员提出反条件，工艺专业人员则在不违反制冷工艺原则的前提下，修改工艺设计，向有关专业人员提出条件要求，在各方面经周密的研究，共同找出一个合理的、完整的方案后，进行会签，其设计内容如下。

① 设计说明书　说明书中的主要内容如下。

a. 设计任务　包括设计依据和生产规模。

b. 库址概述　包括所在位置、气象、水文、地形、地质等自然条件。

c. 工程概况　包括冷库组成、生产能力、主要设备、电力安装容量、用水量、运输量、蒸汽用量、投资总额等。

d. 设计组成　包括总平面布置、生产工艺流程、制冷工艺流程、耗冷量的计算及机器设备的选型计算、土建结构形式、设计荷载、围护结构处理、基础处理、地震设防、给排水、供电、供热等设计方案。

② 工程图样　工程图样包括冷藏总平面图、主库立面图、分层平面图、制冷系统原理图、冻结间平面图和必要的剖面图、机房平面图和剖面图、电气系统图、给排水系统图等。

③ 主要设备总明细表、材料表　一般按照设备或材料编号、名称、规格、型号、单位、数量、备注绘制表格。

④ 工程概算　工程概算应由设计单位依照各工种概算定额编制概算说明书，并对工程从水平运输、主体工程、生产辅助工程、非生产投资费用和其他费用几方面进行分项投资概算，最后编制总概算表，概算工作一般由设计单位的预、结算工程师完成。

(3) 施工设计　把初步设计、技术设计或扩大初步设计的内容用施工图样的形式表达出来，以供安装施工之用，称为施工设计，其包括以下内容。

① 施工设计说明书　施工设计说明书主要说明设计的依据、生产指标、设计范围、设计条件、概述设计方案的拟定及其特点，列出主要机器设备一览表。

② 施工设计计算书　施工设计计算书包括库房耗冷量的计算、制冰耗冷量计算、制冷压缩机及辅助设备的选型计算。

③ 施工图样　施工图样的详尽程度，必须保证施工单位能根据它进行各项工程的实际施工，一般有建筑、结构、制冷工艺、电气、给排水、供热等部分图样。其制冷工艺的施工图应包括：设计说明书，制冷工艺安装说明书，设备材料规格数量表，机器间、设备间的平面图和剖面图，机房系统透视图，冷藏间平面图和剖面图，冻结间平面图和剖面图，冷风机安装图，设备、管道隔热层包扎图，冷藏间顶管制作图，管道安装图，安装吊点图，定型及非标准设备的制作图，以及选用的通用图等。

④ 编制预算书及设备、材料明细表　根据设计说明书及图样，计算出工程的经费（土建、材料、机器设备、施工安装费等），编制表格备用。

⑤ 设计变更通知书　在施工过程中，往往会遇到一些事先估计不足或技术措施考虑不周的问题，引起施工困难，需要设计单位到现场解决。当无法维持原设计方案时，则要对原方案提出修改，由设计单位向施工单位发出"设计变更通知书"，经会签的设计变更通知书和施工图具有同等效力，而原有设计图样作废。

⑥ 竣工验收　工程竣工后，建设单位要首先组织设计、施工等单位对工程进行初验，系统整理技术资料和绘制竣工图，并向主管部门提出验收申请；竣工验收由筹建机构组织设计、施工等单位并会同主管部门共同参与，对全部工程进行验收，经过试运转证明符合设计要求后，会签验收文件，最后交付使用。

⑦ 绘制竣工图样　一般由施工单位承担。

⑧ 回访　工程使用情况反馈，总结提高。

1.5 冷库的布置

冷库布置是按照所设计的冷库性质、生产指标进行的。它必须符合生产的工艺流程、运输、设备和管道布置的要求，既能方便生产管理又要经济合理。

1.5.1 冷库布置的要求

(1) 首先要符合制冷工艺的要求和产品运输进、出库的方便，特别是冷却间、冻结间的布置一定要服从生产的流程，尽量给生产操作的流水作业创造方便条件。对于有异味或残次食品，可考虑设置专门库房分开布置。

（2）当有冷却物冷藏间和冻结物冷藏间时，要明确划分冷热区，即高温库区与低温库区，常温穿堂、中温穿堂与低温穿堂，这样不但可以方便制冷系统管道的布置，减少耗冷量和隔热工程量，而且能避免热货进库时容易出现的起雾现象。

（3）尽量扩大使用面积，即净面积与建筑面积的比例。也要考虑结构的简化，尽可能布置等跨和对称。

（4）分发间、穿堂、电梯、楼梯间的布置，以及门口的大小、位置、数量和月台的连接，一定要满足食品进、出库的需要和便利。

（5）对居住有其他民族的地区，应考虑其他民族的生活习惯，设计时应使牛羊肉和猪肉分别加工与储藏。

1.5.2 冷库的平面布置

1.5.2.1 冷库库房的布置

（1）低温冷藏间与冻结间　近年来，为了方便冻结间的维修和扩建，以及便于定型配套，而将温度和湿度有周期性变化的冻结间单独分开布置，冻结间与低温冷藏间之间用常温穿堂分开。这样处理，对温度和相对湿度较为稳定的低温冷藏间的管理及延长冷库寿命都有利，但也存在占地面积大、一次投资较多、冷量损耗较大等缺点。

如图 1-19 所示是冻结间单独分开布置的多层冷库首层平面图。这种布置的特点是三个低温冷藏间直接与常温穿堂连通，货物可以较快地吞吐。冻结间为单层建筑，根据食品冻结前后不同温度的要求，进口设常温穿堂，出口设低温穿堂，冻肉从低温穿堂通过常温穿堂进库储存。这样，冷区与热区单独分开布置，温度、湿度和建筑结构应力都互不干扰。

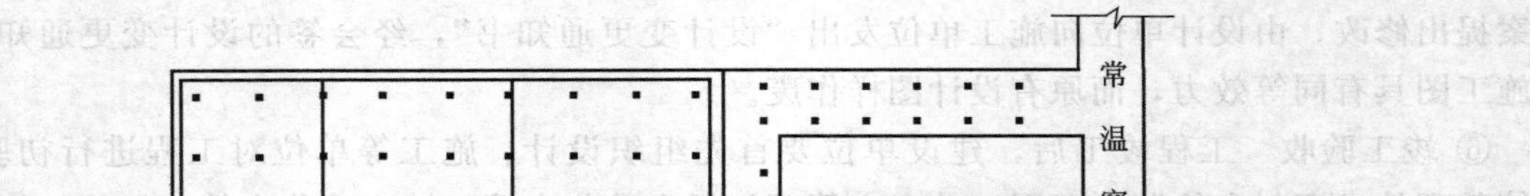

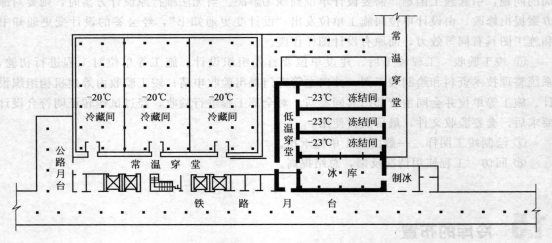

图 1-19　冻结间单独分开布置的多层冷库首层平面图

如图 1-20 所示为冻结间与低温冷藏间布置在同一结构平面内的多层冷库首层平面图。这种布置的特点是冻结间进口设中温穿堂，出口设低温穿堂，而冷藏间出口直通常温穿堂。这样温度湿度频繁波动的区域都配以相应形式的穿堂，避免了干扰。

（2）冻结物冷藏间和冷却物冷藏间　在多层冷库中，同一层内最好布置一种温度的库

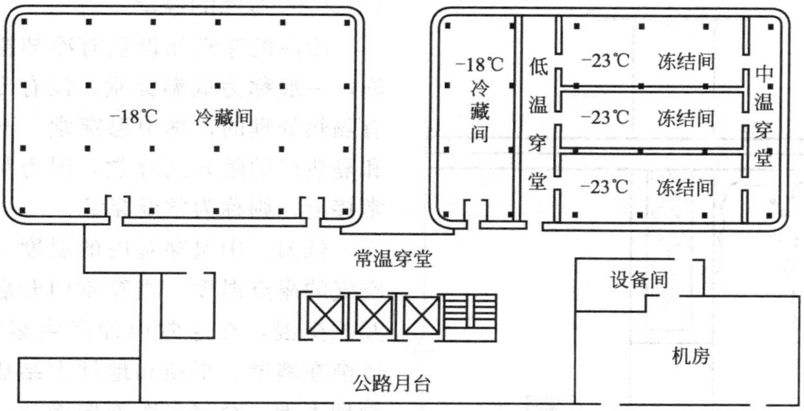

图 1-20 冻结间与低温冷藏间布置在同一结构平面内的多层冷库首层平面图

房。冻结物冷藏间布置在一层以上，冷却物冷藏间布置在地下室则地坪可不采取防冻措施，投资较省，布置在顶层则可减少冷量的消耗。单层冷库不同温度的冷藏间，布置要合理，冷热区分区要明确。

（3）机器间、设备间、变配电间与库房 机器间是冷库的心脏，也是用电负荷最大的地方。因此，它既要靠近库房，又要靠近变配电间。设备间与机器间联系密切，不宜远离；同时，也不应远离库房和制冰间。基于上述考虑，国内平面组合的方案主要有如图 1-21 所示几种形式。其中如图 1-21(a) 所示为 20 世纪 50～60 年代采用的布置，由于该方案通风、采光性能不好，有时还会因库房与机房沉降不一致而导致事故的发生。近些年设计的冷库中，机器间、设备间、变配电间的位置，已不单纯考虑接近主库，还考虑了其通风、采光条件、朝向等，使夏季有穿堂风，冬季又有日照。因此，一般都设计成不与库房毗邻的单独建筑物，这样布置的同时也避免了高低层建筑物沉降不一致的危害，如图 1-21(b)～(d) 所示。国外的一些发达国家，考虑到土地利用率问题，往往把集中供冷的机房放在封闭式站台上层或者紧靠冷库的一侧，改变了目前的布置原则。

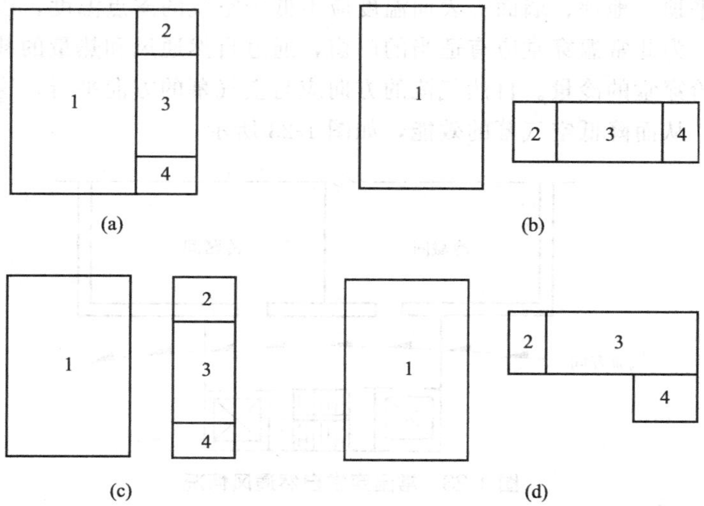

图 1-21 机器间、设备间、变配电间与库房的平面图

1—库房；2—设备间；3—机器间；4—变配电间

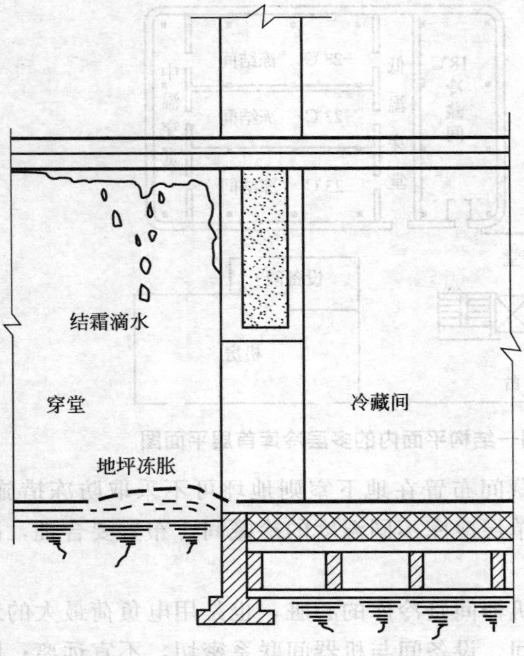

图1-22 穿堂地坪、楼板的冷桥

1.5.2.2 冷库的穿堂

冷库的穿堂如设置有冷却排管和隔热措施，一般称为低温穿堂。没有冷却排管，只有隔热处理的，称中温穿堂。不设冷却设备和隔热层的敞开式穿堂，因为与自然气温非常接近，则称为常温穿堂。

低温、中温穿堂内的温度一般低于室外空气的露点温度，当穿堂门开启时冷热空气互相交混，在穿堂内即产生雾气和凝结水，逐渐在墙壁、平顶和地坪上结成冰霜。如果管理不善，经过多次冻融循环，冷库的结构便很快遭到破坏。为了减少开门时热空气进入库内，通常在库门上装设空气幕，并在库内设置回笼间。

中、低温穿堂最好是装置吊顶冷风机，用来降温和除湿。

常温穿堂对外是敞开的，所以有的冷库将冷库门直通月台，月台与穿堂并用，因此投资较省，又缩短运输距离，加快进、出库速度。但采用常温穿堂时应注意下列问题。

（1）冷藏门的密封性和隔热性能要好，门上要有防冻的电热装置。同时，门上要装置空气幕，以减少开门时库内、外的热湿交换和降低耗冷量。

（2）冷库与常温穿堂交接处（门过道）的地坪必须做防“冷桥”处理，防止穿堂地坪冻胀和楼板结露等，如图1-22所示。

（3）为防止开门时因热湿交换而在库内平顶和墙面大量结霜，在库门内应设置回笼间，减少库内结霜量。

（4）穿堂内平顶、地坪、墙面等表面温度应不低于空气的露点温度，以避免穿堂内出现潮湿或滴水现象，为此常温穿堂应有适当的门窗，通过自然通风和热量的补充，抵消由冷库构造和开门时传给穿堂的冷量。自然气流的方向应与空气幕的方向平行，这就不致使自然气流与空气幕交叉，从而降低空气幕的效能，如图1-23所示。

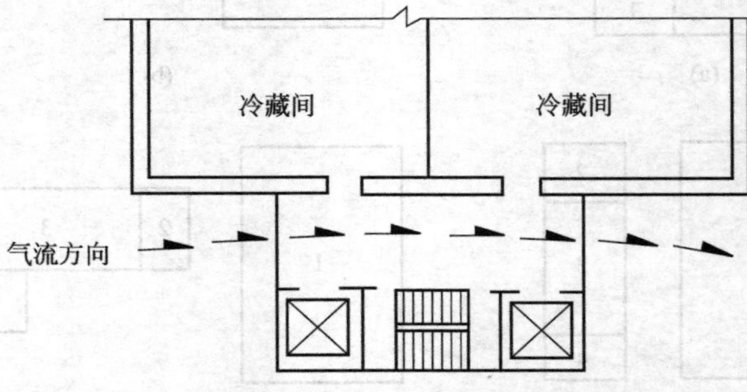

图1-23 常温穿堂自然通风情况

1.5.2.3 冷库的回笼间（门斗）

在冷藏间内设置回笼间，其目的是把从库门越过空气幕进入库内的热湿空气控制在一个较小范围内，减少库内结霜现象和温、湿度波动。回笼间的大小，应能容纳进入的气流，回笼间的构造要简化，易于拆换和维修。条件许可时适当配置冷却设备，使水汽迅速凝结。为了使气流在间内回流，回笼间必须装设软性门帘。

1.5.2.4 冷库的伸缩缝

按建筑工程的规定，根据冷库的结构性质，在一个方向的长度超过 50m 时，就需要设伸缩缝，以免建筑物受温度变化的影响而产生裂缝。故冷库的长、宽度宜在 50m 以内，当采用 6m 跨距时，长、宽度超过 8 跨即需设伸缩缝一道。

库内地坪、墙壁等构造，一般在 30m 左右设伸缩缝一道。

1.5.3 冷库的竖向设计

1.5.3.1 单层冷库与多层冷库

小型冷库一般采用单层建筑，大、中型冷库宜采用多层建筑。多层冷库的层数，因受地基、交通、运输及货物的收发、整理等条件影响，以 4～6 层较为适合。

为了减少室外热量向冷库透入，无论单层或多层冷库的外形，都宜呈正方形，以减少围护结构的外表面积。

1.5.3.2 冷库的层高

冷库的净高，一般均在 4.5m 以上，单层冷库最高达到 7～8m。冷库的净高，取决于堆货的高度，设置冷风机的库房，应注意回风必需的垫板高度。

合适的人工堆垛高度为 3～3.5m，最高可达 4m。采用提升码垛机堆货的多层冷库，层高一般 4.8m 以上。

1.5.3.3 冷库的沉降

多层冷库楼层高、负荷大，与之相邻的建筑物楼层矮、负荷轻，两者沉降量往往不相等，产生沉降差异，使冷库及辅助建筑物出现裂缝。为了避免沉降差异，设计时要注意以下问题：

① 软土地区建冷库，辅助建筑的布置要与冷库有适当的距离；

② 软土地区的主库与辅助建筑如用沉降缝隔开，则主库宜采用桩基，而辅助建筑可用天然地基，这样可以消除不同建筑物之间的相向倾斜，但设计时要考虑到两者的沉降量和沉降时间上的协调；

③ 冷库与辅助建筑的沉降缝的结构处理，必须允许两者能充分自由地进行相对沉降。如相邻建筑物的基础应尽量用悬臂地基梁，并在上部挑出悬臂梁；板的塔接要适当增加结构刚度；

④ 辅助建筑若为框架结构，且采用天然地基，则填充墙的基础需要妥善处理，使其保持与承重的基础一齐沉降，否则填充墙将被压坏；

⑤ 辅助建筑内的设备管道应尽量利用辅助建筑结构来支架，不要支架在冷库墙上。

1.5.3.4 垂直运输量的计算

冷库的最大垂直运输量，可以参考冷藏列车的容量来计算。一般冷藏列车的容量可按 400t 考虑。如果要求在 8h 内将全部冻肉入库，则要求垂直运输量为 400÷8＝50（t/h）。多层冷库的垂直运输采用货运电梯，选用电梯的数量视电梯的运送效率而定。目前冷库使用的货运电梯的载货量一般为 3t，运送效率为：快速电梯（30m/min）为 10～20t/h，慢速电梯（18m/min）为 7.5t/h。故垂直运输量为 50t/h，按运送效率为 20t/h 计算，则所需快速电梯数量为 3 台。

第2章 冷库的隔热与防潮

冷库隔热对维持库内温度的稳定、降低冷库热负荷、节约能耗及保证食品冷藏储存质量有着重要作用，故冷库墙体、地板、屋盖及楼板均应做隔热处理。而良好的隔汽防潮处理对保证围护结构的隔热性能起到关键的作用。如果隔汽防潮层的设计施工不当，水蒸气和水分将不断渗入隔热层，使隔热材料受潮，热导率增大，隔热性能显著降低，严重时会使冷库建筑结构或构件结霜结冰，使冷库寿命降低。

2.1 冷库的隔热设计

2.1.1 隔热材料的技术要求

冷库隔热材料应符合以下条件。

① 热导率较小，以便使用较薄的隔热层能获得较好的隔热效果。

② 密度小且价廉。

③ 良好的抗湿性、抗冻性，坚固结实，抗压强度大，经久耐用，以保证长期使用。

④ 良好的耐火性，不自燃，也不助燃，以提高冷库的防火性能。

⑤ 不产生任何异味，也不吸收异味，不散发有毒物质，这对冷库的食品储存具有重要意义。

此外，冷库隔热材料还应有良好抗腐蚀性能，不滋生蛀虫或其他细菌，且易于安装施工和拆修。

2.1.2 常用的隔热材料

20世纪80年代以前，冷库常用的隔热材料有稻壳、软木、炉渣和膨胀珍珠岩等，80年代后，新型保温材料迅速发展，岩棉、玻璃棉、聚苯乙烯泡沫塑料（EPS、XPS）和聚氨酯泡沫塑料等越来越广泛使用，施工方法也多种多样。目前冷库保温广泛使用的材料主要有聚氨酯泡沫塑料、聚苯乙烯泡沫塑料和挤塑聚苯乙烯泡沫塑料。

2.1.2.1 聚氨酯泡沫塑料

聚氨酯泡沫塑料的气泡结构属于闭孔泡沫材料，几乎全部不连通，在常温下，其静态吸水率很低。在各种保温材料中，硬质聚氨酯泡沫塑料因其热导率小、吸水率低、压缩强度大、耐久性能高等优点，而成为冷库保温材料的首选。缺点是材料价格相对较高，但从全面权衡其经济性后可以发现，用聚氨酯隔热材料其综合运行成本并不高。聚氨酯用于冷库保温，有聚氨酯现场喷涂和聚氨酯夹芯保温板两种形式，前者采用聚氨酯现场分层喷涂，可达到全封闭无接缝，与底物粘接力强的效果，保温效果较好，但需做防潮层及防护层。防潮层可用新型高分子防水涂料，防护层可用土建形式或用金属板围护，施工周期长且施工复杂。采用聚氨酯夹芯板则刚性好，强度高，结构紧凑，可无需做防潮层，但必须做好接缝处的密封；安装快捷，现场施工周期短，施工简单，冷库内美观卫生。聚氨酯泡沫塑料用于冷库保温需满足表 2-1 的要求。

表 2-1 聚氨酯泡沫塑料物理力学性能

指标名称		指示数值			执行标准
密度/(kg/m³)		32±2	36±2	40±2	GB/T 6343
热导率/[W/(m·K)]		≤0.024	≤0.022	≤0.024	GB/T 10297
尺寸稳定性(−30～70℃,48h)/%		≤4	≤3		GB/T 8811
抗压强度/kPa		≥150	≥150	≥160	GB/T 8813
吸水率(体积分数)/%		≤4			GB/T 8810
燃烧性能(水平燃烧法)	平均燃烧时间/s	≤90			GB/T 8332
	平均燃烧范围/mm	≤50			

2.1.2.2 聚苯乙烯泡沫塑料（EPS）

它是用聚苯乙烯树脂为基料，加入发泡剂（丁烷或戊烷），并用水蒸气加热形成具有无数微小气孔的发泡小球，在常压下进行熟化，此过程称为预发泡。将熟化后的发泡小球放在模具中进行加热，使它们彼此融合成型，便制成了一种有微小闭孔结构的硬质泡沫塑料。这种泡沫塑料的特点是质轻、隔热性能好，耐低温性能好，能耐酸碱，有一定的弹性，制品可以切割，但最近几年试用经验表明，聚苯乙烯泡沫塑料在冷库中使用较容易吸水，影响隔热效果，使用时应做好防潮和防水处理。聚苯乙烯泡沫塑料用于冷库保温需满足表 2-2 的要求。

表 2-2 聚苯乙烯泡沫塑料物理力学性能

指标名称	指标数值	执行标准
密度/(kg/m³)	20±2	GB/T 6343
热导率/[W/(m·K)]	≤0.041	GB/T 10297
尺寸稳定性(−30～70℃,48h)/%	≤4	GB/T 8811
抗压强度/kPa	≥65	GB/T 8813
吸水率(体积分数)/%	≤4	GB/T 8810
氧指数/%	≥30	GB/T 2406

2.1.2.3 挤塑聚苯乙烯泡沫塑料（XPS）

挤塑聚苯乙烯具有致密的表层及闭孔结构内层，其热导率大大低于同厚度的聚苯乙烯，具有更好的保温性能；由于其内层的闭孔结构，其抗湿性较好，在潮湿的环境中仍能保持良好的隔热性能；而具有独特的、坚硬紧密的晶体结构，它的抗压强度高，抗水蒸气渗透性能强，性能稳定，使用年限持久，因此，被国际上认为是用于冷库隔热工程中的理想材料。因其具有压缩强度高、价格适中等优点，目前是我国冷库地坪保温材料的首选。挤塑聚苯乙烯泡沫塑料用于冷库保温应满足表 2-3 的要求。

表 2-3 挤塑聚苯乙烯泡沫塑料物理力学性能

指标名称		性能指标									
		带表皮								不带表皮	
		X150	X200	X250	X300	X350	X400	X450	X500	W200	W300
压缩强度/kPa	≥	150	200	250	300	350	400	450	500	200	300
吸水率(96h,体积分数)/%	≤	1.5		1.0						2.0	1.5
热导率/[W/(m·K)]	≤	0.030				0.029				0.035	0.032
尺寸稳定性[(70±2)℃,48h]/%	≤	2.0		1.5		1.0				2.0	1.5
燃烧性能		按 GB/T 8626 进行检验，按 GB 8624 分级应达到 B_2									

注：X、W 后数值指压缩强度大于等于的数值。

以上保温材料不仅可单独使用，也可根据具体情况组合使用，聚氨酯泡沫塑料更适于做冷库的墙、顶保温隔热材料，保温性能及耐久性优于其他材料；挤塑聚苯乙烯泡沫塑料做冷库地面保温较理想，其保温性能和抗压性能更优。因此，在选择保温材料时，不仅要选择材质，还要进行综合分析，为业主选择材料提供正确依据。

2.1.3 隔热层厚度的计算

冷库保温设计主要是为了阻止外界的热量渗入冷库内，除了制冷系统设计外，隔热设计是冷库的生命。冷库围护结构保温层的传热量占冷库总热负荷的 20%～35%，所以减少围护结构的热负荷可以达到节能的目的。冷库通过围护结构的耗冷量与围护结构单位热流量成正比。要降低围护结构单位热流量，一是选择热导率小的保温材料；二是增加保温层的厚度。而厚度又不宜太厚，否则会出现增加建造成本和减少使用空间等问题。因此，要在合适的厚度范围内选取保温材料。

2.1.3.1 围护结构的特性系数

（1）热扩散系数 在不稳定传热中，当围护结构受冷却或加热，通过隔热结构的传热量与隔热结构的材料有关。热扩散系数可用下式表示：

$$\alpha=\frac{\lambda}{c\rho}\ (\mathrm{m^2/s}) \tag{2-1}$$

式中 α——热扩散系数，m^2/s；

λ——材料的热导率，W/(m·℃)；

c——材料的比热容，J/(kg·℃)；

ρ——材料的密度，kg/m^3。

热扩散系数是不稳定传热时材料的热工特性指标。α 值越大表明材料的温度变化的速度越快，用这种材料做成的围护结构的热稳定性较差。故围护结构的构造材料宜选用 λ 和 α 都较小的材料。

(2) 蓄热系数　在建筑物中许多热现象都带有一定的周期波动性，如室外空气温度和太阳辐射热都有昼夜波动。当围护结构一侧受到周期波动热作用时，表面所接收或放出的热量将按同一周期波动，随之引起围护结构外表面温度，以致内部和内表面温度的波动，其被动的程度随着向围护结构内部的深入而逐渐减弱。围护结构表层温度波动的剧烈程度以及温度波在围护结构内部的衰减程度，与构造材料的蓄热系数 S 有关。当采用 24h 为一个波动周期时，材料的蓄热系数为：

$$S_{24}=0.51\sqrt{\lambda c\rho}=0.51\frac{\lambda}{\sqrt{\alpha}}\quad[\mathrm{W/(m^2\cdot ℃)}] \tag{2-2}$$

(3) 热惰性　热惰性是指围护结构对外界温度被动作用的抵抗能力，在同样的室外波动热作用下，围护结构热惰性越大，则其内表面温度的波动就越小。围护结构的热惰性是材料的热阻 R 与蓄热系数 S 的乘积，用 D 来表示，它是一个无量纲量。

对于单层材料：

$$D=RS \tag{2-3}$$

多层材料构成的围护结构：

$$D=R_1S_1+R_2S_2+R_3S_3+\cdots=\sum R_iS_i \tag{2-4}$$

式中　i——层次。

根据围护结构热惰性的大小，一般把 $D\geqslant6$ 的叫重型结构；$6>D\geqslant4$ 的叫中型结构；$D<4$ 的叫轻型结构。一般土建式冷库为重型结构；装配式冷库为轻型结构。

2.1.3.2 围护结构传热系数

冷库围护结构的传热量是按稳定传热来考虑的，根据传热学原理可表示为：

$$\Phi=\frac{F(t_w-t_n)}{\frac{1}{\alpha_w}+\left(\frac{d_1}{\lambda_1}+\frac{d_2}{\lambda_2}+\frac{d_3}{\lambda_3}+\cdots+\frac{d_m}{\lambda_m}\right)+\frac{1}{\alpha_n}}=\frac{F(t_w-t_n)}{R_w+R_1+R_2+R_3+\cdots+R_m+R_n}$$
$$=\frac{F\Delta t}{R_0}=KF\Delta t \tag{2-5}$$

式中　Φ——围护结构传热量，W；

t_w，t_n——围护结构外侧、内侧的计算温度，℃；

F——围护结构传热面积，m^2；

α_w，α_n——围护结构外侧、内侧表面传热系数（具体见表 3-7），W/(m^2·℃)；

λ_1，λ_2，$\lambda_3\cdots\lambda_m$——各层建筑材料的热导率（具体见附表），W/(m·℃)；

d_1，d_2，$d_3\cdots d_m$——各层建筑材料的厚度，m。

R_1，R_2，$R_3\cdots R_m$——各层建筑材料的热阻，m^2·℃/W；

R_w——围护结构外侧放热热阻，m^2·℃/W；

R_n——围护结构内侧放热热阻，m^2·℃/W；

R_0——围护结构的总热阻，m^2·℃/W；

K——围护结构的传热系数，W/(m^2·℃)。

通过冷库围护结构的热流量为：

$$q=\frac{\Delta t}{R_0}\quad (\mathrm{W/m^2}) \tag{2-6}$$

式中 q——围护结构热流量，W/m^2。

冷库围护结构隔热性的主要指标是传热系数 K 或总传热阻 R_0 值的大小，R_0 表示围护结构阻止热流通过的能力，R_0 值越大，通过围护结构的热量越小。K 表示围护结构传递热量的能力，即当围护结构两侧的空气温度相关 1℃时，1m^2 围护结构表面积在 1h 内所通过的热量。

围护结构 K 值是冷库建筑的重要技术经济指标之一。确定 K 值应根据围护结构隔热层费用（造价和折旧率）和制冷设备费用（制冷成本和设备运转率）以及库内外温差等因素进行综合分析，选择出一个最经济合理的 K 值。精确计算这个 K 值工作很复杂、很费时。简便的方法是规定出单位表面积热流量控制指标来确定 K 值，即：

$$q=\frac{\Delta t}{R_0}=K\Delta t\quad (\mathrm{W/m^2}) \tag{2-7}$$

可知：

$$K=\frac{q}{\Delta t}$$

关于单位表面积热流量控制指标 q，过去国外一般用 $K\Delta t=11.6$W/m^2 左右，近年来为了节约能源，此值日趋取小，对外围护结构中外墙和屋顶，可根据不同情况在 $K\Delta t=8.1$～12.8W/m^2 范围内选用。但是 Δt 相同时，$K\Delta t$ 值越小，造价越高，围护结构越厚，占地面积越多。根据库内外温差不同和隔热材料、隔热构造不同，其控制指标的值也不同，见表 2-4。

表 2-4　不同隔热材料单位面积热流量 q　　单位：W/m^2

部位	温差 Δt/℃	稻壳隔热	软木隔热	聚苯乙烯隔热	聚氨酯隔热
冻结间外墙	55	10.5	12.8	10.5	10.5
冷藏间外墙	50	8.1	8.1	8.1	8.1
屋顶通风阁楼	49	8.1	8.1	8.1	8.1
屋顶无阁楼	49	—	12.8	12.8	12.8
地坪	49	—	12.8	12.8	12.8

根据分析可知，库内外温差越大，相应的传热系数就越小，库内外温度每差 7℃，K 值可递增或递减 0.058W/(m^2·℃)，由此可以建立一个确定与单位面积热流量控制指标相适应的 K 值简便计算公式，即：

$$K=0.638-0.00816\Delta t\quad \mathrm{W/(m^2\cdot ℃)} \tag{2-8}$$

上式适用于库内温度为−30～10℃的范围。

2.1.3.3　隔热层厚度的计算

围护结构传热系数 K 值确定以后，总热阻 R_0 值便为已知。总热阻为围护结构各层（包括隔热层）的热阻与围护结构内外侧表面传热热阻的总和。

总热阻 R_0 减去除隔热层以外其他各层的热阻，则为隔热材料所应具有的热阻，即：

$$R'=R_0-\left(\frac{1}{\alpha_w}+\sum\frac{d}{\lambda}+\frac{1}{\alpha_n}\right)=\frac{1}{K}-\left(\frac{1}{\alpha_w}+\sum\frac{d}{\lambda}+\frac{1}{\alpha_n}\right)\quad (\mathrm{m^2\cdot ℃/W}) \tag{2-9}$$

式中 R'——隔热材料的热阻，$m^2 \cdot ℃/W$。

总热阻 R_0 也可通过限定热流量的方法，查表 2-5～表 2-9 得到。

表 2-5 冷间外墙、屋面或顶棚的总热阻 R_0 单位：$m^2 \cdot ℃/W$

设计采用的室内外温度差 Δt/℃	单位面积热流量/(W/m^2)				
	7	8	9	10	11
90	12.86	11.25	10.00	9.00	8.18
80	11.43	10.00	8.89	8.00	7.27
70	10.00	8.75	7.78	7.00	6.36
60	8.57	7.50	6.67	6.00	5.45
50	7.14	6.25	5.56	5.00	4.55
40	5.71	5.00	4.44	4.00	3.64
30	4.29	3.75	3.33	3.00	2.73
20	2.86	2.50	2.22	2.00	1.82

表 2-6 冷间隔墙总热阻 R_0 单位：$m^2 \cdot ℃/W$

隔墙两侧设计室温	单位面积热流量(W/m^2)	
	10	12
冻结间－23℃-冷却间 0℃	3.80	3.17
冻结间－23℃-冷却间－23℃	2.80	2.33
冻结间－23℃-穿堂 4℃	2.70	2.25
冻结间－23℃-穿堂－10℃	2.00	1.67
冻结物冷藏间－18～－20℃-冷却物冷藏间 0℃	3.30	2.75
冻结物冷藏间－18～－20℃-冰库－4℃	2.80	2.33
冻结物冷藏间－18～－20℃-穿堂 4℃	2.80	2.33
冷却物冷藏间 0℃-冷却物冷藏间 0℃	2.00	1.67

注：隔墙总热阻已考虑生产中的温度波动因素。

表 2-7 冷间楼面总热阻 R_0

楼板上、下冷间设计温度/℃	冷间楼面总热阻/($m^2 \cdot ℃/W$)
35	4.77
23～28	4.08
15～20	3.31
8～12	2.58
5	1.89

注：1. 楼板总热阻已考虑生产中温度波动因素。

2. 当冷却物冷藏间楼板下为冻结物冷藏间时，楼板热阻不宜小于 $4.08m^2 \cdot ℃/W$。

表 2-8 直接铺设在土壤上的冷间地面总热阻 R_0

冷间设计温度/℃	冷间地面总热阻/($m^2 \cdot ℃/W$)
0～－2	1.72
－5～－10	2.54
－15～－20	3.18
－23～－28	3.91
－35	4.77

注：当地面隔热层采用炉渣时，总热阻按本表数据乘以 0.8 修正系数。

表 2-9 铺设在架空层上的冷间地面总热阻 R_0

冷间设计温度/℃	冷间地面总热阻/(m^2·℃/W)
0～−2	2.15
−5～−10	2.71
−15～−20	3.44
−23～−28	4.08
−35	4.77

隔热层厚度 d' 即可按下式求出：

$$d'=R'\lambda'b \tag{2-10}$$

式中 d'——隔热材料的厚度，m；

λ'——正常条件下测定的热导率，W/(m·℃)；

b——热导率的修正系数，见表 2-10。

表 2-10 隔热材料热导率的修正系数 b 值

序号	材料名称	b	序号	材料名称	b
1	聚氨酯泡沫塑料	1.4	7	加气混凝土	1.3
2	聚苯乙烯泡沫塑料	1.3	8	岩棉	1.8
3	聚苯乙烯挤塑板	1.3	9	软木	1.2
4	膨胀珍珠岩	1.7	10	炉渣	1.6
5	沥青膨胀珍珠岩	1.2	11	稻壳	1.7
6	水泥膨胀珍珠岩	1.3			

注：加气混凝土、水泥膨胀珍珠岩的修正系数，应为经过烘干的块状材料并用沥青等不含水黏结材料贴铺、砌筑时的数值。

2.1.3.4 围护结构的最小热阻

为了防止空气中水蒸气在冷库围护结构外表面上凝结，必须保证其总热阻 R_0 大于或等于最小热阻 R_{min}，最小热阻可按下式计算。

$$R_{min}=\frac{b(t_w-t_n)}{t_w-t_1}R_w \tag{2-11}$$

式中 R_{min}——围护结构最小热阻，m^2·℃/W；

t_w——围护结构高温侧的气温，℃；

t_n——围护结构低温侧的气温，℃；

t_1——围护结构高温侧空气的露点温度（表 2-11），℃；

b——热阻的修正系数，围护结构热惰性指标 $D\leqslant4$ 时，$b=1.2$，其他围护结构，$b=1.0$；

R_w——围护结构高温侧表面的放热热阻，m^2·℃/W。

表 2-11 各种气温、相对湿度下的露点温度　　单位：℃

空气温度/℃	露点空气的相对湿度/%								
	60	65	70	75	80	85	90	95	100
36	26.5	28.0	29.3	30.5	31.7	33.9	34.0	35.1	36.0
34	24.6	26.1	27.4	28.6	29.8	31.0	32.1	33.1	34.0
32	22.7	24.2	25.4	26.7	27.8	29.0	30.0	31.1	32.0
30	20.9	22.3	23.6	24.8	25.9	27.0	28.1	29.1	30.0
28	19.0	20.4	21.7	22.9	24.0	25.1	26.1	27.1	28.0

续表

空气温度/℃	露点空气的相对湿度/%								
	60	65	70	75	80	85	90	95	100
26	17.2	18.5	19.8	21.0	22.1	23.1	24.1	25.1	26.0
24	15.2	16.6	17.8	19.0	20.1	21.1	22.1	23.1	24.0
22	13.4	14.7	15.9	17.0	18.1	19.1	20.1	21.1	22.0
20	11.5	12.8	14.0	15.1	16.2	17.2	18.2	19.1	20.0
18	9.6	10.9	12.1	13.2	14.2	15.2	16.2	17.1	18.0
16	7.7	9.0	10.2	11.3	12.3	13.3	14.3	15.2	16.0
14	5.8	7.0	8.2	9.3	10.3	11.3	12.3	13.2	14.0
12	3.9	5.1	6.3	7.4	8.4	9.4	10.3	11.2	12.0
10	2.1	3.3	4.4	5.4	6.4	7.4	8.3	9.2	10.0
8	0.3	1.4	2.5	3.5	4.5	5.4	6.3	7.2	8.0
6	−1.5	−0.4	0.7	1.7	2.7	3.6	4.4	5.2	6.0
4	−3.2	−2.1	−1.1	−0.2	0.7	1.6	2.5	3.3	4.0
2	−4.9	−3.9	−3.0	−2.1	−1.2	−0.3	0.5	1.3	2.0
0	−6.5	−5.5	−4.6	−3.7	−2.9	−2.1	−1.3	−0.6	0
−2	−8.4	−7.4	−6.4	−5.6	−4.8	−4.0	−3.3	−2.6	−2.0
−4	−10.3	−9.3	−8.3	−7.5	−6.7	−6.0	−5.3	−4.6	−4.0
−6	−12.1	−11.2	−10.3	−9.5	−8.7	−8.0	−7.3	−6.6	−6.0
−8	−13.9	−13.0	−12.2	11.4	−10.7	−10.0	−9.3	−8.6	−8.0
−10	−15.4	−14.8	−14.1	−13.3	−12.6	−11.9	−11.2	−10.6	−10.0
−12	−17.7	−16.7	−15.9	−15.1	−14.4	−13.8	−13.2	−12.6	−12.0
−14	−19.8	−18.8	−17.9	−17.1	−16.4	−15.8	−15.2	−14.6	−14.0
−16	−21.9	−20.9	−20.0	−19.2	−18.5	−17.8	−17.1	−16.5	−10.0
−18	−24.1	−23.0	−22.2	−21.4	−20.9	−19.8	−19.1	−18.5	−18.0
−20	−26.2	−25.2	−24.2	−23.4	−22.6	−21.8	−21.1	−20.5	−20.0

2.1.3.5 围护结构各层材料的表面温度

按稳定传热条件，通过围护结构各层材料的热流量 q 在同一时间内应该是相等的，如图 2-1 所示，即：

$$\frac{t_w - t_n}{R_0} = \frac{t_w - t_{b_1}}{R_w} \tag{2-12}$$

式中 t_{b_1}——围护结构外表面温度，℃；

t_w，t_n——围护结构两侧空气温度，℃；

R_w——围护结构外表面热阻，m²·℃/W；

R_0——围护结构的总热阻，m²·℃/W。

同理，通过第 x 层的热流量为：

$$\frac{t_w - t_{b_x}}{R_w + \sum_{x-1} R} = \frac{t_w - t_n}{R_0} \tag{2-13}$$

由此可得：

$$t_{b_x} = t_w - \frac{t_w - t_n}{R_0}(R_w + \sum_{x-1} R) \tag{2-14}$$

式中 t_{b_x}——围护结构第 x 层内表面温度，℃，各层顺序由室外向室内计算；

$\sum_{x-1} R$——从围护结构外表面到 $x-1$ 层热阻之和，m²·℃/W。

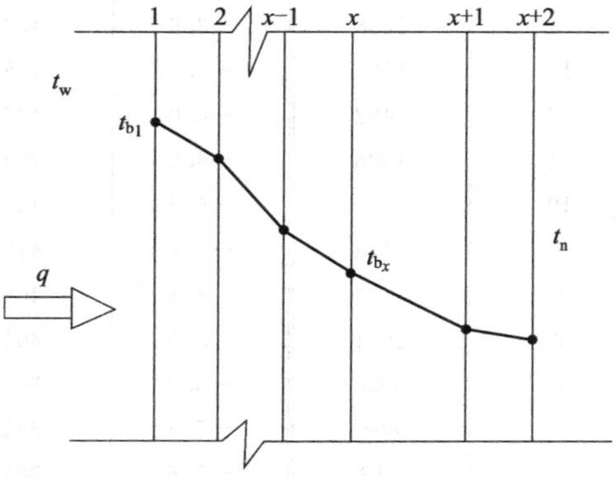

图 2-1 围护各层材料的表面温度

2.2 冷库的防潮设计

2.2.1 水蒸气的凝结和渗透

在一般情况下，人们所接触到的空气都是湿空气，即干空气与水蒸气的混合物。大气压力就是干空气分压力和水蒸气分压力之和。空气中的水蒸气越多，水蒸气分压力 e 值也越大。当大气压力和空气温度一定时，水蒸气分压力不能超过某一极限位——水蒸气最大分压力 E，见表 2-12。在这种情况下，该空气中所含水蒸气量已达饱和，故 E 又称水蒸气饱和压力。

表 2-12　大气压力 p=0.1013MPa 时不同空气温度时最大水蒸气分压力值　单位：Pa

t/℃	E	t/℃	E	t/℃	E	t/℃	E
35	5623	3	758	−5.8	375	−12.2	213
34	5319	2	705	−6.0	368	−12.4	209
33	4976	1	657	−6.2	363	−12.6	207
32	4753	0	611	−6.4	356	−12.8	203
31	4492	−0.2	601	−6.6	351	−13.0	199
30	4242	−0.4	592	−6.8	344	−13.2	195
29	4008	−0.6	581	−7.0	337	−13.4	191
28	3779	−0.8	573	−7.2	332	−13.6	188
27	3564	−1.0	563	−7.4	327	−13.8	184
26	3360	−1.2	553	−7.6	321	−14.0	181
25	3167	−1.4	544	−7.8	315	−14.6	172
24	2983	−1.6	535	−8.0	309	−15.0	165
23	2809	−1.8	527	−8.2	304	−15.6	156
22	2643	−2.0	517	−8.4	299	−16.0	151
21	2486	−2.2	509	−8.6	293	−16.6	143
20	2337	−2.4	500	−8.8	289	−17.0	137
19	2197	−2.6	492	−9.0	284	−17.6	129
18	2063	−2.8	484	−9.2	279	−18.0	125
17	1937	−3.0	476	−9.4	273	−18.6	117
16	1817	−3.2	468	−9.6	268	−19.0	113
15	1705	−3.4	460	−9.8	264	−19.6	107
14	1598	−3.6	452	−10.0	260	−20.0	103
13	1497	−3.8	445	−10.2	255	−20.5	99
12	1402	−4.0	437	−10.4	251	−21.0	93
11	1308	−4.2	429	−10.6	245	−21.5	89
10	1228	−4.4	423	−10.8	241	−22.0	85
9	1148	−4.6	415	−11.0	237	−22.5	81
8	1073	−4.8	408	−11.2	233	−23.0	77
7	1001	−5.0	401	−11.4	229	−23.5	73
6	934	−5.2	395	−11.6	225	−24.0	69
5	868	−5.4	388	−11.8	221	−24.5	65
4	813	−5.6	381	−12.0	217	−25.0	63

空气的相对湿度ϕ则可表示为：

$$\phi=\frac{p}{E}\times 100\% \quad (2\text{-}15)$$

当空气中水蒸气含量达到完全饱和状态时的温度称为露点温度，如进一步冷却空气（温度低于露点温度），空气中的水蒸气将开始凝结成水而析出。露点在评价围护结构的潮湿状况时具有很大的意义。已知空气的温度和相对湿度，就可确定它的露点。例如，空气的温度为28℃、相对湿度为75%时，查表2-12，得到$E=3.78\text{kPa}$，则其水蒸气分压$p=E\phi=3.78\times 0.75=2.84$（kPa），与此水蒸气分压相对应的温度为23℃，即为此温、湿度条件下空气的露点温度，各种气温和相对湿度下，达到露点的表面温度可直接由表2-11查得。

空气中水蒸气分压力随气温升高而增大，因此在围护结构的高温侧和低温侧之间会造成水蒸气分压力差，此时水蒸气将从分压力较高的一侧通过围护结构向压力较低的一侧渗透。对于冷库来说，由于外界空气的水蒸气分压力总是高于库内空气的水蒸气分压力，故水蒸气总是向冷库内渗透。当水蒸气通过围护结构遇到结构内部温度达到或低于露点的某个冷区时，水蒸气就在该处凝结或结冰。

2.2.2 常用的防潮材料

对防潮隔汽材料要求蒸汽渗透阻大（即蒸汽渗透率小）、密度小、韧性好、便于施工和保证施工质量。冷库常用防潮隔汽材料有石油沥青、油毡、沥青防水塑料和聚乙烯塑料薄膜等。其中石油沥青的防水蒸气性能好，又有一定弹性、抗低温、防潮隔汽性能稳定等特点。若与油毡结合使用，能达到良好的防潮隔汽效果。塑料薄膜的透气性好、吸水性低、机械强度大、柔软性好，但耐老化、耐低温性能差。目前多数冷库仍以沥青、油毡作防潮隔汽层。

（1）沥青、油毡类防潮隔汽材料　石油沥青是一种性能稳定、粘接力强、防潮性能优良的防潮隔汽材料，常与油毡构成一毡二油或二毡三油。冷库地坪防潮隔汽材料一般选择60号石油沥青，外墙及屋面选择10～30号石油沥青。油毡选择359～500g的石油沥青油毡。

（2）塑料薄膜类防潮隔汽材料　有聚乙烯（PE）和聚氯乙烯（PVC）薄膜。聚乙烯（PE）薄膜的性能取决于树脂密度、熔体流动速率和成型方法。冷库用薄膜必须具有高的拉伸强度、撕裂强度、冲击强度和优良的气密性。聚乙烯（PE）薄膜一般使用聚氯乙烯黏合剂黏结。聚氯乙烯（PVC）薄膜是一种光泽、透明度、防异味穿透性、气密性优良的防潮隔汽材料，通常采用0.2mm厚的聚氯乙烯透明薄膜。

2.2.3 防潮层的计算

2.2.3.1 蒸汽渗透量的计算

在稳定条件下，通过冷库围护结构的水蒸气渗透量G，与冷库内外的水蒸气分压力差成正比，与渗透过程中受到的阻力成反比，即：

$$G=\frac{1}{H_0}(p_{sw}-p_{sn}) \quad (2\text{-}16)$$

式中　G——水蒸气渗透量，g/(m^2·h)；

H_0——围护结构的总蒸汽渗透阻，m^2·h·Pa/g；

p_{sw}，p_{sn}——围护结构高、低温侧空气水蒸气分压力，Pa。

由m层材料组成的围护结构，其总蒸汽渗透阻H可按下式确定：

$$H_0 = \sum_{i=1}^{m} H_i = \frac{d_1}{\mu_1} + \frac{d_2}{\mu_2} + \frac{d_3}{\mu_3} + \cdots + \frac{d_m}{\mu_m} \tag{2-17}$$

式中　H_1，H_2，$H_3 \cdots H_m$——围护结构各层材料的蒸汽渗透阻，$m^2 \cdot h \cdot Pa/g$；

d_1，d_2，$d_3 \cdots d_m$——围护结构各层材料的厚度，m；

μ_1，μ_2，$\mu_3 \cdots \mu_m$——围护结构各层材料的蒸汽渗透系数，$g/(m \cdot h \cdot Pa)$，表示当材料两侧水蒸气分压力为1Pa时，1h内在$1m^2$面积中通过厚为1m的材料的蒸汽渗透量（g），材料的蒸汽渗透系数越小，则H越大，G就小，可由附表查得。

由于围护结构内外表面附近空气边界层的蒸汽渗透阻，与结构材料层相比是很微小的（$H_n = 0.00045 m^2 \cdot h \cdot Pa/g$和$H_w = 0.000225 m^2 \cdot h \cdot Pa/g$），所以在计算总蒸汽渗透阻时，可忽略不计。

2.2.3.2　围护结构表面及内部水蒸气分压力的计算

由于水蒸气分压力差引起的蒸汽渗透和温度差引起的热量传导完全相似，所以根据式(2-14)得出任一表面层水蒸气分压力的计算式：

$$p_{s_x} = p_{sw} - \frac{p_{sw} - p_{sn}}{H_0}(H_w + \sum\nolimits_{x-1} H) \tag{2-18}$$

式中　p_{s_x}——围护结构第x层内表面的水蒸气分压力，Pa；

$\sum_{x-1} H$——从围护结构外表面到$x-1$层表面的蒸汽渗透阻之和，$m^2 \cdot h \cdot Pa/g$。

计算出来围护结构各层表面分压力之后，再根据$\phi = \frac{p}{E} \times 100\%$计算各层表面的相对湿度，若相对湿度$\phi$大于或等于100，说明内部会出现凝结现象；若小于100，说明内部不存在凝结区。

2.2.3.3　隔汽层的设置标准

冷库围护结构隔热层高温侧各层材料（隔热层以外）的蒸汽渗透阻之和H_w应不小于最低蒸汽渗透阻H_{min}，即：

$$H_w \geqslant H_{min} \tag{2-19}$$

而

$$H_{min} = 1.6(p_{sw} - p_{sn}) \quad (m^2 \cdot h \cdot Pa/g) \tag{2-20}$$

凡符合式(2-19)条件，且隔汽层布置在隔热结构的高温侧，即使围护结构内部出现凝结区也属符合要求。

2.2.3.4　防潮隔汽层的设置

(1) 防潮隔汽层的重要性　防潮隔汽层的有无与好坏对围护结构的隔热性能起着决定性的作用，而且防潮隔汽层设置得不合理，同样会对围护结构造成严重的破坏。如果防潮隔汽层处理不当，那么不管隔热层采用什么材料和多大的厚度，都难以取得良好的隔热效果。隔热层做得薄一些，还可以采取增加制冷装置的容量加以弥补，而若防潮隔汽层设计和施工不良，外界空气中的水蒸气就会不断侵入隔热层以致库内，并产生如下后果：

① 引起隔热材料的霉烂和崩解；

② 引起建筑材料的锈蚀和腐朽；

③ 使冷间内和蒸发器表面结霜增多，增加融霜次数，影响库温的稳定和储藏商品的质量；

④ 使冷间温度上升加快，增加电耗和制冷成本；

⑤ 水蒸气长期渗透的最终结果，将导致围护结构的破坏，严重时甚至使整个冷库建筑报废。因此，在冷库建筑的设计施工中，对围护结构的防潮隔汽应给予足够的重视。

（2）防潮隔汽层设置的原则

① 南方地区的冷库应在外墙隔热层的高温一侧布置防潮隔汽层；

② 围护结构冷热面可能发生变化时，外墙隔热层的两侧均设防潮隔汽层；

③ 低温侧比较潮湿的地方，外墙和内隔墙隔热层的两侧均宜设防潮隔汽层；

④ 冷库地坪隔热层的上下、四周均应设防潮隔汽层，并且外墙的隔汽层应与地坪隔热层上下的隔汽层或防潮层搭接；

⑤ 内隔墙隔热层底部应设防潮层。

2.3 冷库围护结构的作法

冷库主要由围护结构和承重结构组成。围护结构应有良好的隔热、防潮作用，还能承受库外风雨的侵袭。承重结构则起抗震以及支承外界风力、积雪、自重、货物和装卸设备重量的作用。如图 2-2 所示为土建冷库的基本结构。

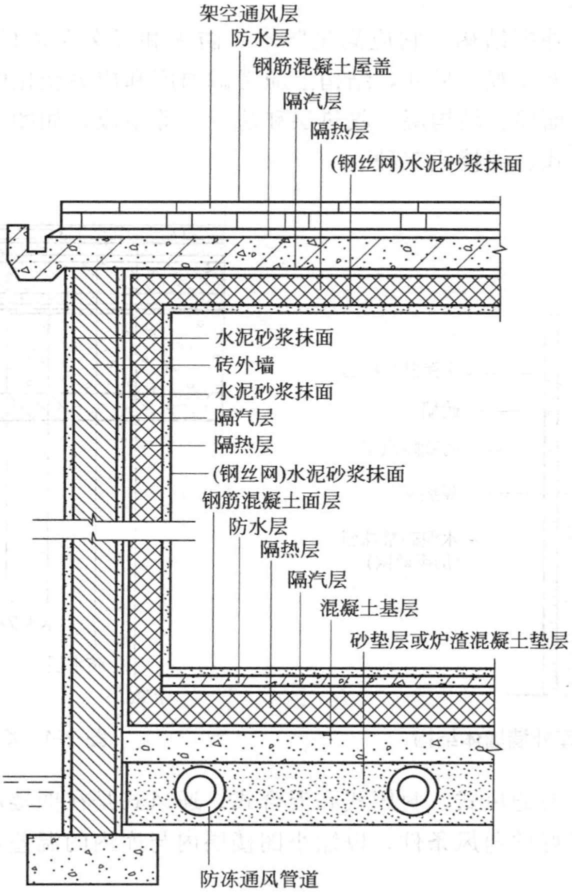

图 2-2 土建冷库的基本结构

2.3.1 土建冷库围护结构法

2.3.1.1 冷库墙体

冷库墙体是冷库建筑的主要组成部分。冷库外墙除隔绝风、雨侵袭，防止室外温变化和太阳辐射影响外，还应有较好的隔热、防潮性能。

冷库外墙由围护墙体、防潮隔汽层、隔热层和内保护层等组成，如图 2-3 所示。围护墙体有砖墙、预制混凝土墙和现浇钢筋混凝土墙等。一般采用热惰性大、延迟时间长的砖外墙为多，其墙厚在 240～370mm。为增强墙体稳定性，除设锚系梁外，可设不承载的砖垛。外墙面可用 1∶2 的水泥砂浆抹面。冷库防潮隔汽层为油毡，一般为二毡三油。隔热层可用块状、板状或松散隔热材料，如软木、泡沫塑料、矿渣棉、稻壳等。冷库内保护层多为插板墙或 20mm 厚、1∶2 钢丝网水泥砂浆抹面。

另外，在分间冷库中，设有冷库内墙，把各冷间隔开。冷库内墙有隔热、不隔热两种。不隔热的内墙用于两相邻冷间温差小于 5℃的场合，一般采用 240mm 或 120mm 厚的砖墙，两面用水泥砂浆抹面（不隔热内墙不得破坏吊顶隔热）。隔热内墙多采用块状泡沫混凝土作衬墙，再做隔热和防潮，以水泥砂浆抹平，并应注意隔热的连续性。隔热内墙的防潮隔汽层多做在墙壁热侧，也可两侧均做。

2.3.1.2 屋盖与阁楼层

屋盖是冷库的水平外围结构。它应满足防水、防火和经久坚固的要求；屋面应排水良好，满足隔热要求，造型美观；另外，结构上应考虑温度和应力变化的影响。

冷库屋盖一般由护面层、结构层、隔热层和防潮层等组成，如图 2-4 所示。冷库屋盖隔热结构有坡顶式、整体式、阁楼式三种。

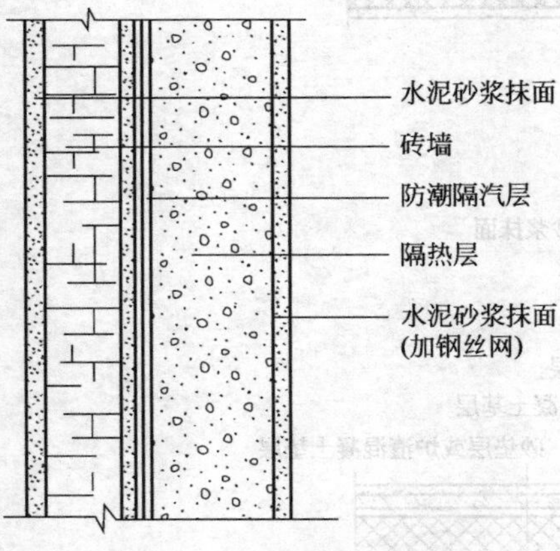

图 2-3 冷库外墙墙体结构

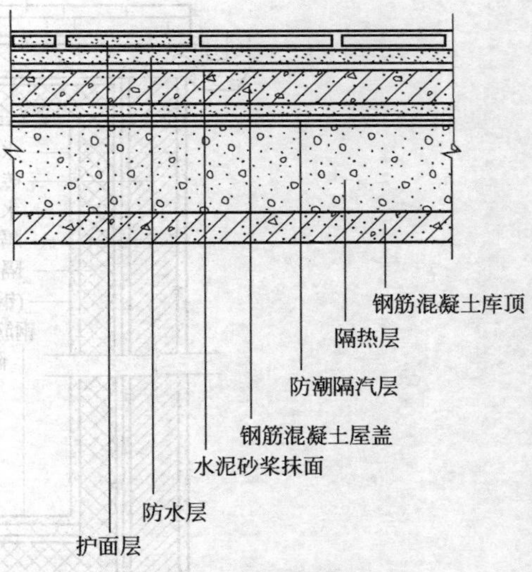

图 2-4 冷库屋盖结构

阁楼式隔热屋盖又有通风式、封闭式和混合式。通风式是在阁楼层的上部设置天窗和通风百叶窗，使其获得良好的通风条件，以缩小阁楼层内与库内的温差，减少冷量的损耗，如图 2-5 所示。

封闭式阁楼层内不设通风窗，检修门加设密封装置，进料孔在充填隔热材料后也马上用

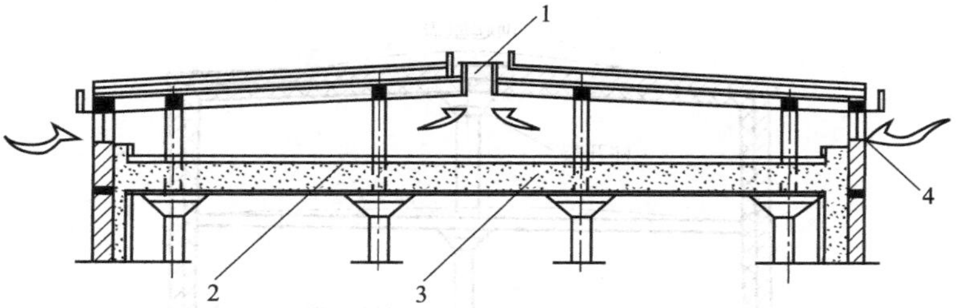

图 2-5 通风式阁楼

1—通风屋脊；2—架空板上设隔汽层；3—稻壳或膨胀珍珠岩；4—通风窗

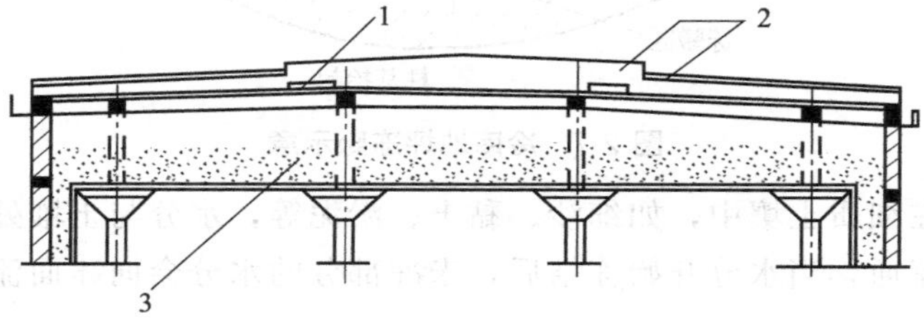

图 2-6 封闭式阁楼

1—进料孔；2—上设架空隔热板；3—松散隔热材料

隔汽材料密封，外墙隔汽层一直做到屋面板底，屋面防水层可兼做隔汽层，使整个阁楼层完全处于一个封闭状态，如图 2-6 所示。该方式简化了隔汽层的施工，又节约了投资。但是，在铺设和更换隔热材料时，施工操作条件较差，炎热季节阁楼内温度会较高，使传热量增加。所以，在北方地区采用较多。

混合式阁楼设玻璃窗，平时关闭，成为封闭阁楼。当炎热季节时，则可打开窗户，以实现通风换气，又成为通风阁楼。

采用阁楼屋顶时，阁楼楼面不应留有缝隙。若采用预制构件时，其构件之间的缝隙必须填实，以免空气渗透使缝隙上的稻壳等松散隔热材料受潮、凝水或结冰霜。

关于阁楼层隔热材料上部隔汽层的设置，对通风式、混合式阁楼，可在稻壳上部做一个架空木板的固定基层，然后在基层上设隔汽层，效果较好。但一次投资较大，靠外墙处稻壳下沉后不宜发现和填充。也有在稻壳层上干铺塑料薄膜，上面再压 200mm 厚稻壳保护层的。这种做法稻壳下部受潮严重，效果不好。经实践证明，隔热层上不做隔汽层，一般稻壳下部受潮达到一定程度后，往往出现湿平衡，受潮的厚度稳定在一定范围内。有的冷库将稻壳加厚至 1.2～1.5m，其下部潮湿情况大为减少。

2.3.1.3 地坪

(1) 冷库地坪的冻臌破坏　冷库地坪虽然敷设了厚度与库温相适应的隔热层，但它并不能完全隔绝热量的传递，它只能降低热量传递的速度。当 0℃ 等温线越过隔热层侵入地基后，便会引起土壤中的水分逐步冻结，最后形成冻土层，此时，它的体积相应地膨胀。当这种体积膨胀足以引起土颗粒间的相对位移时，就形成地坪冻臌，如图 2-7 所示。严重时会使冷库被不均匀地抬起，使整个结构遭到破坏。

土壤的冻结与土壤的结构有关。粗质土壤，包括砾石、粗沙等，由于土壤质点间的空隙较大，水分易向下面流去，土壤下面的水分，又因毛细管作用弱很难上升。这类土壤不致引

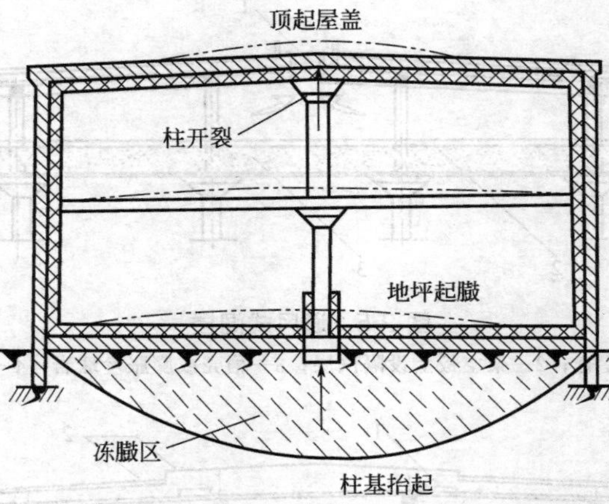

图 2-7 冷库地坪冻臌示意

起冻臌的危险。但在细质土壤中，如细沙、黏土、淤泥等，水分与土壤处于融合状态，水分不易在土壤质点间流通，当水分开始冻结后，未冻部分的水分会向冰面流来，这便引起了土壤冻臌。

（2）冷库地基的融沉破坏　冻土中的冰融化以后体积缩小，使土壤在自重和外载荷作用下产生一定量的压缩下沉。冰变成水后，在土壤自重和外载荷作用下沿孔隙逐渐排出，从而使土进一步压缩下沉。含水量很大的细粒冻土融化后往往成为泥浆，从而丧失承载能力，在压力作用下还会从基础底下向旁边挤出，造成建筑物大幅度沉陷。由于建筑物地基土质和含水量不均，冻结深度和冻臌量的不同，其融沉程度也就不一样，因而造成建筑各部分的沉降量也不均匀，当这种不均匀沉陷超过允许值时，建筑物即发生融沉破坏。因此，冷库发生地坪冻臌后的处理十分重要。

（3）预防地坪冻臌的方法　目前，冷库的地坪防冻有如下几种做法。

① 地下室高温库防冻　在多层冷库中，把不会引起土壤冻结的高温库布置在冷库底层，如图 2-8 所示。这种方法适宜于大、中型冷库，在地下水位较低的地区采用。地下室构造简单，只需做一般的防水处理，投资和使用上较为经济合理。但在地下水位较高的地区，因防水处理复杂，投资高，故不宜采用。

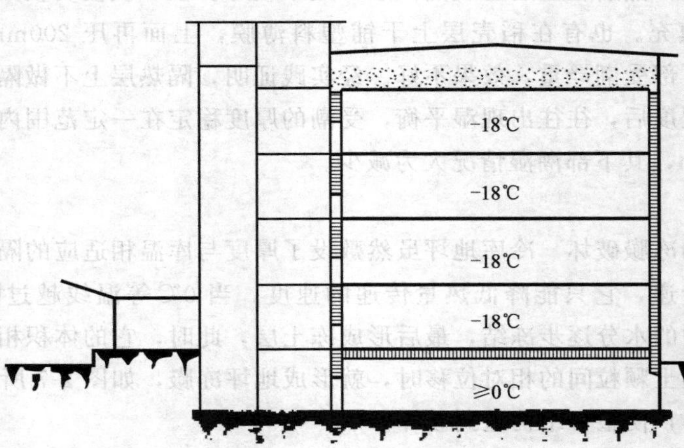

图 2-8 地下室高温库防冻

② 地坪架空防冻　将冷库地坪架空，简称架空防冻。地坪架空后，使从地坪散发出来的冷量能通过架空层的空气散发掉，不再引起地面下的土壤冻臌，如图 2-9 所示。架空防冻适于南方一些地下水位较高的地区。架空高度有高架空（一般高度在 2～2.8m 之间）和低架空（一般高度在 0.8～1.8m 之间）两种。架空地坪防冻效果好，但造价较高（原因：受库内地坪标高限制，隔热层需用高强、轻质的材料；隔热层下要设一个承重的钢筋混凝土隔热层），比一般通风或油管防冻地坪造价高 25％左右，同时要做好架空层内排水措施。

③ 通风防冻　在冷库地坪中埋设通风管进行自然或机械通风，称为通风防冻。

自然通风适合于冬季室外气温不低于 0℃或低于 0℃时间很短的地区性小型冷库采用。通风加热层平均温度为 3～5℃，为了检查通风管的运转情况，应设测温孔；通风面要有开敞的场地；通风管的排列宜与常年主导风向平行，其管径、管距和长度应相适应，以利气流的通畅，如图 2-10 所示。一般管径为 150～300mm，管中距为 800～1000mm，管长不宜超过 30m。通风管可用水泥管、钢管、钢筋混凝土管或陶管等，布置成 3‰～5‰的排水坡度，进、出风口应高于室外地坪，以防地面水的进入。管口封以铅丝网，以防鼠、鸟藏在管内堵塞风道。

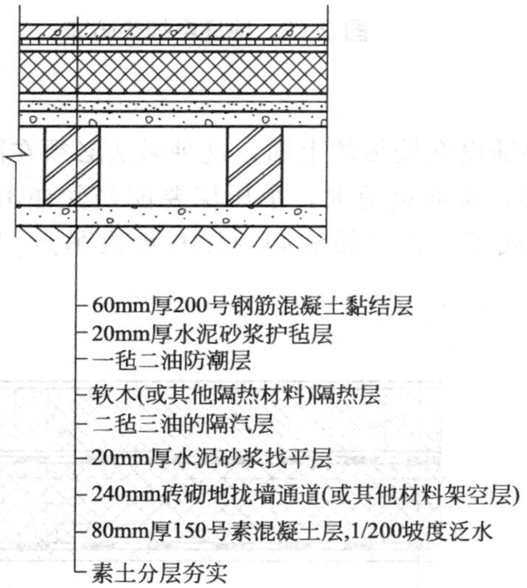

图 2-9　地坪架空防冻

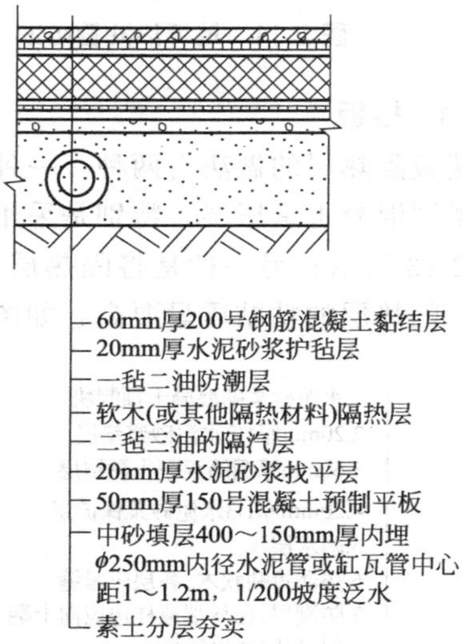

图 2-10　地坪通风防冻

机械通风利用通风机强制通风，把热空气送入风道，再分配到风管，然后排出库外，适用于大型冷库和北方地区的冷库。机械通风管的埋设，要防止地下水的渗入。通风机房一般布置在制冷机房附近，以便集中管理。通风机要定期开动，在冬季还应将空气加热后再送入风道。

④ 热油管防冻　在冷库地坪中埋设蛇形管，用热油在管内循环加热防冻，称热油管防冻，如图 2-11 所示。该方式是利用油泵将经过加热的油压入地下油管内，使其循环流动。油可用电加热，也可利用排气管的热量加热。油管防冻措施造价低，系统简单，易于管理。但无缝钢管用量多，焊缝多，并应做防锈处理；如发生泄漏时很难修理。一般要求进油温度为 14℃，回油温度高于 5℃（当回油温度高于 10℃时，油不需加热可继续循环运行），若油温过高，易使钢管锈蚀。

(4) 电加热防冻　在地坪隔热层下的混凝土垫层内埋设电热钢丝网加热，如图 2-12 所示。电热器可用直径 10～12mm 的钢筋，间距 500～750mm，定时用低压电通电加热。该方法在施工、操作管理方面都很方便。但耗电量大，要严防短路。局部关键部位或小型冷库有应用。

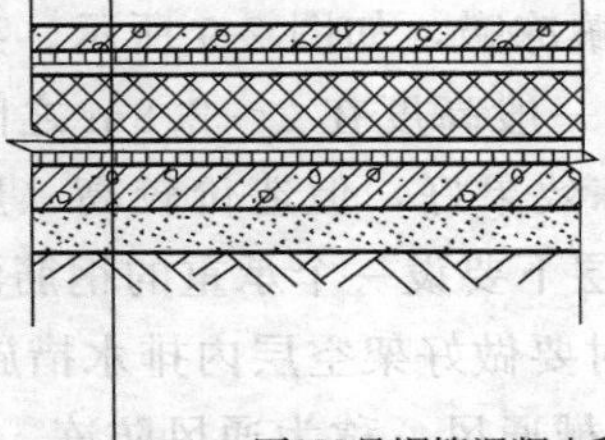

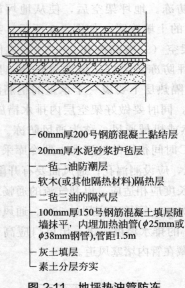

图 2-11　地坪热油管防冻

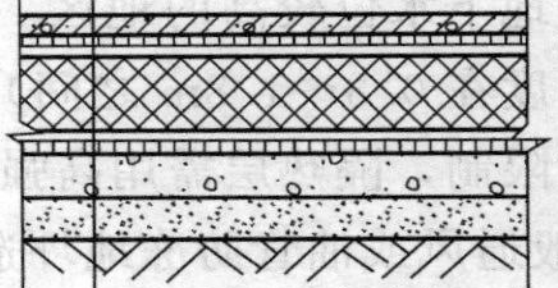

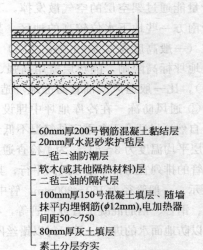

图 2-12　地坪电加热防冻

2.3.1.4　楼板

楼板隔热层的做法有两种：一种是将隔热层铺设在楼板的上面，这种做法必须在隔热层上面捣制混凝土承压层，特别是采用机械化装卸，楼面负荷大，承压层要能经受冲击作用，如图 2-13 所示；另一种是将隔热层吊装在楼板底下，这种做法必须注意解决吊点“冷桥”问题，隔热层的粘贴质量要高，如图 2-14 所示。

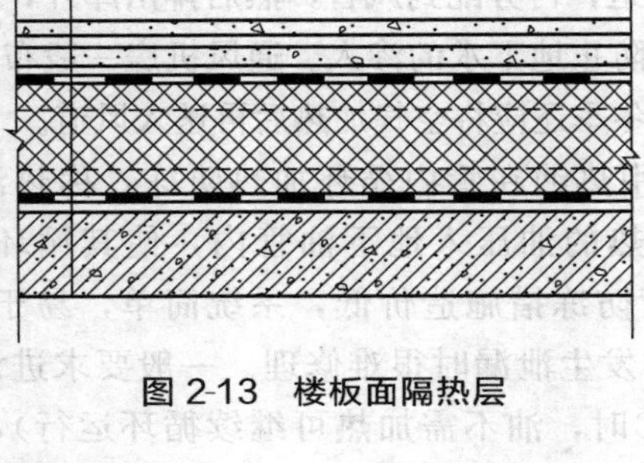

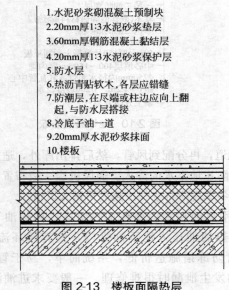

图 2-13　楼板面隔热层

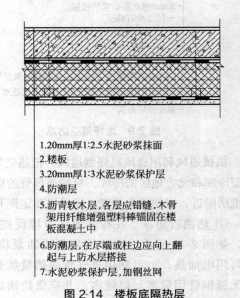

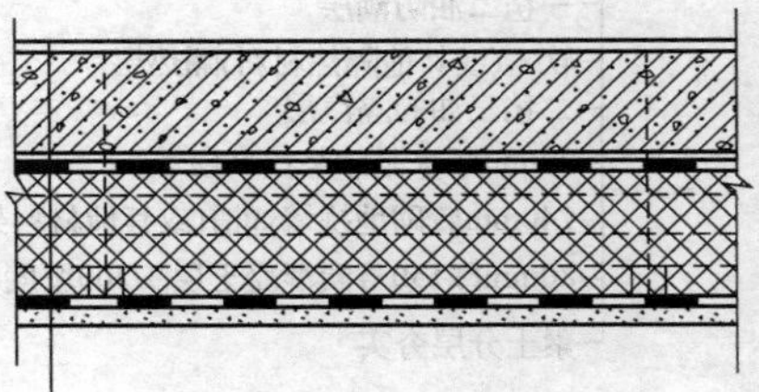

图 2-14　楼板底隔热层

2.3.1.5　柱子

冷库楼层上下温差在 4℃以上时，除了楼层要设隔热层外，楼层的全部柱子也要做 1.5m 高的隔热带，以免形成“冷桥”。为了减少对库容量的影响，一般选用较高效能的块状隔热材料，柱子隔热层易被碰撞受机械损伤，所以，要有牢靠的保护层或护角金属条。

2.3.2 装配式冷库围护结构做法

装配式冷库冷藏量只有几吨到几十吨，它主要用于机关、工厂、商店等部门，其储藏量不大，储藏时间也不长，冷库温度一般为0～－18℃，采用氟里昂制冷装置，库内空气采用制冷剂直接蒸发冷却，制冷装置运转实现全自动。

装配式冷库的围壁、库顶、门和地坪等围护结构，都是先在制造工厂加工好，根据设计要求订购。当制冷设备和系统选择好后，只要用螺栓连接，就可以在现场很快安装好，因此装配式冷库建造速度快是它最主要的优点。装配式冷库的简图如图2-15所示。

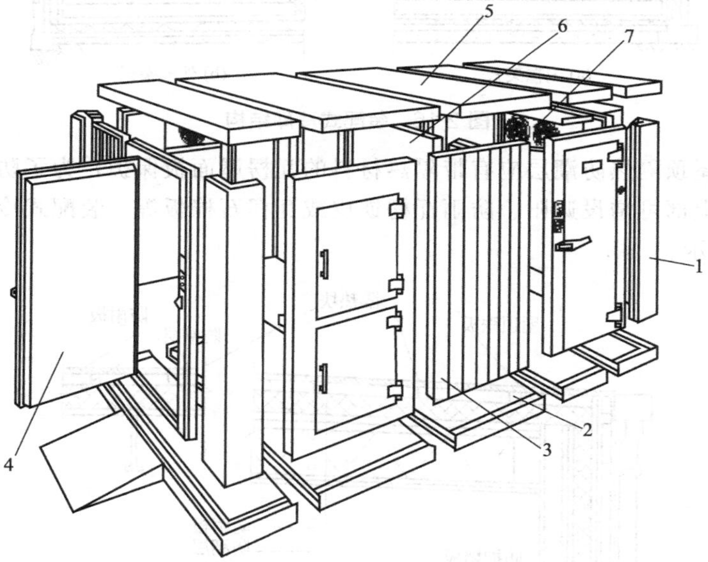

图2-15 装配式冷库的简图

1—角板；2—底板；3—立板；4—库门；5—顶板；6—隔板；7—冷风机

装配式冷库一般为单层结构，其隔热材料为专业工厂制造的隔热预制板，由芯材和面板组合而成，既能隔热又隔汽。

装配式冷库用的预制隔热板，由单层或多层隔热材料粘贴组合或浇制（发泡）而成。地墙隔热层应选用密度较大、能承重的硬质泡沫塑料芯材。单层预制隔热板大多在面板内浇注隔热泡沫塑料，其密度小、重量轻、隔热性能高。装配式冷库预制隔热板的面板与芯材必须粘贴牢固。常用的隔热芯材多为聚氨酯泡沫塑料或聚苯乙烯泡沫塑料，其面板有镀铸钢板、彩色钢板、平铝板、压花铝板、不锈钢板等。根据装配式冷库的隔热结构要求，预制板厚度可以为50～250mm不等。

装配式冷库的结构承重分为自承重、内承重和外承重。一般小型装配式冷库多采用自承重式的隔热预制板。大、中型装配式冷库均采用内承重或外承重框架式结构，冷库的货重和自重由强度较大的钢结构及基础承受，如图2-16所示。

内框架式装配式冷库的内框架安装维修方便，库内冷风机、排风机、照明灯具设备安装容易，框架热变形小。但冷库净容积较小，外墙隔热预制板受外界气候条件的影响较大，不得不在库外增设防雨、防晒等附加设施。外框架式装配式冷库的净容积相对较大，框架自身已有防雨、防晒设施，但外框架维修量较大，库内设备安装较困难。

装配式冷库用预制隔热板的外形尺寸，宽度为1.0～1.5m，长度为6.0～12.0m。装配式冷库库体板的连接有拼接、锁键连接等多种方式。

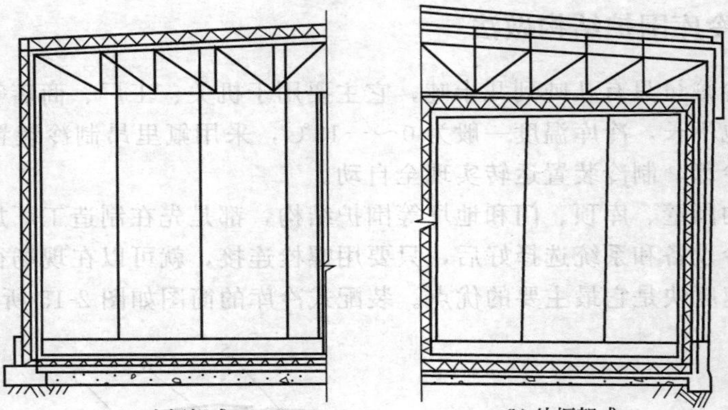

图 2-16 装配式冷库结构

装配式冷库屋顶隔热防潮层应有带隔热材料的瓦楞屋面板保护，为了防雨、防太阳辐射热的渗入，外墙上部可增设遮阳、防雨瓦楞铁皮或瓦楞石棉板等。装配式冷库的墙体和屋顶结构如图 2-17 所示。

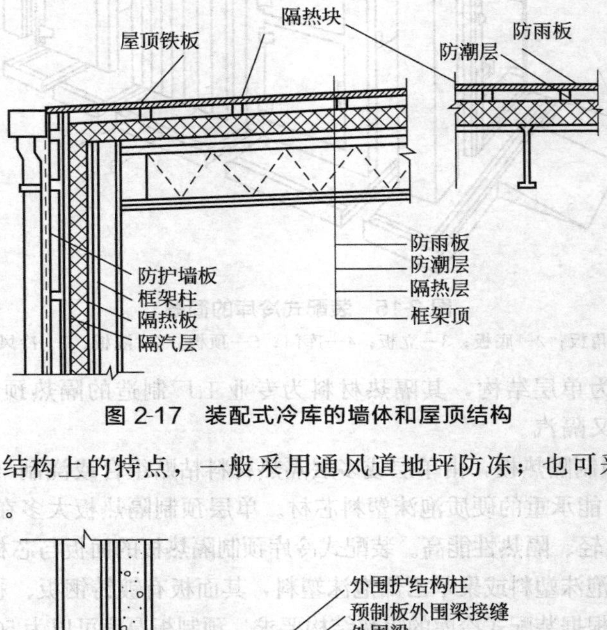

图 2-17 装配式冷库的墙体和屋顶结构

装配式冷库由于结构上的特点，一般采用通风道地坪防冻；也可采用如图 2-18 所示的电加热地坪防冻结构。

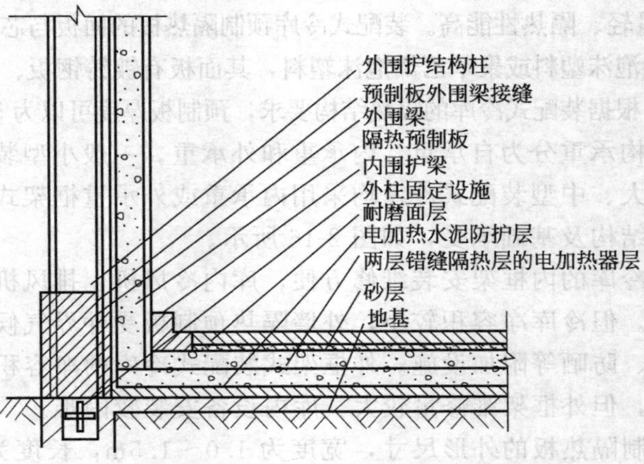

图 2-18 外框架装配式冷库电加热地坪防冻结构

第3章 冷库制冷系统的设计

制冷系统的类型有很多，我国食品冷藏中多采用蒸气压缩式制冷系统。它由制冷压缩机、冷凝器、节流阀、蒸发器以及起到分离、储存、安全防护作用的辅助设备组成，并通过管道将制冷机器和设备以及相关元件相互连接起来，组成一个封闭的制冷回路，即制冷系统。从广义上来说，制冷系统应该包括制冷剂循环系统、冷却水系统和润滑油系统，间接冷却的场合还包括载冷剂循环系统等几个部分。

3.1 制冷系统方案设计内容

制冷系统方案是设计的初步设想，直接关系到基本建设投资的多少、建设时间的长短、投产后制冷效率的高低、制作管理的简繁以及生产成本的高低等一系列的重要问题。因此，设计人员要充分考虑建库地区的环境、冷库规模、冷藏对象等方面，权衡利弊，选择出最佳的方案。

3.1.1 制冷剂的选择

(1) 氨 (R717)　氨的正常蒸发温度低，冷凝压力和蒸发压力适中，单位容积制冷量大，热导率和汽化热大，节流损失小，能溶解于水，泄漏时易被发现，价格低廉，适合于陆地上各类冷库制冷装置使用。目前，在我国自行设计建造的大型冷藏库中，大部分以氨作为制冷剂。如果没有特别要求，一般冷藏库中首选氨作为制冷剂。

但氨也存在缺点。氨有毒性，有刺激性气味，在有水分存在的情况下，对铜及铜合金(磷青铜除外) 有腐蚀性，与空气混合达到一定的比例后有燃烧和爆炸的危险，在高温下会分解。因此，氨制冷装置要保证密封性能好，才能提高其安全性，方便实现自动控制。

(2) 氟里昂　氟里昂这类制冷剂大多无毒、无味，在制冷技术的温度范围内不燃、不爆，热稳定性好。它分子量大，凝固温度低，对金属的湿润性好，因此，曾经得到较多的应用。但是，自从发现 CFCs 及 HCFCs 对臭氧层有破坏作用以来，有关国际组织多次召开会议，制定了保护臭氧层的原则和一系列措施。按照维也纳会议的规定，对 CFCs (如 R12) 类物质，最迟在 2010 年停止使用 (发达国家已在 1995 年年底停止使用)，对 HCFCs (如

R22）类物质，发达国家最迟在2030年停止使用，发展中国家最迟在2040年停止使用，近期又有把停止使用日期提前的趋势。目前，还没有开发出在热力性质、安全性、价格等方面优于CFCs的替代制冷剂。从现有的资料来看，R12的替代制冷剂为R134a；R22和R502的替代制冷剂是近几年新研究开发出的制冷剂，据现有报道，这些制冷剂多数为非共沸制冷剂，如R404A、R407A、R407B等均是R502的替代制冷剂，R407C、R410A等均是R22的替代制冷剂；共沸制冷剂R507A为R502和R22的替代制冷剂。这些新型制冷剂目前价格非常昂贵，还难以应用于实际生产，尤其是应用于大型冷库中。

3.1.2 压缩级数和制冷机组型式的确定

（1）确定压缩级数　压缩级数是根据冷凝压力和蒸发压力的比值确定的。对氨活塞式压缩机，比值小于或等于8时，采用单级压缩，否则采用双级压缩；氟里昂制冷系统比值小于或等于10时，采用单级压缩，否则应考虑双级压缩形式。对于双级压缩，氨系统为防止排气温度较高，一般采用中间完全冷却方式，而氟里昂系统一般采用中间不完全冷却方式。

（2）确定制冷机组型式　制冷机组就是将制冷系统中的部分设备或全部设备组装成为一个整体。这种机组结构紧凑，使用灵活，管理方便，而且占地面积小，安装简便。冷库常用的制冷机组有压缩机组和压缩-冷凝机组等。

① 压缩机组　由压缩机、电动机、控制台等组成，根据压缩机的类型分为活塞式、螺杆式、离心式压缩机组。

目前，国产的新系列活塞式压缩机具有高速，多缸，逆流式，体积小，重量轻，效率高，占地面积小，同一系列压缩机零部件互换性强，平衡性好，振动性小，装有卸载装置和能量调节机构，可以保证空载启动，又可根据制冷负荷的大小，通过能量调节机械增减投入工作的汽缸数，相应地改变压缩机的制冷量等特点。但其零部件、易损件多，管理维修比较麻烦。

螺杆式压缩机属于容积型回转式压缩机，与活塞式相比，它具有某些特殊的优点：运动机构没有往复惯性力，无进、排气阀，容积效率高，能量可以无级调节，使用温度范围大等，目前在冷库制冷系统中已得到广泛的应用。

离心式压缩机组的优点是重量轻、机械磨损小、易损件少、结构紧凑、运转平稳，可实现自动控制和无油压缩；缺点是制造加工精度较高，较难维护，且由于其单机制冷量较大，仅适用于制冷量在630～1160kW的大型制冷系统，一般用于空调上。

② 压缩-冷凝机组　由压缩机、油分离器、冷凝器等组成，可与节流装置及各种类型的蒸发器组成制冷系统，一般适用于小型冷库制冷系统。

3.1.3 冷凝器型式的选择

冷凝器的选择应根据制冷装置所处的环境、冷却水质、水量和水温等因素确定冷凝器的类型。

（1）水冷却式冷凝器　水冷却式冷凝器用水作为冷却介质，带走制冷剂冷凝时放出的热量。冷却水可以一次性使用，也可以循环使用。用循环水时，必须配有冷却塔，保证水不断得到冷却。冷库常用立式壳管式和卧式壳管式两种冷凝器。

① 立式壳管式冷凝器　一般安装在室外，利用冷凝器的循环水池作为基础，因此安装

位置较高，有利于氨液顺利地流到高压储液器。冷却水所需压头低，水泵耗能少，传热管是直管，清洗水垢比较方便，对水质要求不高；但由于冷却水温升小（一般为2～4℃），因而冷却水的循环量大。一般用于水源充足但水质较差地区的大、中型氨制冷系统。

② 卧式壳管式冷凝器　一般安装在室内，并与储液器叠起来安装，以减少室内占地面积。冷却用水量比立式壳管式冷凝器少，占空间高度小，结构紧凑，有利于有限空间的利用，便于机组化、运行可靠、操作方便；但泄漏不易被发现，对水质要求比较高，水温要低，不易清洗。一般多用于水源丰富和水质较好的地区，以及操作狭窄的场所（如船舶）。

（2）空气冷却式冷凝器　这种型式的冷凝器以空气为冷却介质，制冷剂在管内冷凝，空气在管外流动，吸收管内制冷剂蒸气放出的热量。但冷凝压力和温度受到环境温度影响较大，因而一般用于水源匮乏地区的中、小型氟里昂制冷系统。

（3）水和空气联合冷却式冷凝器　这种型式的冷凝器以水和空气作为冷却介质，主要利用冷却水的汽化潜热来吸收制冷剂的热量，因而冷却效果好，且冷却水用量远少于水冷却式冷凝器，特别适用于缺水、干燥的地区，其中以蒸发式冷凝器在冷库中的应用最为广泛。

3.1.4 供液方式的确定

供液方式是指制冷剂液体经节流后，供给各蒸发器的方式。冷库常用的供液方式为直接膨胀、重力和液泵供液三种，它们各有优缺点，可根据不同的使用要求来确定。

（1）直接膨胀供液　直接膨胀供液是利用冷凝压力和蒸发压力之间的压力差，将液态制冷剂经节流阀膨胀后直接供给蒸发器，如图3-1所示。

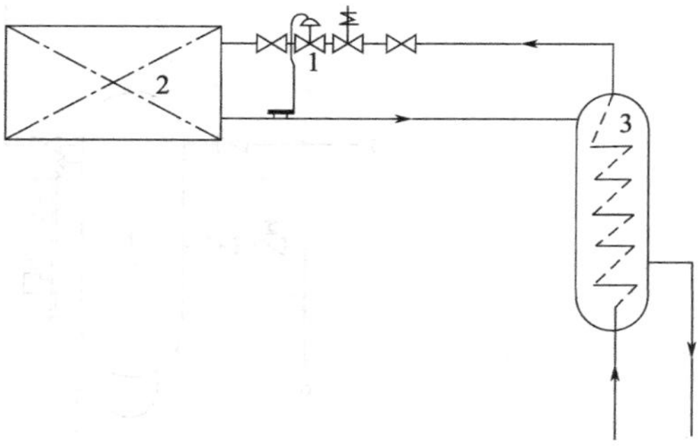

图3-1　直接膨胀供液示意

1—热力膨胀阀；2—蒸发器；3—热交换器

直接膨胀供液的特点如下。

① 系统简单，操作管理方便，依靠节流阀开启度直接调节蒸发系统供液量，工程费用低，但可靠性较差。

② 对于多个冷间，当使用情况不均衡时，不易调节控制，导致供液不均。

③ 因系统缺少气液分离器，回气中夹带的液滴得不到分离，容易使压缩机发生液击现象。

④ 由于节流后有闪发气体产生，这将占去部分蒸发器内部的空间，从而降低蒸发器的传热系数。

直接膨胀供液方式适宜于单一节流装置单一蒸发回路，且负荷比较稳定的小型氟里昂制冷系统，由于使用热力膨胀阀和回热交换器等设备，能根据系统负荷变化自动调节供液量，优点更为突出，应用较多。

（2）重力供液　重力供液是在蒸发器与节流阀之间增设一个气液分离器，使其中的液面高于冷却设备的工作液面，借助液柱的静压力来克服流动阻力，使液态制冷剂流入冷却设备，如图3-2所示。

重力供液方式的特点如下。

① 高压液体制冷剂节流后进入气液分离器，将节流后产生的无效蒸气进行分离，有利于提高冷却设备的传热系数。

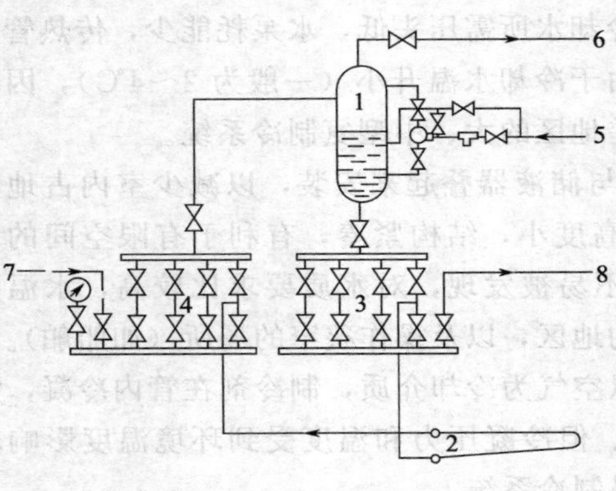

图 3-2 重力供液示意

1—气液分离器；2—蒸发器；3—液体调节站；4—气体调节站；5—供液管；6—回气管；7—热氨管；8—排液管

② 进入液体调节站的不再是气液混合的状态，对并联排管的均匀供液有利。

③ 蒸发器的回气经过了气液分离器的分离，避免了压缩机液击现象的发生，保证了压缩机的安全运行。

④ 为了保证静液柱高度，重力供液一般要设阁楼放置氨液分离器，增加了土建投资，不便于集中管理。

⑤ 由于液态制冷剂在蒸发器内自然流动，流速较小，随制冷剂进入蒸发器的润滑油容易积存，降低蒸发器的传热系数。

由于重力供液的上述特点，所以它不适用于大型冷库，一般适用于 500t 以下的中、小型氨系统和盐水制冰系统。

（3）液泵供液　液泵供液是借助泵的压力克服制冷剂在管道、阀门及冷却设备中的各种流动阻力而向冷却设备强制供液的。因此，就供液可靠性，特别是几组并联冷却设备之间供液的均匀性而言，液泵供液比重力供液可靠得多，且一般用于氨制冷系统，常称氨泵供液，如图 3-3 所示。

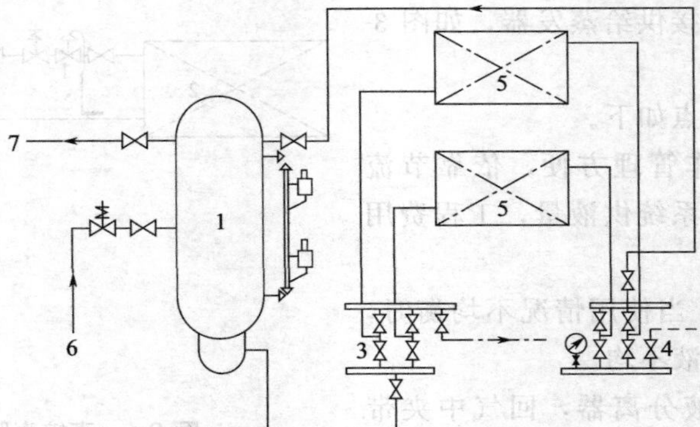

图 3-3 液泵供液示意

1—低压循环罐；2—液泵；3—液体调节站；4—气体调节站；5—蒸发器；6—供液管；7—回气管

在氨泵供液系统中，因制冷剂进出冷却设备的流向不同，可分为上进下出式和下进上出式两种。上进下出式是氨泵将制冷剂送至冷却排管的最高层，气体或未蒸发的液体自上而下回流至低压循环罐；下进上出式是氨泵将制冷剂从冷却排管的底层送入，并在管组内强迫流动，回气与余液由管组的顶部经回气总管返回低压循环罐。

上进下出式的特点如下。

① 冷却设备内充氨量少，静液柱小，蒸发温度与冷却设备介质之间的传热温差可相应提高。

② 氨泵停止工作后，冷却设备内的存液和积油可自行排出，有利于融霜和利用自控元件实现库温自动控制。冷却设备排空存液后，库温随即停止下降，有利于将温度控制在一个

规定的限度内。

③ 对制冷系统的多组冷却设备，有供液不易均匀的弊病且冷却排管内表面润湿性差，对传热系数有影响。

④ 所有冷却设备必须安装在低压循环罐之上，且所需低压循环罐的容积必须能够容纳所有回液。因此设备费用较大。

下进上出式的特点如下。

① 对冷却设备供液均匀，传热效果好。

② 冷却设备与低压循环罐间的安装位置不受限制。

③ 冷却设备内存氨多、静压大、对蒸发温度有影响，且积油不易排除。

④ 停止供液后，冷却设备内存氨，若机器不停可继续降温，对维持低温库温度的相对稳定有利，但对高温库有冻坏储藏品的危险。

以上两种供液方式各有特点：下进上出式由于供液均匀可靠和适用性强，应用最为广泛，在氨制冷系统中被普遍采用；上进下出式适用于对温度控制比较灵敏的多层冷库，以高温库为主。

3.1.5 蒸发回路的确定

制冷剂循环时所经历的路径叫做回路；某种蒸发温度的制冷剂所对应的回路叫做蒸发回路。如－15℃蒸发回路、－33℃蒸发回路。蒸发回路以蒸发温度来划分，一个蒸发温度应为一个蒸发回路，如图 3-4 所示，当两个蒸发回路的蒸发温度之差不大于 5℃，且负荷波动不大时，可合并成一个蒸发回路，为防止串气，必须在蒸发压力高的回气管上设气体降压阀，在蒸发压力低的回气管上设单向阀，如图 3-5 所示。

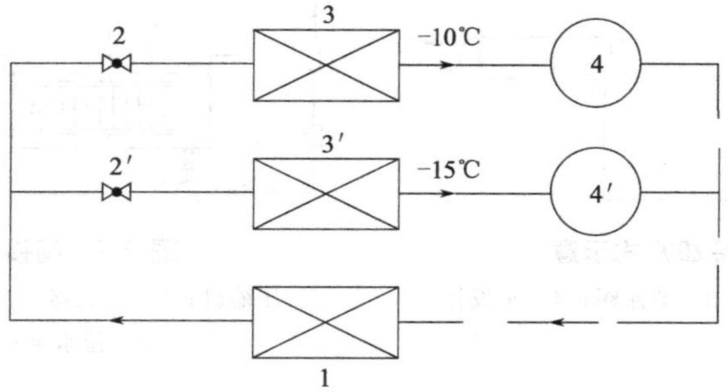

图 3-4 两个蒸发回路示意

1—冷凝器；2,2′—节流阀；3,3′—蒸发器；4,4′—压缩机

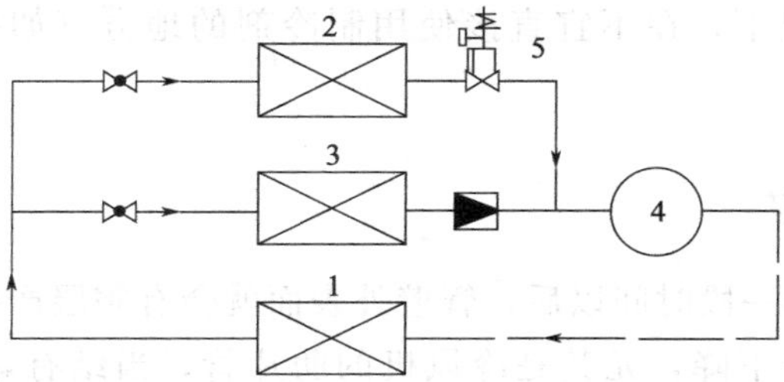

图 3-5 两个蒸发回路合并示意

1—冷凝器；2——10℃蒸发器；3——15℃蒸发器；4—压缩机；5—电磁恒压主阀

食品冷库的蒸发回路常划分为四个：①冻结回路，－33℃或更低，为冻结间提供冷量；②冻藏回路，－33～－28℃，为冻结物冷藏间提供冷量；③制冷和冷却回路，－15℃左右，为制冰间、储冰间和冷却间提供冷量；④冷藏回路，－12～－8℃，为冷却物冷藏间提供冷量。当制冰、冷却和冷藏负荷不大时，可合并为一个回路。

3.1.6 冷却方式的确定

从制冷剂产生冷效应的角度可分为两种方式：直接冷却方式和间接冷却方式。这两种冷却方式各有其特点和适用场合。

（1）直接冷却方式　直接冷却是制冷剂直接在蒸发器内吸收被冷却物体或冷间内热量而蒸发，如图 3-6 所示。

直接冷却根据空气流动形式，又分为自然对流冷却和强迫对流冷却两种。其特点：由于传热温差只有一次，能量损失小，且系统简单、操作方便，初投资和运行费用均较低，因此被广泛用于冷库系统，但是要加强安全和防护措施，防止制冷剂泄漏危及人身安全和污染食品。

（2）间接冷却方式　间接冷却方式是冷间的空气不直接与制冷剂进行热交换，而是与冷却设备中的载冷剂进行热交换，然后，带有一定热量的载冷剂再与制冷剂进行热交换的冷却方式，如图 3-7 所示。

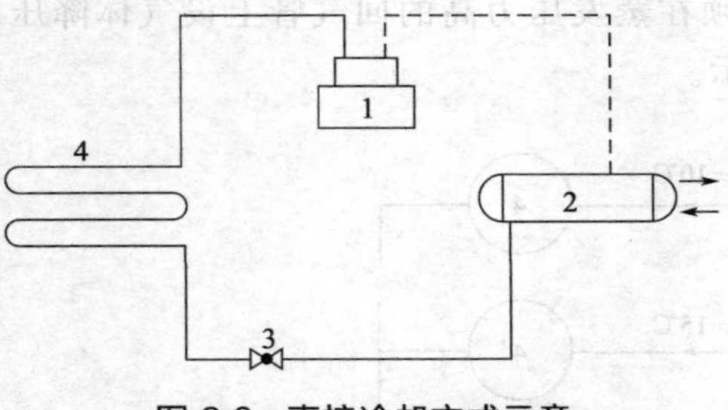

图 3-6　直接冷却方式示意

1—压缩机；2—冷凝器；3—节流阀；4—蒸发器

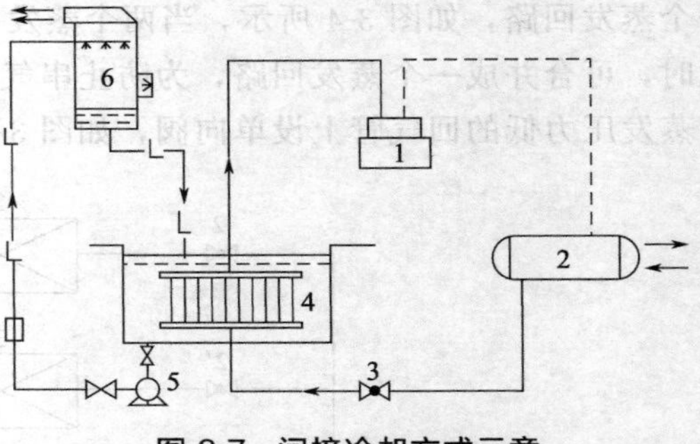

图 3-7　间接冷却方式示意

1—压缩机；2—冷凝器；3—节流阀；4—盐水蒸发器；5—盐水泵；6—冷却设备

间接冷却方式由于被冷却对象不与制冷剂直接接触，具有安全卫生、无污染、可蓄冷、实现冷量的远距离运输等优点，但因为存在二次传热温差，增加了能量损失，换热效率较低，因此只有在特定情况下，在不宜直接使用制冷剂的地方（如盐水制冰、空调系统中）使用。

3.1.7 确定融霜的确定

当库内冷却设备使用一段时间以后，管壁外表面就会有霜层产生，这样就会直接影响到冷却设备传热，传热系数下降，尤其是冷风机的肋片管，当结有霜层时，不但传热阻力增大，而且空气的流动阻力也增加，严重时会导致风无法送出。因此，必须定期、及时地将冷却设备表面的霜层除掉。融霜方式主要有以下四种。

(1) 热气融霜　热气融霜是将压缩机排出的过热蒸气经过油分离器后，送入蒸发器中，将蒸发器暂时当成“冷凝器”，利用热氨冷凝时所放出的热量，将蒸发器表面的霜层融化。

热气融霜时间较长，对库温有一定影响，但除霜较为彻底，且融霜排液可冲刷蒸发器内的积油和污物，因此是冷库主要的融霜方式，应用时常辅以其他融霜方式。在设计和使用时需注意：

① 用于融霜的制冷剂过热蒸气不能直接从压缩机排气口引出，应从油分离器后的排气管接出；

② 融霜前，必须将蒸发器内剩余的制冷剂液体排除，并切断该蒸发器的制冷循环，进入融霜循环；

③ 系统需设置用于融霜和制冷转换的分调节站。

采用热气融霜方式，蒸发器需将制冷剂冷凝液体（即融霜回液）排出，收集融霜回液的方式如下。

① 排液桶收集　排液桶的作用就是收集热气融霜回液，再向制冷系统供液。这种专一的收集方式对系统中其他设备和管道影响很小，一般用于重力供液方式。

② 低压循环储液桶收集　在液泵供液方式中，低压循环储液桶可替代排液桶，直接将融霜回液节流降压后排入其中。

③ 直接使用　不设置专门的设备收集融霜回液，直接将其排入其他正在进行制冷循环的蒸发器中参与工作。当融霜回液量较大时，容易影响系统运行的稳定性，因此，只适用于小型制冷装置。

(2) 水融霜　水融霜是通过淋水装置向蒸发器表面淋水，使霜层被水流带来的热量融化。融霜水和霜层融化水从排水管排走。融霜用水的温度以25℃左右较为合适，过高将产生“雾气”，可能使冷库围护结构内表面上产生凝结水；过低则需要更多的水量，或者延长淋水时间。在冬季或寒冷地区，可以采用冷凝器排出的冷却水作为融霜用水。

这种融霜方式效率高，库温波动小，操作程序也比较简单，容易实现自动控制，已被广泛采用。一般用于上进下出供液的冷风机融霜。

(3) 人工扫霜　人工扫霜简单易行，对库温影响小，并避免了融霜滴水影响冷藏品质的问题，但劳动强度大，且除霜不彻底，一般与热气融霜方式相结合用于冻结物冷藏间排管的除霜。

(4) 电热融霜　电热融霜是指利用电热元件发热来融霜。系统简单，操作方便，易于实现自动化，但耗电量大，因此只用于小型冷冻机组。

实际方案确定时，有时采用一种融霜方案，有时将不同方案结合起来使用。如冷库搁架排管、墙、顶排管，可用人工结合热气法，平时人工扫霜，定期进行热气融霜，以彻底清除人工扫霜不易除净的霜并排出管内积油。冷风机用水冲或热气法。对于结霜较多需频繁进行除霜的可采用热气结合水融霜。这样结合两者的优点，既冲霜快，对库温影响又小，还能排除管内积油。小型氨制冷装置、氟装置中的冷风机多采用电热除霜。冷却间温度高于0℃的蒸发器，也可考虑停止降温，让霜层慢慢融化。

3.1.8 制冷系统的安全保护方案

制冷系统承受的压力虽属于中低压范畴，但有些制冷剂（氨）具有毒性、易燃和易爆，一旦发生泄漏和其他事故，不仅污染食品，而且危及人身和设备安全，设计时必须配置安全保护设备。

（1）压力安全保护　为了防止超压运行，在制冷设备上设置安全阀或压力继电器或压差继电器以及自动报警等压力保护安全设备，一旦出现超压运行，安全设备自动动作，把系统内的气体排至大气一部分，或自动停机，以保护制冷系统不致因超压运行而发生事故。

① 在氨压缩机的高压侧、冷凝器、储氨器、排液桶、低压循环桶、低压储氨器、中间冷却器上均配置安全阀。对中、小型氟里昂制冷系统，一般不设安全阀，仅用高、低压力继电器作安全保护。配置的安全阀不仅要设定合适的开启压力，而且要有足够的排气能力。

② 采用压力继电器，实现高压、中压、低压保护。在压缩机高压一侧除设置安全阀外，还应增设压力继电器，当排气压力超过压力继电器、安全阀的开启设定值时，它们依次动作，起到高压双重保护作用。低压保护是当制冷剂泄漏、供液不足、吸气压力过低时，低压继电器动作，压缩机作故障停机；中压保护是指在双级压缩机中低压级排气压力超过继电器调定压力时，中压继电器动作，切断电源，压缩机作事故停机。

③ 采用压差继电器保护油压，是在压缩机运行时确保一定的油压。当油压低于某一定值时，压差继电器动作，压缩机必须停机。

压力继电器、压差继电器还可以用于断水事故保护。当冷却水断水时，继电器动作并发出断水警报信号，同时作事故停机。

④ 在储液器和冷凝器上设置熔塞，当外部发生火灾或异常高温时，熔塞熔化，塞口打开，系统泄压，防止设备出现爆炸事故。

（2）液位安全保护　为防止气液分离器、中间冷却器等设备中液位过高带来的安全问题，或液位过低造成的运行故障，必须对这些设备中的液位进行自动控制。浮球液位控制器是冷库制冷设备常用的液位自控装置，它可自动检测液位，并根据检测结果指令电磁主阀开或关，以控制设备内液位的高低。

（3）温度安全保护　压缩机的排气温度、润滑油温度、冷却水的进出口温度、电动机温度等都是检查制冷系统安全运行的重要参数，必须在设备上靠近热源的地方设置温度计，便于日常管理监视。

（4）其他安全保护

① 在氨制冷系统中应设置紧急泄氨器，在发生意外事故（如火灾等）时，将整个系统中的氨液溶于水后，泄入下水道，防止制冷设备爆炸及氨液外逸，以保护设备和人身安全。

② 在压缩机排气管道和氨泵出液管上应安装止回阀，防止制冷剂倒流。例如，安装在螺杆压缩机上的止回阀，当压缩机突然停车时，可防止冷凝器内的制冷剂回流到压缩机中，使螺杆机组内不会呈高压状态。

③ 在制冷系统中应设置紧急停车装置。

3.2 冷库冷负荷的计算

冷库的库房是在特定的温度和相对湿度条件下，对易腐食品进行冷加工或储藏的建筑物，以最大限度地保持食品原有的质量。库房的冷负荷实际上就是库房消耗的冷量，计算冷负荷的目的是在于根据它的数值选配制冷压缩机、辅助设备和冷却设备。制冷装置运行的制冷量只有同冷负荷相平衡时，冷库库房才能达到并维持稳定的温度和相对湿度。

在进行冷负荷计算时，必须要有以下资料：

① 建库地区的气象、水文资料；

② 库房的坐落（朝向）平、剖面图；

③ 各冷间要求的温度和湿度，对于冷却间和冷冻间还需要进货量数据。

3.2.1 冷库设计基础资料

3.2.1.1 制冷工艺基础资料

冷库是一个储藏易腐食品的低温冷间，库内不同的储存对象及经不同冷加工方法处理的食品要求在各自最适宜的温、湿度条件下储存。表 3-1 列出了食品冷加工和冷藏的工艺资料，可供设计时参考。

表 3-1 冷库制冷工艺基础资料

冷间名称		室温/℃	冷却设备	进货温度/℃	出货温度/℃	冷加工时间/h	每米吊轨载货量/(kg/m)	备注
冷却间	肉	−2	冷风机	35	4	20/10*	200～265[①]	*分母为快速冷却
	副产品、分割肉	0	冷风机	30	4	20		
冻结间	肉	−23～−30	冷风机	35/4*	−15	20/10**	200～265[①]	*分子为一次冻结 **分母为快速冻结
	分割肉	−23～−30	冷风机或吹风式搁架排管	35/4*	−15	24/72**	每平方米搁架60～80	*分子为未经冷却 **24 为铁盘装，72 为纸盒装
	禽兔	−23～−30	冷风机或吹风式搁架排管	35/4*	−15	24～40/80*	每平方米搁架60～80	*分子为铁盘装，分母为纸盒装
	冰蛋	−23～−30	冷风机或吹风式搁架排管		−15	24/52*	每平方米搁架60～80	*分子为盘装，分母为听装
	鱼虾	−23～−30	冷风机或吹风式搁架排管	15	−15	12/8*	每平方米搁架60～80	*分子为鱼，分母为虾
冷却物冷藏间		0～−2	冷风机	4*	0～−2	24		*冷却品，未经冷却时按实际值
冻结物冷藏间		−18～−20	冷风机或墙、顶排管	−15/−8*	−18～−20	24		*分子为冻结间来的货物，分母为外库来的货物
再冻间		−23	冷风机	−8	−15	20		
储冰间		−4～−6	光滑排管	0	−4			

① 详见式(3-1)。

3.2.1.2 设计参数

(1) 室外计算温度 t_w 和相对湿度 ϕ_w 的确定

① 室外计算温度 t_w 在进行冷负荷计算时，应考虑最不利的环境条件，这是确定室外计算参数的原则。冷库库房一般都属于从室外向室内传热的房间，因此，选择室外计算温度时应考虑炎热季节的环境条件。在设计计算时，应采用“夏季空气调节日平均温度”为室外计算温度 t_w，各主要城市数据可直接从《采暖通风与空气调节设计规范》中查得，参见本书附表。没有列入的地区或城市，可根据当地气象资料统计得出，也可参照相距较近城市的数值确定。

在计算开门热流量和冷间通风换气热流量时，对室外计算温度的确定应采用夏季通风室外计算温度 t'_w。

对于直接与室外大气相邻的冷间，室外温度按上述方法选取。若对两个冷间之间或冷间与其他建筑物之间进行传热计算时，则应以邻室计算温度来代替室外计算温度。

② 室外相对湿度 ϕ_w　室外空气计算相对湿度是为了计算冷间通风换气热流量和开门热流量时需要确定的参数。计算库房围护结构最小总热阻时的室外相对湿度，可按《采暖通风与空气调节设计规范》中规定的最热月月平均相对湿度选用。

在计算开门热流量和冷间通风换气热流量时，应采用夏季通风室外相对湿度 ϕ'_w，由附表查取。

(2) 室内温度 t_n 和相对湿度 ϕ_n 的确定　室内温度和室内相对湿度即冷间的设计温度和相对湿度，是由食品冷加工工艺条件、被储存食品的性质、储存期限及技术经济分析等综合经济指标确定的。一般情况下，冷间设计温度和相对湿度可参考表 3-2。

表 3-2　冷间的设计温度和相对湿度

序号	冷间名称	温度/℃	相对湿度/%	适用食品范围
1	冷却间	0～4	—	肉、蛋等
2	冻结间	－23～－18	—	肉、禽、兔、冰蛋、蔬菜等
		－30～－23	—	鱼、虾等
3	冷却物冷藏间	0	85～90	冷却后的肉、禽
		－2～0	80～85	鲜蛋
		－1～1	90～95	冰鲜鱼
		0～2	85～90	苹果、鸭梨等
		－1～1	90～95	大白菜、蒜薹、葱头、菠菜、香菜、胡萝卜、甘蓝、芹菜、莴苣等
		2～4	85～90	土豆、橘子、荔枝等
		7～13	85～95	柿子椒、菜豆、黄瓜、番茄、菠萝、橘子等
		11～16	85～90	香蕉等
4	冻结物冷藏间	－20～－15	85～90	冻肉、禽、副产品、冰蛋、冻蔬菜、冰棒等
		－25～－18	90～95	冻鱼、虾、冷冻饮品等
5	冰库	－6～－4	—	盐水制冰的冰块

注：冷却物冷藏间设计温度宜取 0℃，储藏过程中应按照食品的产地、品种、成熟度和降温时间等调节其温度与相对湿度。

3.2.1.3　施工图

施工图包括库房建筑平面图、剖面图（标有温度、特性、围护结构构造、相关尺寸等）。

3.2.1.4　水文资料

水文资料包括库址所在地的水源、水质、水温等情况。

3.2.2　冷库生产能力和库容量的计算

由于冷库的建筑结构、冷加工形式和加工产品品种的不同，库房的实际生产能力和储藏吨位往往与原来估算数值有偏差。因此在进行冷负荷计算前，要根据已确定的库房面积、高度、冷加工形式及冷却设备的安装位置等来计算实际生产能力和储藏吨位。

3.2.2.1　冷库生产能力的计算

(1) 设有吊轨的冷却间和冻结间　每日冷加工能力可按下式计算

$$G_d=\frac{lg}{1000}\times\frac{24}{\tau} \tag{3-1}$$

式中 G_d——设有吊轨的冷却间、冻结间每日冷加工能力，t；

l——冷间内吊轨的有效总长度，m；

g——吊轨单位长度净载货量，kg/m；

τ——冷间货物冷加工时间，h；

24——每日小时数，h。

吊轨单位长度净载货量可按表 3-3 所列取值。

表 3-3 吊轨单位长度净载货量

货物名称	输送方式	吊轨单位长度净载货量/(kg/m)
猪胴体	人工推送	200～265
	机械传送	170～210
牛胴体	人工推送(1/2 胴体)	195～400
	人工推送(1/4 胴体)	130～265
羊胴体	人工推送	170～240

注：水产品可按照加工企业的习惯装载方式确定。

(2) 设有搁架式冻结设备的冻结间　冷加工能力可按下式计算：

$$G_g=\frac{NG'_g}{1000}\times\frac{24}{\tau} \tag{3-2}$$

式中　G_g——搁架式冻结间每日的冷加工能力，t；

N——搁架式冻结设备设计摆放冷冻食品容器的件数；

G'_g——每件食品的净质量，kg；

τ——货物冷加工时间，h；

24——每日小时数，h。

3.2.2.2 库容量的计算

冷库的库容量是以冷藏间（包括冷却物冷藏间和冻结物冷藏间）或冰库的公称容积为计算标准。公称容积应按冷藏间或冰库的室内净面积（不扣除柱、门斗和制冷设备所占的面积）乘以房间净高确定。

冷库计算吨位可按下式计算：

$$G=\frac{\sum V_1\rho_s\eta}{1000} \tag{3-3}$$

式中　G——冷库的计算吨位，t；

V_1——冷藏间的公称容积，m^3；

ρ_s——食品的计算密度，kg/m^3；

η——冷藏间的容积利用系数。

冷藏间容积利用系数不应小于表 3-4 的规定值。储藏冰块冰库的容积利用系数不应小于表 3-5 的规定值。采用货架或特殊使用要求时，冷藏间的容积利用系数可根据具体情况确定。

表 3-4 冷藏间容积利用系数

公称容积/m^3	容积利用系数 η
500～1000	0.40
1001～2000	0.50
2001～10000	0.55
10001～15000	0.60
＞15000	0.62

注：1. 对于仅储存冻结加工食品或冷却加工食品的冷库，表内公称容积应为全部冷藏间公称容积之和；对于同时储存冻结加工食品和冷却加工食品的冷库，表内公称容积应分别为冻结物冷藏间或冷却物冷藏间各自的公称容积之和。

2. 蔬菜冷库的容积利用系数应按表中的数值乘以 0.8 的修正系数。

表 3-5 储藏冰块冰库的容积利用系数

冰库净高/m	容积利用系数 η
≤4.20	0.40
4.21～5.00	0.50
5.01～6.00	0.60
>6.00	0.65

食品计算密度应按表 3-6 的规定采用。

表 3-6 食品计算密度

序号	食品类别	密度/(kg/m³)
1	冻肉	400
2	冻分割肉	650
3	冻鱼	470
4	篓装、箱装鲜蛋	260
5	鲜蔬菜	230
6	篓装、箱装鲜水果	350
7	冰蛋	700
8	机制冰	750
9	其他	按实际密度采用

注：同一冷库如同时存放猪、牛、羊肉（包括禽兔）时，密度可按 400kg/m³ 确定；当只存放冻羊肉时，密度应按 250kg/m³ 确定；只存放冻牛、羊肉时，密度应按 330kg/m³ 确定。

3.2.3 冷库热负荷的计算

冷库库房是一个低温环境，其周围环境或进出货作业的热量要流入冷库，冷库内部也有热量散发。流入冷库的热量可归纳为五种热流量：

① 由于室内外温差通过围护结构流入冷间的热量，称为围护结构热流量；

② 由于货物（包括包装材料和运载工具）在库内降温及其有呼吸作用的货物在库内冷却和储存时释放的热量，称为货物热流量；

③ 储存有呼吸作用的货物，其冷间需要通风换气，有操作人员长时间停留的冷间需要送入新鲜空气，由这两方面因素带入冷间的热量，称为通风换气热流量；

④ 由于电动机或其他用电设备带入库房的热量，称为电动机运转热流量；

⑤ 由于照明、开门和操作人员传入冷间的热量，称为操作热流量。

这五种热流量组成了冷库的热负荷。根据计算目的的不同，冷库热负荷有冷却设备负荷和机械负荷之分。

3.2.3.1 围护结构热流量Q_1

冷间围护结构热流量 Q_1 应按下式计算：

$$Q_1 = K_w A_w \alpha (t_w - t_n) \tag{3-4}$$

式中 Q_1——围护结构热流量，W；

K_w——围护结构的传热系数，W/(m² · ℃)；

A_w——围护结构的传热面积，m²；

α——围护结构两侧温差修正系数；

t_w——围护结构外侧的计算温度，℃；

t_n——围护结构内侧的计算温度，℃，应根据各类食品的冷藏工艺要求确定，也可按

表 3-1 的规定选用。

（1）围护结构传热系数 K_w 的计算　当围护结构的构造确定之后 K_w 可按下式计算：

$$K_w = \frac{1}{\frac{1}{\alpha_w} + \sum_{i=1}^{n} \frac{d_i}{\lambda_i} + \frac{1}{\alpha_n}} \tag{3-5}$$

式中　α_w——围护结构外表面传热系数，W/(m²·℃)，按表 3-7 的规定选用；

α_n——围护结构内表面传热系数，W/(m²·℃)，按表 3-7 的规定选用；

d_i——围护结构各层材料的厚度，m；

λ_i——围护结构各层材料的热导率，W/(m·℃)，见附表。

表 3-7　围护结构外表面和内表面传热系数和热阻

围护结构的部位及环境条件		α_w /[W/(m²·℃)]	α_n /[W/(m²·℃)]	R_w 或 R_n /(m²·℃/W)
无防风设施的屋面、外墙的外表面		23	—	0.043
顶棚上为阁楼或设有房屋和外墙外部紧邻其他建筑物的外表面		12	—	0.083
外墙和顶棚的内表面、内墙和楼板的表面、地坪的上表面	① 冻结间、冷却间设有强力鼓风装置时		29	0.034
	② 冷却物冷藏间设有强力鼓风装置时		18	0.056
	③ 冻结物冷藏间设有鼓风的冷却设备时		12	0.083
	④ 冷间无机械鼓风装置时		8	0.125
地面下为通风架空层		8		0.125

注：地面下为通风加热管道和直接铺设于土壤上的地面，以及半地下室外墙埋入地下的部位，外表面传热系数均可不计。

（2）围护结构传热面积 A_w 的确定　围护结构的传热面积 A_w 计算应符合下列规定。

① 长度计算（图 3-8）

a. 具有墙角的外墙长度　外墙外侧到外墙外侧为 L_1；外墙外侧到内墙中心线为 L_2、L_3。

b. 没有墙角的外墙长度　内墙中心线到内墙中心线为 L_4。

c. 内墙的长度　外墙内表面到外墙内表面为 L_5；外墙内表面到内墙中心线为 L_6、L_8。

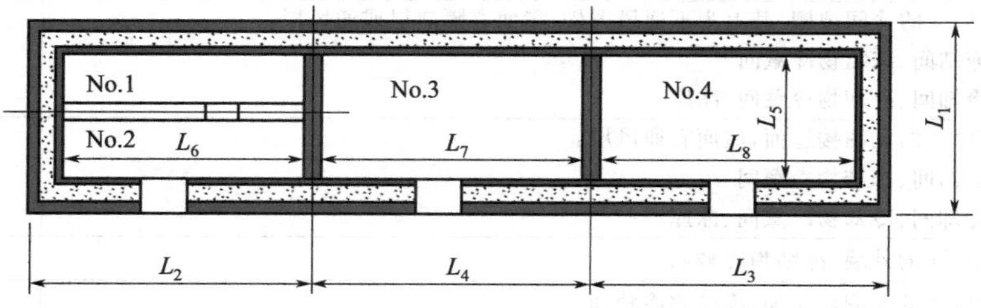

图 3-8　建筑长度计算图

② 高度计算（图 3-9）

a. 底层为地下室的外墙高　地坪隔热层下表面到自然地坪面为 h_2；自然地面到上一层楼板面为 h_1。

b. 底层无地下室的外墙高　地坪隔热层下表面到上一层楼板面为 h_3。

c. 中间层外墙高度　本层楼板面到上一层楼板面为 h_4。

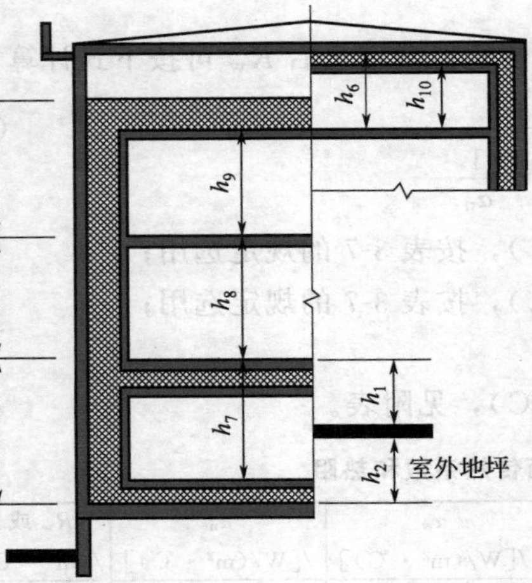

图 3-9 建筑高度计算图

d. 顶层外墙高度 有阁楼时，本层楼板面至阁楼隔热层上表面为 h_5；无阁楼时，本层楼板面至屋面隔热层上表面为 h_6。

e. 底层中间层内墙高度 本层楼板面到上一层楼板面为 h_7、h_8。

f. 顶层内墙高度 顶层楼板面到阁楼隔热层下表面为 h_9；顶层楼板面到屋面隔热层下表面为 h_{10}。

③ 计算围护结构传热面积时应注意的问题

a. 计算内墙、外墙的面积时不应扣除库门所占的面积。

b. 计算楼板面积时不扣除门斗面积。

(3) 围护结构两侧温差修正系数 α 的确定 由于室外计算温度 t_w 排除了太阳辐射作用的温度，而实际上冷库围护结构除受到室内外温差的作用外，还要受太阳辐射作用的影响，为此引入温差修正系数 α，使实际热流量等于按式 $Q_1=K_wA_w\alpha(t_w-t_n)$ 的计算值，此时 $\alpha>1$。对于地坪等室外温度低于室外计算温度，此时 $\alpha<1$，这样来简化计算。围护结构两侧温差修正系数 α 可以根据围护结构情况按表 3-8 选取。

表 3-8 围护结构两侧温度修正系数 α 值

序号	围护结构部位	α
1	$D>4$ 的外墙： 冻结间、冻结物冷藏间 冷却间、冷却物冷藏间、冰库	 1.05 1.10
2	$D>4$ 相邻有常温房间的外墙： 冻结间、冻结物冷藏间 冷却间、冷却物冷藏间、冰库	 1.00 1.00
3	$D>4$ 的冷间顶棚，其上为通风阁楼，屋面有隔热层或通风层： 冻结间、冻结物冷藏间 冷却间、冷却物冷藏间、冰库	 1.15 1.20
4	$D>4$ 的冷间顶棚，其上为不通风阁楼，屋面有隔热层或通风层： 冻结间、冻结物冷藏间 冷却间、冷却物冷藏间、冰库	 1.20 1.30
5	$D>4$ 的无阁楼屋面，屋面有通风层： 冻结间、冻结物冷藏间 冷却间、冷却物冷藏间、冰库	 1.20 1.30
6	$D\leqslant4$ 的外墙：冻结物冷藏间	1.30
7	$D\leqslant4$ 的无阁楼屋面：冻结物冷藏间	1.60
8	半地下室外墙外侧为土壤时	0.20
9	冷间地面下部无通风等加热设备时	0.20
10	冷间地面隔热层下有通风等加热设备时	0.60
11	冷间地面隔热层下为通风架空层时	0.70
12	两侧均为冷间时	1.00

注：1. D 为围护结构热惰性指标。
2. 负温穿堂的 α 值可按冻结物冷藏间确定。
3. 表内未列的其他室温等于或高于 0℃ 的冷间可参照各项中冷却间的 α 值选用。

3.2.3.2 货物热流量 Q_2

一般食品进库时的温度都高于库房温度，为了维持库温不变，需要不断补充食品冷加工时需要消耗的冷量。对于生鲜食品来说，因其仍为活体时和动物一样要进行呼吸作用。另外，还有包装材料或运载工具耗冷量。因此，冷间货物热流量 Q_2 由食品热流量 Q_{2a}、包装材料和运载工具热流量 Q_{2b}、货物冷却时的呼吸热流量 Q_{2c}、货物冷藏时的呼吸热流量 Q_{2d} 四部分组成，应按下式计算：

$$Q_2=Q_{2a}+Q_{2b}+Q_{2c}+Q_{2d}=\frac{1}{3.6}\times\left[\frac{G'(h_1-h_2)}{\tau}+G'B_b\frac{c_b(t_1-t_2)}{\tau}\right]+\frac{G'(q_1+q_2)}{2}+(G_n-G')q_2 \tag{3-6}$$

式中 Q_2——货物热流量，W；

Q_{2a}——食品热流量，W；

Q_{2b}——包装材料和运载工具热流量，W；

Q_{2c}——货物冷却时的呼吸热流量，W；

Q_{2d}——货物冷藏时的呼吸热流量，W；

G'——冷间的每日进货量，kg；

h_1——货物进入冷间初始温度时的比焓，kJ/kg，见附表；

h_2——货物在冷间内终止降温时的比焓，kJ/kg，见附表；

τ——货物冷却时间，h，对冷藏间取 24h，对冷却间、冻结间取设计冷加工时间；

B_b——货物包装材料或运载工具重量系数，按表 3-9 的规定选用；

c_b——包装材料或运载工具的比热容，kJ/(kg·℃)，按表 3-10 的规定选用；

t_1——包装材料或运载工具进入冷间时的温度,℃；

t_2——包装材料或运载工具在冷间内终止降温时的温度,℃，宜取该冷间的设计温度；

q_1——货物冷却初始温度时单位质量的呼吸热流量，W/kg，按表 3-11 的规定选用；

q_2——货物冷却终止温度时单位质量的呼吸热流量，W/kg，按表 3-11 的规定选用；

G_n——冷却物冷藏间的冷藏质量，kg。

注：①仅鲜水果、鲜蔬菜冷藏间计算 Q_{2c}、Q_{2d}；②如冻结过程中需加水时，应把水的热量加入上式。

表 3-9 货物包装材料或运载工具重量系数 B_b

序号	食品类别与加工方式		重量系数 B_b
1	肉类、鱼类、冰蛋类	冷藏	0.1
		肉类冷却或冻结(猪单轨叉挡式)	0.1
		肉类冷却或冻结(猪双轨叉挡式)	0.3
		肉类、鱼类、冰蛋类(搁架式)	0.3
		肉类、鱼类、冰蛋类(吊笼式或架子式手推车)	0.6
2	鲜蛋类		0.25
3	鲜水果		0.25
4	鲜蔬菜		0.35

表 3-10　包装材料或运载工具的比热容 c_b

名　称	c_b/[kJ/(kg·℃)]	名　称	c_b/[kJ/(kg·℃)]
木板类	2.51	马粪纸、瓦纸类	1.47
黄铜	0.39	黄油纸类	1.51
铁皮类	0.42	布类	1.21
铝皮	0.88	竹器类	1.51
玻璃容器类	0.84		

表 3-11　一些主要水果和蔬菜的单位质量呼吸热流量

品种	不同温度下的单位质量呼吸热流量/(W/t)						
	0℃	2℃	5℃	10℃	15℃	20℃	25℃
杏	17	27	56	102	155	199	—
香蕉(青)	—	—	52	98	131	155	—
香蕉(熟)	—	—	58	116	164	242	—
甜樱桃	21	31	47	97	165	219	—
橙	10	13	19	35	56	69	96
西瓜	19	23	27	46	70	102	—
梨(早熟)	20	28	47	63	160	278	—
梨(晚熟)	10	22	41	56	126	219	—
苹果(早熟)	19	21	31	60	92	121	149
苹果(晚熟)	10	14	21	31	58	73	—
李子	21	35	65	126	184	233	—
葡萄	9	17	24	36	49	78	102
香瓜	20	23	28	43	76	102	—
桃	19	22	41	92	131	181	236
菠萝	—	—	45	70	80	87	—
酸樱桃	22	34	53	107	184	242	—
草莓	47	63	92	175	242	300	453
菜花	63	17	88	138	259	402	—
卷心菜	33	36	51	78	121	194	—
马铃薯	20	22	24	26	36	44	—
胡萝卜	28	34	38	44	97	135	—
黄瓜	20	24	34	60	121	174	—
甜菜	20	28	34	60	116	213	—
西红柿	17	20	28	41	87	102	—
蒜	22	31	47	71	128	152	—
葱头	20	21	26	34	46	58	—
青豆	70	82	121	206	412	577	721
莴苣	39	44	51	102	189	339	—
蘑菇	121	131	160	252	485	635	—
豌豆	104	143	189	267	460	645	872
芹菜	20	—	29	—	102	—	—
青椒	33	—	64	96	114	131	—
芦笋	65	—	85	160	279	363	—
菠菜	82	—	199	313	523	897	—

(1) 冷间的每日进货量 G' 应按下列规定取值。

① 冷却间或冻结间应按设计冷加工能力计算。

② 存放果蔬的冷却物冷藏间，不应大于该间计算吨位的 10%。

③ 存放鲜蛋的冷却物冷藏间，不应大于该间计算吨位的 5%。

④ 无外库调入货物的冷库，其冻结物冷藏间每间每日进货量，宜按该库每日冻结加工量计算。

⑤ 有从外库调入货物的冷库，其冻结物冷藏间每间每日进货量可按该间计算吨位的5%～15%计算。

⑥ 冻结量大的水产冷库，其冻结物冷藏间的每日进货质量可按具体情况确定。

(2) 包装材料或运载工具进入冷间时的温度 t_1 应按下列规定确定。

① 在本库进行包装的货物，应取夏季空气调节室外计算日平均温度乘以生产旺月的温度修正系数，该系数可按表3-12的规定选用。

表3-12 包装材料或运载工具进入冷间时的温度修正系数

进入冷间月份	1月	2月	3月	4月	5月	6月	7月	8月	9月	10月	11月	12月
温度修正系数	0.10	0.15	0.33	0.53	0.72	0.86	1.0	1.0	0.83	0.62	0.41	0.20

② 自外库调入已包装的货物，其包装材料的温度应取该货物进入冷间时的温度，其运载工具的温度应取夏季空气调节室外计算日平均温度乘以生产旺月的温度修正系数。

(3) 货物进入冷间时的温度应按下列规定确定。

① 未经冷却的屠宰鲜肉温度应取39℃，已经冷却的鲜肉温度取4℃。

② 从外库调入的冻结货物温度取－10～－15℃。

③ 无外库调入货物的冷库，进入冻结物冷藏间的货物温度，应按该冷库冻结间终止降温时或产品包装后的货物温度确定。

④ 冰鲜鱼虾整理后的温度应取15℃。

⑤ 鲜鱼虾整理后进入冷加工间的温度，按整理鱼虾用水的水温确定。

⑥ 鲜蛋、水果、蔬菜的进货温度，按冷间生产旺月的月平均温度确定。

3.2.3.3 通风换气热流量 Q_3

水果、蔬菜和鲜蛋等生鲜食品，在冷藏过程中不断进行呼吸，消耗氧气，放出 CO_2 和水汽，如不及时更换新鲜空气，将促使食品腐烂变质，同时在有工人生产操作的低温车间，由于工人呼吸也需要补充新鲜空气。因此，通风换气热流量 Q_3 由冷间换气热流量 Q_{3a} 和操作人员需要的新鲜空气热流量 Q_{3b} 两部分组成，应按下式计算。

$$Q_3=Q_{3a}+Q_{3b}=\frac{1}{3.6}\times\left[\frac{(h_w-h_n)nV_n\rho_n}{24}+30n_r\rho_n(h_w-h_n)\right] \tag{3-7}$$

式中 Q_3——通风换气热流量，W；

Q_{3a}——冷间换气热流量，W；

Q_{3b}——操作人员需要的新鲜空气热流量，W；

h_w——冷间外空气的比焓，kJ/kg，见附表；

h_n——冷间外空气的比焓，kJ/kg，见附表；

n——每日换气次数，可采用2～3次；

V_n——冷间内净体积，m^3；

ρ_n——冷间内空气密度，kg/m^3，按表3-13的规定选用；

24——每日小时数，h；

30——每个操作人员每小时需要的新鲜空气量，m^3/h；

n_r——操作人员数量，人。

注：

① 本公式只适用于储存有呼吸的食品的冷间；

② 有操作人员长期停留的冷间如加工间、包装间等，应计算操作人员需要新鲜空气的热量 Q_{3b}，其余冷间可不计；

③ 本公式室外计算温度应采用夏季通风室外计算温度，室外相对湿度应采用夏季通风室外计算相对湿度。

表 3-13　干空气的密度（压力为 101.325kPa）

温度/℃	密度/(kg/m³)	温度/℃	密度/(kg/m³)
−50	1.584	−10	1.342
−40	1.515	0	1.293
−30	1.453	10	1.247
−20	1.359	20	1.205

3.2.3.4　电动机运转热流量 Q_4

电动机在冷间内运转所产生的热流量 Q_4，应按下式计算：

$$Q_4 = 1000\sum P_d \xi b \tag{3-8}$$

式中　Q_4——电动机运转热流量，W；

P_d——电动机额定功率，kW；

ξ——热转化系数，电动机在冷间内时应取 1，在冷间外时应取 0.75；

b——电动机运转时间系数，冷风机配用的电动机应取 1，冷间内其他设备配用的电动机可按实际情况取值，如按每昼夜操作 8h 计，则 $b=8/24$。

计算这项热量时，冷却设备所有电动机功率往往是未知的，可先参照同类冷库或通过估算方法确定电动机功率，利用上式计算 Q_4；当冷却设备选型完成后，再根据实际配备的电动机功率重新对电动机运转热流量 Q_4 进行计算，结果不应小于先前的估算值。

3.2.3.5　操作热流量 Q_5

操作热流量 Q_5 指冷间由于操作管理引起的热量，由照明热流量 Q_{5a}、开门热流量 Q_{5b} 和操作人员热流量 Q_{5c} 三部分组成，应按下式计算。

$$Q_5 = Q_{5a} + Q_{5b} + Q_{5c} = Q_d A_d + \frac{1}{3.6} \times \frac{n'_k n_k V_n (h_w - h_n) M \rho_n}{24} + \frac{3}{24} n_r Q_r \tag{3-9}$$

式中　Q_5——操作热流量，W；

Q_{5a}——照明热流量，W；

Q_{5b}——每扇门的开门热流量，W；

Q_{5c}——操作人员热流量，W；

Q_d——每平方米地板面积照明热流量，W/m²，冷却间、冻结间、冷藏间、冰库和冷间内穿堂可取 2.3 W/m²，操作人员长时间停留的加工间和包装间可取 4.7 W/m²；

A_d——冷间地面面积，m²；

n'_k——门樘数；

n_k——每日开门换气次数，可按图 3-10 取值，对需经常开门的冷间，每日开门换气次数可按实际情况确定；

M——空气幕效率修正系数，按每日操作 3h 计；

3/24——每日操作时间系数，按每日操作 3h 计；

n_r——操作人员数量，人；

Q_r——每个操作人员产生的热流量，W，冷间设计温度高于或等于－5℃时，宜取 279W，冷间设计温度低于－5℃时，宜取 395W；

h_w，h_n，V_n，ρ_n——取值同式(3-7)。

注：①冷却间、冻结间不计 Q_5 这项热流量；②本公式室外计算温度应采用夏季通风室外计算温度，室外相对湿度应采用夏季通风室外计算相对湿度。

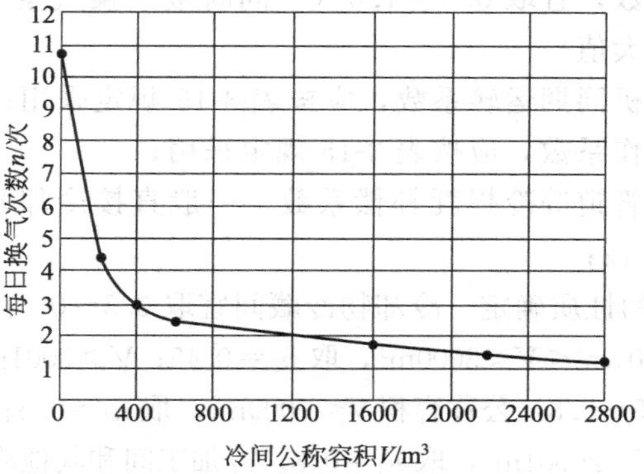

图 3-10　冷间换气次数与公称容积的关系

3.2.4 冷却设备负荷和机械负荷的计算

冷间各项热流量算出之后，即可进行库房热流量的汇总计算，以确定系统的冷却设备负荷和机械负荷。冷却设备负荷是指为维持冷间在某一温度，需从该冷间移走的热流量值；机械负荷是指为维持制冷系统正常运转，制冷压缩机所带走的热流量值。冷却设备负荷是以冷间为单位进行汇总，而机械负荷是以蒸发温度为单位进行汇总。前者是选择蒸发器的依据，后者是选择压缩机的依据。

3.2.4.1 冷间冷却设备负荷计算

冷间冷却设备负荷应按下式计算：

$$Q_s = Q_1 + pQ_2 + Q_3 + Q_4 + Q_5 \tag{3-10}$$

式中　Q_s——冷间冷却设备负荷，W；

Q_1——冷间围护结构热流量，W；

Q_2——冷间内货物热流量，W；

Q_3——冷间通风换气热流量，W；

Q_4——冷间内电动机运转热流量，W；

Q_5——冷间操作热流量，W，但对冷却间及冻结间则不计算该热流量；

p——冷间内货物冷加工负荷系数，冷却间、冻结间和货物不经冷却而直接进入冷却物冷藏间的货物冷加工负荷系数 p 应取 1.3，其他冷间 p 取 1。

冷却设备负荷应以每个冷间或每个装置为单元进行计算，根据计算结果对冷间或装置的冷分配设备予以选择和配置。冷间冷却设备负荷计算时，不能将几个冷间混在一起计算，对各冷间的计算结果，最后可列表归纳，使其清晰明了并便于分析。

3.2.4.2 机械负荷计算

冷间机械负荷应根据不同蒸发温度按下式计算：

$$Q_j=(n_1\sum Q_1+n_2\sum Q_2+n_3\sum Q_3+n_4\sum Q_4+n_5\sum Q_5)R \tag{3-11}$$

式中 Q_j——某蒸发温度的机械负荷，W；

n_1——冷间围护结构热流量的季节修正系数，一般可根据冷库生产旺季出现的月份按表 3-14 的规定采用，当冷库全年生产无明显淡旺季区别时应取 1；

n_2——冷间货物热流量折减系数；

n_3——同期换气系数，宜取 0.5～1.0（“同时最大换气量与全库每日总换气量的比数”大时取大值）；

n_4——冷间内电动机同期运转系数，应按表 3-15 规定采用；

n_5——冷间同期操作系数，应按表 3-15 规定采用；

R——制冷装置和管道等冷损耗补偿系数，一般直接冷却系统宜取 1.07，间接冷却系统宜取 1.12；

n_2——应根据冷间的性质确定。冷却物冷藏间宜取 0.3～0.6：公称容积 $V<1000\text{m}^3$，取 $n_2=0.6$；$1001\text{m}^3<V<3000\text{m}^3$，取 $n_2=0.45$；$V>3001\text{m}^3$，取 $n_2=0.3$。冻结物冷藏间宜取 0.5～0.8：公称容积 $V<7000\text{m}^3$，取 $n_2=0.5$；$7001\text{m}^3<V<20000\text{m}^3$，取 $n_2=0.65$；$V>20001\text{m}^3$，取 $n_2=0.8$。冷加工间和其他冷间应取 1。

表 3-14 季节修正系数 n_1

纬度	库温/℃	月份											
		1	2	3	4	5	6	7	8	9	10	11	12
纬度 40°以上（含 40°）	0	−0.70	−0.50	−0.10	0.40	0.70	0.90	1.00	1.00	0.70	0.30	−0.10	−0.50
	−10	−0.25	−0.11	0.19	0.59	0.78	0.92	1.00	1.00	0.78	0.49	0.19	−0.11
	−18	−0.02	0.10	0.33	0.64	0.82	0.93	1.00	1.00	0.82	0.58	0.33	0.10
	−23	−0.08	0.18	0.40	0.68	0.84	0.94	1.00	1.00	0.84	0.62	0.40	0.18
	−30	0.19	0.28	0.47	0.72	0.86	0.95	1.00	1.00	0.86	0.67	0.47	0.28
纬度 35°～40°（含 35°）	0	−0.30	−0.20	0.20	0.50	0.80	0.90	1.00	1.00	0.70	0.50	0.10	−0.20
	−10	0.05	0.14	0.41	0.65	0.86	0.92	1.00	1.00	0.78	0.65	0.35	0.14
	−18	0.22	0.29	0.51	0.71	0.89	0.93	1.00	1.00	0.82	0.71	0.38	0.29
	−23	0.30	0.36	0.56	0.74	0.90	0.94	1.00	1.00	0.84	0.74	0.40	0.36
	−30	0.39	0.44	0.61	0.77	0.91	0.95	1.00	1.00	0.86	0.77	0.47	0.44
纬度 30°～35°（含 30°）	0	0.10	0.15	0.33	0.53	0.72	0.86	1.00	1.00	0.83	0.62	0.41	0.20
	−10	0.31	0.36	0.48	0.64	0.79	0.86	1.00	1.00	0.88	0.71	0.55	0.38
	−18	0.42	0.46	0.56	0.70	0.82	0.90	1.00	1.00	0.88	0.76	0.62	0.48
	−23	0.47	0.51	0.60	0.73	0.84	0.91	1.00	1.00	0.89	0.78	0.65	0.53
	−30	0.53	0.56	0.65	0.76	0.85	0.92	1.00	1.00	0.90	0.81	0.69	0.58
纬度 25°～30°（含 25°）	0	0.18	0.23	0.42	0.60	0.80	0.88	1.00	1.00	0.87	0.65	0.45	0.26
	−10	0.39	0.41	0.56	0.71	0.85	0.90	1.00	1.00	0.90	0.73	0.59	0.44
	−18	0.49	0.51	0.63	0.76	0.88	0.92	1.00	1.00	0.92	0.78	0.65	0.53
	−23	0.54	0.56	0.67	0.78	0.89	0.93	1.00	1.00	0.92	0.80	0.67	0.57
	−30	0.59	0.61	0.70	0.80	0.90	0.93	1.00	1.00	0.93	0.82	0.72	0.62
纬度 25°以下	0	0.44	0.48	0.63	0.79	0.94	0.97	1.00	1.00	0.93	0.81	0.65	0.40
	−10	0.58	0.60	0.73	0.85	0.95	0.98	1.00	1.00	0.95	0.85	0.75	0.63
	−18	0.65	0.67	0.77	0.88	0.96	0.98	1.00	1.00	0.96	0.88	0.79	0.69
	−23	0.68	0.70	0.79	0.89	0.96	0.98	1.00	1.00	0.96	0.89	0.81	0.72
	−30	0.72	0.73	0.82	0.90	0.97	0.98	1.00	1.00	0.97	0.90	0.83	0.75

表 3-15 冷间内电动机同期运转系数 n_4 和冷间同期操作系数 n_5

冷间总间数	n_4 或 n_5
1	1
2～4	0.5
≥5	0.4

注：1. 冷却间、冷却物冷藏间、冻结间 n_4 取 1，其他冷间按本表取值。
2. 冷间总间数应按同一蒸发温度且用途相同的冷间间数计算。

机械负荷以每个蒸发温度系统为单元进行计算，计算结果即为该蒸发温度系统所需要的制冷压缩机的制冷量。根据计算结果对该蒸发温度系统的制冷压缩机予以选择和配置。如果是需要双级压缩的低蒸发温度系统，则是对低压级压缩机或是对单机双级压缩机予以选配。

小型服务性冷库冷间机械负荷应分别根据不同蒸发温度按下式计算：

$$Q_j'=(\sum Q_1+n_2\sum Q_2+n_4\sum Q_4+n_5\sum Q_{5a}+n_5\sum Q_{5b})\frac{24}{\tau}R \tag{3-12}$$

式中 Q_j'——同一蒸发温度的冷间的机械负荷，W；

n_2——冷间货物热流量折减系数，冷却物冷藏间宜取 0.6，冻结物冷藏间宜取 0.5，其他冷间取 1；

n_4——冷间内电动机同期运转系数，取值见表 3-15；

n_5——冷间同期操作系数，取值见表 3-15；

τ——制冷机组每日工作时间，宜取 12～16h；

R——冷库制冷系统和管道等冷损耗补偿系数，直接冷却系统宜取 1.07，间接冷却系统宜取 1.12。

注：利用该公式计算冻结间机械负荷时，不计算 Q_{5a} 和 Q_{5b} 这两项热流量。

对于设备负荷和机械负荷，必须注意它们计算对象和计算目的的不同。一般而言，一个制冷系统的机械负荷比其制冷对象设备负荷之和小。对象越多、系统越大，两个负荷的差值就越大；但是，对于一对一的分散式制冷系统，则由于设备和管道等冷损耗原因，其机械负荷大于设备负荷。

3.2.5 制冷负荷的估算

前面详细地介绍了制冷负荷的计算及汇总方法，但在一些特定的情况下，对于负荷计算要求不一定很精确，如在设计初期接受咨询和洽谈业务时，可粗略估计一下制冷负荷，即估算法。制冷负荷估算的方法较多，其中利用单位制冷负荷×冷加工量或冷藏容量求得冷却设备负荷和机械负荷的方法应用较为广泛。表 3-16～表 3-19 分别为肉类冷加工、鱼类冷加工、冷藏间和制冰、小型冷库单位制冷负荷。

表 3-16 肉类冷加工单位制冷负荷

冷加工方式	冷间温度/℃	肉类入库温度/℃	肉类出库温度/℃	冷加工时间/h①	冷却设备负荷/(W/t)	机械负荷/(W/t)
冷却加工	−2	35	4	20	3000	2300
	−7/−2②	35	4	11	5000	4000
	−10	35	12	8	6200	5000
	−10	35	10	3	13000	10000

续表

冷加工方式	冷间温度/℃	肉类入库温度/℃	肉类出库温度/℃	冷加工时间/h①	冷却设备负荷/(W/t)	机械负荷/(W/t)
冷冻加工	−23	4	−15	20	5300	4500
	−23	12	−15	12	8200	6900
	−23③	35	−15	20	7600	5800
	−30	4	−15	11	9400	7500
	−30	−10	−18	16	6700	5400

① 冷冻加工时间不包括肉类进库、出库的搬运时间。

② 此处是指库温先为−7℃，待肉体表面温度降到0℃时，改用−2℃继续降温。

③ 是一次冻结（即肉类不经过冷却），氨系统蒸发温度需低于−33℃。

注：1. 本表内冷却设备负荷已包括货物冷加工负荷系数 P 的数值（即 $1.3\,Q_2$）。

2. 本表内机械负荷已包括总管道等冷耗损补偿系数7%。

表 3-17　鱼类冷加工单位制冷负荷

库房名称	冷间温度/℃	鱼体入库温度/℃	鱼体出库温度/℃	冷加工时间/h	冷却设备负荷/(W/t)	机械负荷/(W/t)
准备间	0	20	4	10	4700	3500
冻结间 1	−25	4	−15	10	9300	7500
冻结间 2	−25	20	−15	16	7000	5600

表 3-18　冷藏间、制冰单位制冷负荷

类别	冷间名称	冷间温度/℃	冷却设备负荷/(W/t)	机械负荷/(W/t)
冷藏间	一般冷却物冷藏间	±0、−2	88	70
	250t以下冷库冻结物冷藏间	−15、−18	82	70
	500～1000t冷库冻结物冷藏间	−18	53	47
	1000～3000t单层库冻结物冷藏间	−18、−20	41～47	30～35
	1500～3500t多层库冻结物冷藏间	−18	41	30～35
	4500～9000t多层库冻结物冷藏间	−18	30～35	24
制冰	盐水制冰方式			7000
	桶式快速制冰			7800
	储冰间			25

注：本表中机械负荷已包括总管道等冷损耗数值。

表 3-19　小型冷库单位制冷负荷

冷加工食品	冷间名称	冷间温度/℃	冷却设备负荷/(W/t)	机械负荷/(W/t)
肉、禽、水产品	50t以下冷藏间	−15～−18①	195	160
	50～100t冷藏间		150	130
	100～200t冷藏间		120	95
	200～300t冷藏间		82	70
水果、蔬菜	100t以下冷藏间	0～2	260	230
	100～300t冷藏间		230	210
鲜蛋	100t以下冷藏间	0～2	140	110
	100～300t冷藏间		115	90

① 进货温度按−15～−12℃计算，进货量按5%计算，如果进货温度为−5℃，需适当增大表中数值。

注：本表内机械负荷已包括总管道等冷耗损补偿系数7%。

3.3 制冷压缩机及设备的选型计算

制冷系统压缩机和设备的选型包括制冷压缩机、冷凝器、冷却设备、节流阀，以及中间冷却器、油分离器、气液分离器、高压储液器、低压循环储液桶等辅助设备的选型。

3.3.1 制冷压缩机的选型计算

3.3.1.1 制冷压缩机的选型原则

（1）压缩机的制冷量应能满足冷库生产旺季高峰负荷的要求，即压缩机制冷量应大于或等于机械负荷。一般在选择压缩机时，按一年中最热季节的冷却水温度（或气温）确定冷凝温度，由冷凝温度和蒸发温度确定压缩机的运行工况。但是，冷库生产的高峰负荷并不一定恰好就在气温最高的季节，秋、冬、春三季冷却水温（气温）比较低（深井水除外），冷凝温度也随之降低，压缩机的制冷量有所提高。因此，选择压缩机应考虑季节修正系数。

（2）对于小冷库，如生活服务性冷库，压缩机可选用单台。对于较大容量的冷库和较大冷加工能力的冻结间，压缩机台数不宜少于两台，总的制冷量以满足生产要求为准，一般不考虑备用。

（3）应尽可能采用相同系列的压缩机，便于控制、管理及零配件互换。

（4）为不同的蒸发温度系统配备的压缩机，也应适当考虑机组之间有互相备用的可能性。

（5）如压缩机带有能量调节装置，可以对单机制冷量进行较大幅度的调节。但只适用于运行中负荷波动的调节，不宜用作季节性负荷变化的调节，季节性负荷或生产能力变化的负荷调节应另行配置与制冷能力相适应的机器，才能取得较好的节能效果。

（6）为满足生产工艺的要求，往往需要制冷循环能获得较低的蒸发温度，为提高压缩机的输气系数和指示效率，保障压缩机的运行安全，应采用双级压缩制冷循环。氨制冷系统的压力比 p_k/p_0 大于 8 时用双级压缩；氟里昂系统压力比 p_k/p_0 大于 10 时，采用双级压缩。

（7）制冷压缩机工作条件，不得超过制造厂家给定运行工况或国标规定的压缩机使用条件。

3.3.1.2 基本参数的确定

（1）蒸发温度 t_0 的确定　蒸发温度是指制冷剂在蒸发器中气化时的温度，主要取决于被冷却对象的温度要求、制冷剂与被冷却对象之间的传热温差，而传热温差与所采用的蒸发器形式以及冷却方式有关。

① 以空气为冷媒

$$t_0 = t - \Delta t \qquad (3\text{-}13)$$

式中　t——冷媒的温度，℃；

Δt——传热温差，℃，一般取 8～12℃，在采用排管式蒸发器的冷间中，可取 10℃，在采用冷风机的冷间中，可取 8℃。

② 以水或盐水为冷媒

$$t_0 = t - \Delta t \qquad (3\text{-}14)$$

式中　t——冷媒的温度，℃；

Δt——传热温差，℃，一般取 4～8℃。

目前，一些要求较高或有特殊要求的冷库，例如高温库或气调库，为保证食品质量，减小干耗，趋向于减小温差，有的只有 1～2℃，但这要以增大蒸发面积为代价，为此蒸发器的设计温差可根据库房相对湿度的要求来确定，见表 3-20。

表 3-20　蒸发器平均设计温差

库内相对湿度/%	设计温差/℃	
	自然对流	吹风冷却
95～91	7～8	4.5～5.5
90～86	8～9	5.5～7
85～81	9～10	7～8
80～76	10～11	8～9
75～70	11～12	9～10

(2) 冷凝温度t_k的确定　冷凝温度是指制冷剂在冷凝器中液化的温度。它取决于制冷系统所处地的当地气象、水文条件；制冷剂与环境冷却介质之间的传热温差以及冷凝器形式。按原规范要求，R22 和 R717 作为制冷剂时，一般冷凝温度不超过 40℃，设计冷凝温度不宜超过 39℃。目前，在重新制定的规范中，压缩机允许使用的冷凝温度有所提高，如氨压缩机的冷凝温度可达 46℃。

① 水冷式冷凝器（包括立式、卧式、淋激式）　这三种冷凝器的冷却介质主要为冷却水，考虑到冷却水在流过冷凝器的整个过程中其温度是变化的，为了简化计算，可采用算术平均温差，其冷凝温度常以下式确定，即：

$$t_k=\frac{t_1+t_2}{2}+\Delta t \tag{3-15}$$

式中　t_1，t_2——冷却水进、出口的温度，℃，立式冷凝器的 $t_2=t_1+(1.5\sim3)$℃，卧式冷凝器的$t_2=t_1+(4\sim6)$℃，淋激式冷凝器的 $t_2=t_1+(2\sim3)$℃。一般情况下，$t_1\geqslant30$℃时取较小值，$t_1\leqslant20$℃时取较大值；

Δt——温差，水冷式氨制冷系统中，Δt 一般取 5～7℃，氟里昂制冷系统中，Δt 一般取 7～8℃，t_1高时取较小值，t_1低取较大值。

② 空气冷却式冷凝器　空气冷却式（或称风冷式）冷凝器是以空气为冷却介质的冷凝器。制冷剂在冷却管内流动，而空气则在管外掠过，吸收冷却剂热量把它散发于周围的大气中。为了加强空气侧的传热性能，通常都在管外加肋片（也称散热片），增加空气侧的传热面积。同时，采用通风机来加速空气流动，增加空气侧的传热效果。空气冷却式冷凝器的最大特点是不需要冷却水，因此特别适用于供水困难的地区。近年来中小型氟里昂制冷系统采用空冷式冷凝器比较多。

$$t_k=t+\Delta t \tag{3-16}$$

式中　t——进口空气的干球温度，℃；

Δt——冷凝温度与冷却空气平均温度之差，℃，一般取 8～15℃。

③ 蒸发式冷凝器　在蒸发式冷凝器中，光滑管或翅片管润湿表面的水分蒸发而引起的换热约占全部换热的 80%，因此水分蒸发的快慢直接与冷凝温度有关，在一定风速下，水分蒸发速度取决于室外空气的相对湿度，因此以湿球温度为基准（高湿地区不宜采用蒸发式冷凝器），考虑适当温差而确定。

$$t_k=t+\Delta t \tag{3-17}$$

式中　t——进口空气的湿球温度，℃；

Δt——冷凝温度与夏季空气调节室外计算湿球温度之差，℃，一般取 5～10℃。

(3) 吸气温度 t_1'　即进入制冷压缩机的温度，它取决于回气的过热度，主要受下列几个因素影响。

① 由于吸入管受周围气温的影响，压缩机吸入气体的温度较蒸发温度都有不同程度的提高（过热），其幅度随吸入管道的长短和环境温度的高低以及蒸发温度的高低而不同。

② 与制冷系统供液方式有关。在氨泵供液系统中，从冷分配设备至低压循环的回气管为气液两相流体，正常情况下不会产生过热，只有在低压循环桶至压缩机的吸入管上才产生过热。在氨重力供液系统中，冷分配设备至气液分离器的回气管内可能会出现过热。

③ 直接膨胀供液对管道过热的要求。在氟里昂制冷系统中，大多采用内平衡热力膨胀阀，膨胀阀靠回气过热度调节其流量，因此，要求回气管有适当的过热度，一般应有5℃以上的过热度。外平衡热力膨胀阀的要求过热度可小些。

a. 对于用氨作制冷剂的制冷循环，过热温度见表3-21。

表3-21 氨压缩机允许吸气温度

t_0/℃	5	0	−5	−10	−15	−20	−25	−28	−30	−35	−40	−45
t_1'/℃	10	1	−4	−7	−10	−13	−16	−18	−19	−22	−25	−28

b. 对氟里昂制冷系统：

ⓐ 采用热力膨胀阀时，蒸发器出口气体的过热度一般为3～8℃；

ⓑ 单级氟里昂系统，t_1' 应不大于15℃，但不能太低；

ⓒ 采用回热器循环时，过热度可达到30～40℃。

（4）排气温度 t_2 的确定　排气温度取决于制冷剂的蒸发压力、冷凝压力以及吸入气体的干度、压缩机的性能和压缩机运行工况的变化。排气温度同吸入压力与排出压力之比（即压缩比）成正比，同吸气温度过热度成正比。压缩比越大，吸气时过热度越高，则排气温度就越高。通常氨压缩机排气温度应低于150℃，正常运行时一般在100～130℃之间。设计时，可根据冷凝压力和过热度，通过压焓图近似确定

（5）过冷温度 t_4'　制冷剂液体在冷凝压力下冷却到低于冷凝温度的温度称为过冷温度。制冷剂液体在节流阀前经过过冷后，其单位质量制冷量有所增加。一般情况下应比冷凝温度低3～5℃，也即过冷度为3～5℃。

（6）中间压力 p_m 和中间温度 t_m 的确定　双级压缩制冷循环的中间压力 p_m 或中间温度 t_m 对循环的制冷系数和压缩机的制冷量、消耗功率以及结构有直接的影响，因此合理地选择它们是双级压缩制冷循环的一个重要问题。

在选定了循环的形式和使用的制冷剂，确定了 t_k 和 t_0 的情况下，不同的中间压力，其制冷系数是不同的，其中必有一个最大值，这个“最大制冷系数”所对应的中间压力称之为最佳中间压力，这时循环具有较高的经济性。

中间压力 p_m 和中间温度 t_m 的确定的常用方法有以下几种。

① 比例中项计算法　用比例中项确定的中间压力为

$$p_m=\sqrt{p_0 p_k} \tag{3-18}$$

式中　p_m——中间压力，Pa；

p_0——蒸发压力，Pa；

p_k——冷凝压力，Pa。

用此式求出的中间压力与最佳中间压力有一定的偏差，只适用于初步估算。

② 经验公式计算法　对于氨的双级压缩制冷循环，拉赛提出了较为简单的最佳中间温度计算公式。

$$t_m = 0.4t_k + 0.6t_0 + 3 \tag{3-19}$$

式中　t_m——中间温度，℃；

t_0——蒸发温度，℃；

t_k——冷凝温度，℃。

上式不仅适用于氨在－40～40℃的温度范围，对于R12、R40也同样适用。

③ 经验查图法　在工程中经常遇到已知高压级和低压级压缩机的理论输气量以及t_0、t_k，需要确定中间温度。对于这种情况，可以较方便地直接查图解决问题。如图3-11所示，根据t_0、t_k和高、低压级理论输气量比ξ来确定中间温度t_m。

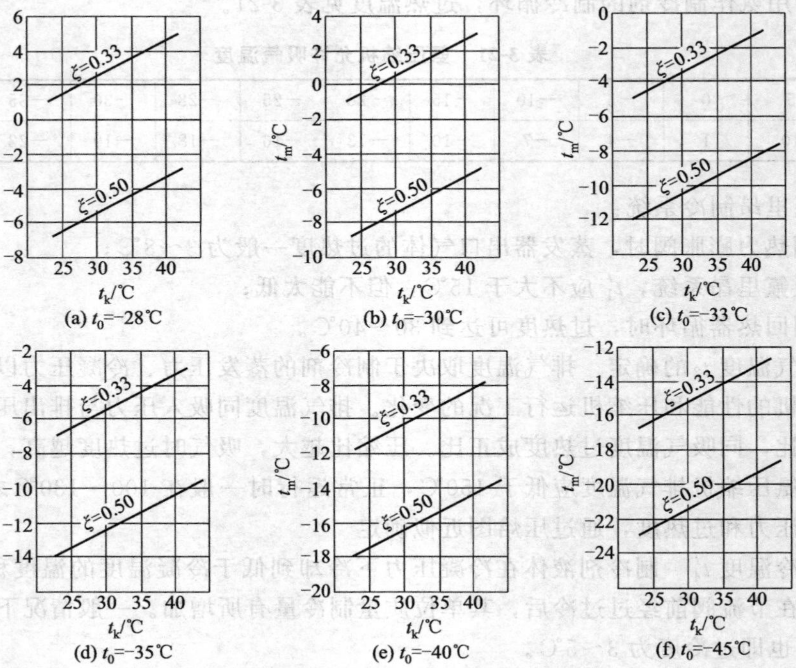

图3-11　确定氨双级压缩制冷循环中间温度的线图

3.3.1.3　单级制冷压缩机选型计算

（1）以压缩机的理论输气量选型　单级压缩制冷循环在压焓图上的表示如图3-12所示。在选配压缩机时，压缩机制冷量和计算所得的机械负荷Φ_j相匹配。因此，利用制冷量和需冷量的平衡关系，可求出压缩机理论输气量：

$$V_p = \frac{3.6\Phi_j v_2}{(h_1 - h_5)\lambda} = \frac{3.6\Phi_j}{q_v \lambda} \tag{3-20}$$

式中　V_p——压缩机理论输气量，m^3/h；

Φ_j——该蒸发温度系统机械负荷，W；

v_2——吸入气体的比体积，m^3/kg；

h_1——蒸发器出口干饱和蒸气的比焓，kJ/kg；

h_5——节流阀后制冷液体的比焓，kJ/kg；

q_v——制冷剂单位容积制冷量，kJ/m^3，可按表3-22和表3-23查取，也可通过热力计算求得；

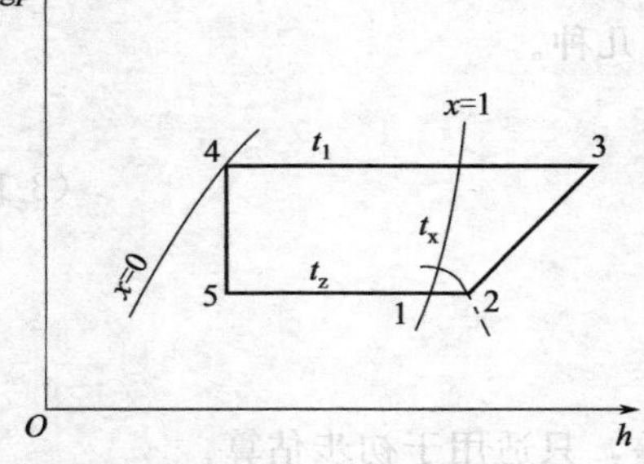

图3-12　单级压缩制冷循环在压焓图上的表示

λ——压缩机输气系数，活塞式制冷压缩机可查图 3-13 和图 3-14（以制造厂家的产品样本提供为准），螺杆式制冷压缩机由制造厂家提供，一般在 0.75～0.9 之间。

求得理论输气量后，结合选型原则从产品样本选取压缩机的型号和台数。

表 3-22　R717 单级压缩机单位容积制冷量 q_v　　单位：kJ/m^3

蒸发温度/℃	冷凝温度或过冷温度/℃											
	20	25	26	28	30	32	34	35	36	37	38	39
5	4568.2	4475.5	4459.2	4422.6	4386.0	4349.3	4312.4	4294.0	4275.5	4257.0	4238.4	4219.8
0	3962.4	3883.3	3867.5	3835.6	3803.7	3771.7	3739.6	3723.5	3707.4	3691.2	3675.1	3658.8
−5	3324.0	3257.4	3244.0	3217.1	3190.3	3163.3	3136.2	3122.7	3109.1	3095.5	3081.9	3068.2
−10	2756.0	2700.5	2689.3	2666.2	2644.5	2622.0	2599.5	2588.2	2576.9	2565.6	2554.2	2542.8
−15	2172.3	2128.3	2119.4	2101.7	2084.0	2066.1	2048.3	2039.3	2030.4	2021.4	2012.4	2003.3
−20	1761.2	1725.3	1718.1	1703.6	1689.1	1674.6	1660.0	1652.7	1645.4	1638.1	1630.8	1623.4
−25	1422.4	1393.2	1387.3	1375.6	1363.8	1352.0	1340.2	1334.3	1328.3	1322.4	1316.4	1310.4

表 3-23　R22 单位容积制冷量 q_v　　单位：kJ/m^3

蒸发温度/℃	节流阀前液体的温度/℃											
	−15	−10	−5	0	5	10	15	20	25	30	35	40
−40	1005	980	950	925	892	858	830	796	762	729	695	602
−35	1264	1231	1193	1160	1122	1084	1043	1005	963	921	879	833
−30	1562	1520	1478	1436	1386	1294	1244	1193	1143	1089	1038	—
−25	1901	1851	1800	1750	1696	1673	1578	1520	1457	1398	1336	1273
−20	2320	2357	2198	2135	2068	1997	1930	1859	1784	1708	1633	1558
−15	—	2721	2650	2575	2495	2416	2328	2244	2156	2068	1980	1888
−10	—	—	3190	3102	3006	2910	2809	2709	2600	2495	2391	2286
−5	—	—	—	3697	3584	3471	3354	3236	3107	2985	2860	2734
0	—	—	—	—	4262	4228	3990	3848	3701	3555	3408	3257
5	—	—	—	—	—	4873	4710	4547	4375	4204	4032	3860

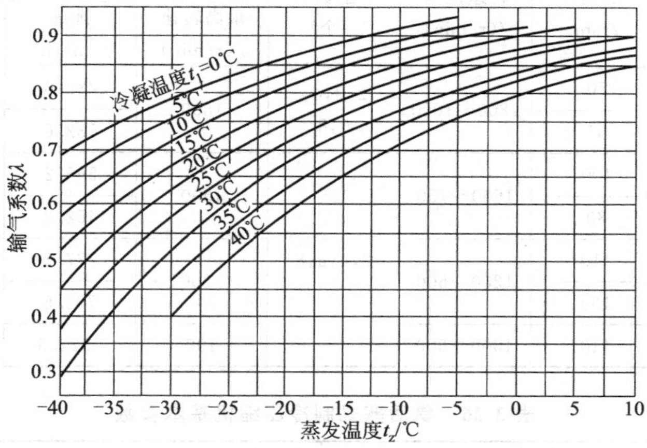

图 3-13　R717 压缩机输气系数 λ 值

（2）以压缩机的标准工况制冷量选型　压缩机的制冷量随运行工况变化而不同，为了以统一的工况表示压缩机的制冷量，因此国家规定了标准工况，见表 3-24；表 3-25 和表 3-26 为活塞式压缩机的基本参数，供选型时参考。

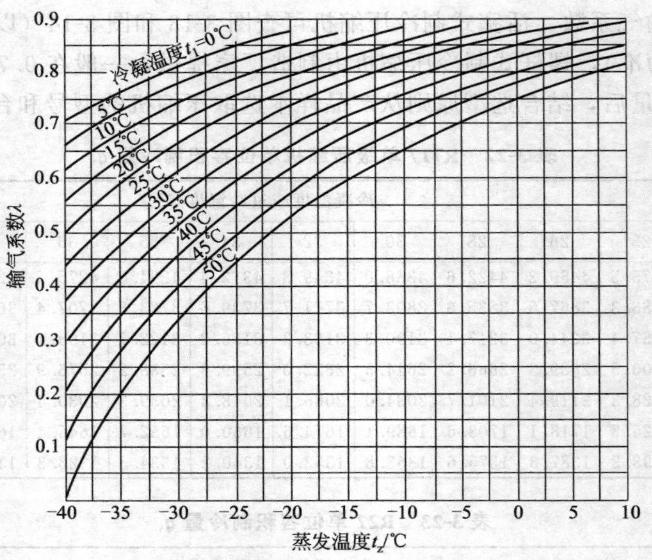

图 3-14 R22 压缩机输气系数λ值

表 3-24 制冷压缩机标准工况 单位：℃

工作温度	制冷剂		
	R717	R12	R22
冷凝温度	30	30	30
蒸发温度	－15	－15	－15
过冷温度	25	25	25
吸气温度	－10	15	15

表 3-25 半封闭式、开启式单级制冷压缩机基本参数（GB/T 10874—89）

类别	缸径/mm	行程/mm	转速范围/(r/min)	缸数/个	容积排量(8缸)			
					最高转速/(r/min)	排量/(m^3/h)	最低转速/(r/min)	排量/(m^3/h)
半封闭式	70	70	1800～1000	2,3,4,6,8	1800	232.6	1000	129.2
		55				182.6		101.5
开启式	100	100	1500～750	2,4,6,8	1500	565.2	750	282.6
		80				452.2		226.1
	125	110	1200～600		1200	777.2	600	388.6
		100				706.5		353.3
	170	140	1000～500		100	1524.5	500	762.3

表 3-26 氨活塞式制冷压缩机基本参数

缸径/mm	活塞行程/mm	缸数/个	转速/(r/min)	活塞行程容积/(m^3/h)	制冷量/kW	轴功率/kW	气缸布置型式
70	55	2	1440	36.3	15.28	4.522	V
		3		54.9	22.891	6.75	W
		4		73.2	30.561	8.88	S
		6		109.8	45.282	13.40	W
		8		146.4	61.122	17.80	S

续表

缸径/mm	活塞行程/mm	缸数/个	转速/(r/min)	活塞行程容积/(m³/h)	制冷量/kW	轴功率/kW	气缸布置型式
100	70	2	960	63.4	27.075	8.12	V
		4		126.8	54.056	16.00	V
		6		190.2	81.224	23.80	W
		8		253.6	108.298	31.00	S
125	100	2	960	141.5	61.005	18.30	V
		4		283.0	122.01	36.10	V
		6		424.5	183.596	53.90	W
		8		566.0	244.02	71.20	S
170	140	2	720	275.0	127.81	36.40	V
		4		550.0	255.64	71.90	V
		6		820.0	383.46	107.10	W
		8		1100.0	511.28	142.0	S

压缩机产品样本中的制冷量为标准工况下的制冷量，而由冷负荷计算所求得的机械负荷Φ_j是设计工况下所需的制冷量，因此，不能用Φ_j直接选取压缩机，而应把Φ_j折算成标准工况下的制冷量。

压缩机在标准工况和设计工况下的制冷量可分别按照$\Phi_b=V_p\lambda_b q_{vb}$和$\Phi_j=V_p\lambda q_v$求出。由于同一压缩机的理论输气量$V_p$是一定的，因此可得出设计制冷量和标准制冷量的换算公式：

$$\Phi_b'=\frac{\lambda_b q_{vb}}{\lambda_j q_{vj}}\Phi_j \tag{3-21}$$

式中 Φ_b'——折算成的标准工况制冷量，W；

Φ_j——设计工况下的制冷量，W；

λ_b，λ_j——标准、设计工况下的压缩机输气系数，m³/kg；

q_{vb}，q_{vj}——标准、设计工况下的单位容积制冷量，kJ/m³。

作为制冷量换算，也可直接按式(3-22) 进行，即：

$$\Phi_b'=\frac{\Phi_j}{A} \tag{3-22}$$

式中 A——制冷量的换算系数，见表3-27。

这样，把设计工况下的制冷量换成标准工况下的制冷量，再从产品样本或其他技术资料中选配压缩机。

表3-27 单级氨压缩机制冷量换算系数

蒸发温度/℃	冷凝温度或过冷温度/℃										
	−10	−5	0	5	10	15	20	25	30	35	40
−35	0.546	0.505	0.472	0.430	0.392	0.350	0.308	0.266	0.244	—	—
−30	0.737	0.692	0.646	0.595	0.553	0.496	0.442	0.388	0.352	0.331	—
−25	0.970	0.920	0.863	0.805	0.753	0.700	0.630	0.563	0.505	0.453	0.406
−23	1.064	1.022	0.960	0.900	0.851	0.785	0.725	0.640	0.610	0.538	0.475
−22	1.110	1.076	1.006	0.950	0.895	0.825	0.787	0.703	0.635	0.575	0.516
−20	1.230	1.180	1.120	1.064	1.010	0.930	0.865	0.777	0.720	0.650	0.580
−18	1.340	1.300	1.250	1.180	1.110	1.040	0.870	0.890	0.813	0.750	0.672
−15	1.550	1.490	1.430	1.370	1.304	1.235	1.154	1.057	0.980	0.890	0.818

续表

蒸发温度/℃	冷凝温度或过冷温度/℃										
	−10	−5	0	5	10	15	20	25	30	35	40
−13	1.680	1.630	1.570	1.510	1.430	1.350	1.270	1.190	1.080	1.030	0.950
−12	1.770	1.770	1.640	1.580	1.523	1.430	1.345	1.265	1.180	1.128	1.005
−10	—	1.860	1.780	1.718	1.650	1.560	1.470	1.380	1.300	1.205	1.115
−8	—	1.999	1.950	1.870	1.790	1.720	1.625	1.540	1.430	1,300	1.243
−6	—	2.184	2.112	2.050	1.965	1.864	1.770	1.670	1.585	1.460	1.390
−4	—	—	2.210	2.230	2.140	2.060	1.855	1.870	1.789	1.650	1.540
−3	—	—	2.384	2.322	2.250	2.165	1.980	1.970	1.860	1.740	1.620
−2	—	—	2.494	2.452	2.340	2.250	2.055	2.040	1.930	1.820	1.700
−1	—	—	2.592	2.560	2.447	2.350	2.160	2.130	2.015	1.900	1.785
0	—	—	—	2.620	2.540	2.470	2.330	2.210	2.115	2.000	1.885

(3) 根据压缩机性能曲线选型　压缩机厂对其制造的各种压缩机都要在实验台上针对其某种制冷剂和一定的工作转速，测出不同工况下的制冷量和轴功率，并据此作出压缩机的性能曲线，附在产品说明书中。在压缩机选型时，先确定设计参数，然后根据设计参数和压缩机性能曲线，可确定压缩机的型号和台数。

如图 3-15 和图 3-16 所示为 8 缸系列氨压缩机的性能曲线。更多机型的性能曲线可从制造厂家的产品手册中查取。

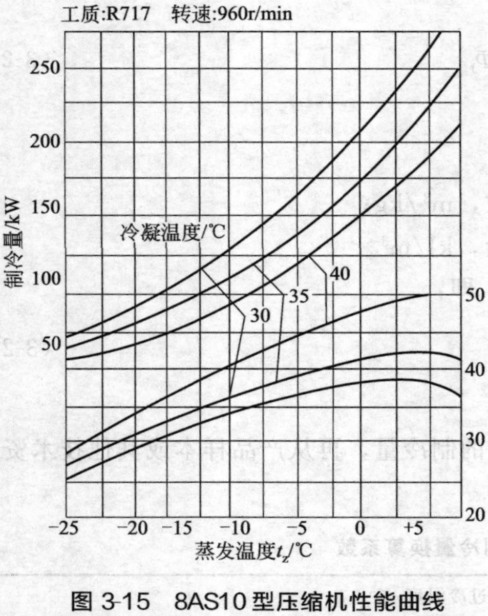

图 3-15　8AS10 型压缩机性能曲线

如求 2、4、6 缸单级制冷压缩机制冷量及轴功率，可将该曲线中数值按缸数加以折算

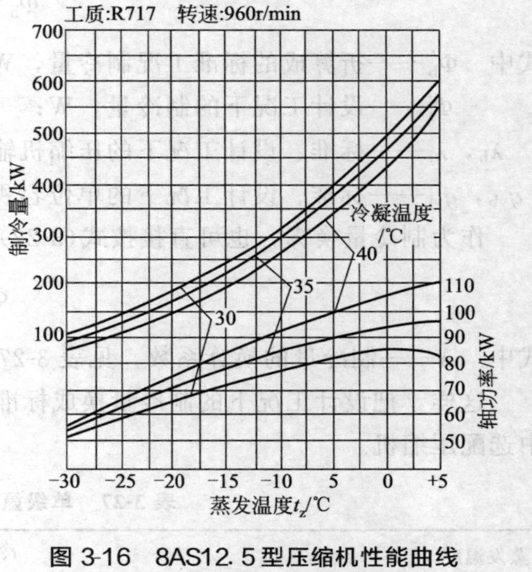

图 3-16　8AS12.5 型压缩机性能曲线

如求 212.5、412.5、612.5 压缩机制冷量及轴功率，可将该曲线中数值按缸数加以折算

【例 3-1】　已知某氨制冷系统蒸发温度为 −10℃，冷凝温度为 35℃，机械负荷 $\Phi_j=195000$W，试对制冷压缩机进行选型计算。

解：(1) 理论输气量法

① 确定设计工况下的 q_v 和 λ 值　根据蒸发温度 $t_z=-10$℃，冷凝温度 $t_l=35$℃，查表 3-22 和图 3-12 分别得 $q_v=2588.2\text{kJ/m}^3$（假定系统不设再冷却器），$\lambda=0.74$。

② 确定压缩机理论输气量 V_p

$$V_p=\frac{3.6\Phi_j}{q_v\lambda}=\frac{3.6\times195000}{0.74\times2588.2}=366.5(m^3/h)$$

③ 确定压缩机的型号和台数　由表 3-26 查出，一台 6AW10 型制冷压缩机的理论输气量为 190.2m³/h，结合选机原则，选两台 6AW10 型制冷压缩机可满足需要，即：

$$V_p=2\times190.2=380.4(m^3/h)$$

（2）标准工况制冷量法

① 确定标准工况下的 q_{vb} 和 λ_b 值　查表 3-24 得出标准工况下的蒸发温度 $t_z=-15℃$，冷凝温度 $t_l=30℃$，根据图 3-12 得 $\lambda_b=0.73$；再根据蒸发温度 $t_z=-15℃$，过冷温度 $t_g=25℃$，查表 3-22 得 $q_{vb}=2128.3kJ/m^3$。

② 计算压缩机标准工况制冷量 Φ_b' 值

$$\Phi_b'=\frac{\lambda_b q_{vb}}{\lambda_j q_{vj}}\Phi_j=\frac{0.73\times2128.3}{0.74\times2588.2}\times195000=158183(W)$$

③ 确定压缩机的型号和台数　由表 3-26 中查出，一台 6AW10 型制冷压缩机的标准产冷量为 81224W，根据选机原则选两台 6AW10 型制冷压缩机，可满足需要，即：

$$\Phi_b'=2\times81224=162448(W)$$

（3）性能曲线法　由图 3-14 可知，在设计工况下，8AS10 压缩机制冷量为 125kW，折合成 6AW10 压缩机制冷量为 125×6/8=93.75（kW），若选 2 台，制冷量为 187.5kW，也基本可以满足计算负荷 $\Phi_j=195kW$ 的需要。

3.3.1.4 双级制冷压缩机选型计算

配组双级压缩机的选型，关键是确定双级压缩机在设计工况下运行时的中间温度 t_m，前面提到的最佳中间温度是在理想条件下求得的数值，故不能直接用最佳中间温度确定制冷循环，而应根据高低压级压缩机理论排气量之比用图解法求出中间温度。然后根据 t_m 确定高、低压级的理论输气量之比 q_{vg}/q_{vd}，由此再据机械负荷 Φ_j 选择高压级和低压级压缩机的型号和台数。其步骤如下。

（1）根据设计工况的蒸发温度和冷凝温度按式(3-19) 计算得出的最佳中间温度 t_m'，假定两个中间温度 t_{m_1}、t_{m_2}（一般取 $t_{m_1}=t_m'-5℃$、$t_{m_2}=t_m'+5℃$），在压焓图上作出制冷循环的过程线，如图 3-17 所示，并分别查出两个不同中间温度条件下相关的状态参数。

（2）分别求出高低压级的输气系数 λ_g、λ_d。先计算当中间温度为 t_{m_1}、t_{m_2} 时各自的高、低压级的输气系数 λ_{g_1}、λ_{d_1} 与 λ_{g_2}、λ_{d_2}。再根据单级压缩机输气系数的方法进行计算（此时，

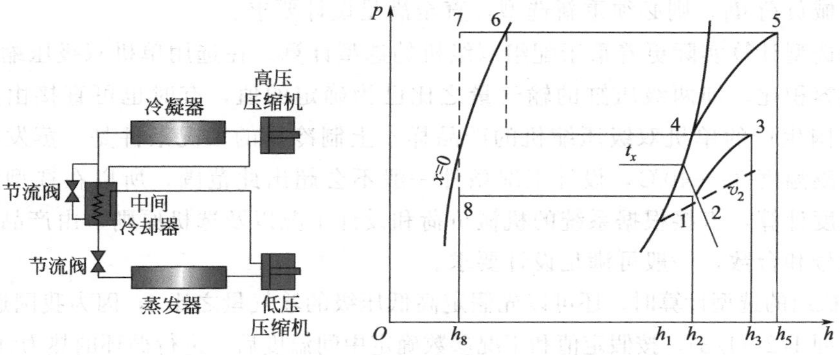

图 3-17　双级压缩机制冷循环原理图及压焓图

低压级的冷凝温度和高压级的蒸发温度为中间温度）。

（3）按表 3-28 的格式，分别求出两个中间温度下组成的制冷循环的低、高压级的压缩机的质量流量、理论输气量及理论输气量之比。

表 3-28　双级压缩机试算

序号	计算项目	假定的中间温度	
		$t_{m_1}=t'_m-5℃$	$t_{m_2}=t'_m+5℃$
1	低压级质量流量 q_{md}	$q_{md_1}=\left(\frac{\Phi_j}{h_1-h_8}\right)_1$	$q_{md_2}=\left(\frac{\Phi_j}{h_1-h_8}\right)_2$
2	高压级质量流量 q_{mg}	$q_{mg_1}=q_{md_1}\left(\frac{h_3-h_7}{h_4-h_6}\right)_1$	$q_{mg_2}=q_{md_2}\left(\frac{h_3-h_7}{h_4-h_6}\right)_2$
3	低压级理论输气量 V_{pd}	$V_{pd_1}=\frac{q_{md_1}v_2}{\lambda_{d1}}$	$V_{pd_2}=\frac{q_{md_2}v_2}{\lambda_{d2}}$
4	高压级理论输气量 V_{pg}	$V_{pg_1}=\frac{q_{mg_1}v_4}{\lambda_{g1}}$	$V_{pg_2}=\frac{q_{mg_2}v_4}{\lambda_{g2}}$
5	高低压级理论输气量之比 ξ	$\xi_1=\frac{V_{pg_1}}{V_{pd_1}}$	$\xi_2=\frac{V_{pg_2}}{V_{pd_2}}$

（4）以中间温度为纵坐标，以压缩机的理论输气量之比为横坐标作坐标图。根据假定中间温度和表 3-28 中计算所得到的数据，在坐标图中可确定出相应的两个点，通过这两点作一条直线，此直线反映了中间温度与理论输气量之比的关系，如图 3-18 所示。

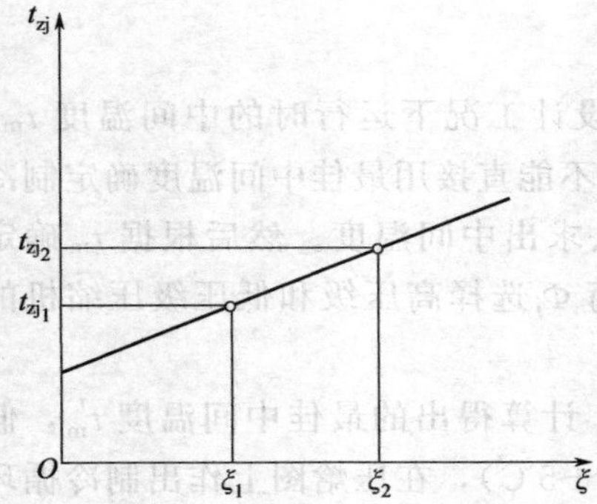

图 3-18　中间温度与高低压级理论输气量之比的关系图

（5）根据最佳中间温度 t'_m，在坐标图上找出相应的理论输气量之比 ξ'，参照高低压级的输气量的大致范围，选择高低压级压缩机，并使所选压缩机的理论输气量之比尽量与 ξ'接近，然后按所选定的压缩机的理论输气量之比由坐标图上查出相应的中间温度 t_m，这个中间温度是与所选压缩机相配的最适中间温度。

（6）通过试算求得中间温度 t_m后，结合冷凝温度和蒸发温度作出实际制冷循环图，查出各有关参数进行热力计算，以便验算所选压缩机在设计工况条件下的制冷量。如制冷量大于系统的机械负荷 Φ_j，那么所选压缩机满足设计要求。但若超过量太大，则应选较小制冷量的压缩机重新核算。如压缩机在设计工况下的制冷量小于系统的机械负荷 Φ_j，则必须重新选型，直至满足设计要求。

以上的选型计算实际更着重于配组双级机的选型计算。在选用单机双级压缩机时，因为高低压缸的容积比，即两级压缸的输气量之比已为确定的值，有时也可直接由产品样本选型。因为我国生产的单机双级压缩机的产品样本上制冷量的工况条件是：蒸发温度−30～−35℃，冷凝温度 35～40℃，设计工况条件一般不会超出此范围，所以在选型时可省略繁琐的中间温度计算，直接根据系统的机械负荷和设计工况以及选机原则，由产品样本确定所选机器的型号和台数，一般可满足设计要求。

在双级机组的选型计算时，还可以先假定高低压级的输气量之比 ξ，因为我国通常采用 $\xi=0.5\sim0.33$（即 1/2～1/3），按假定值和工况参数确定中间温度后，进行循环的热力计算，先计算（或查图表）出低压级的理论输气量，选出低压机的型号和台数，再按假定的配比选定高压级的型号和台数，最后进行制冷量和输气量之比的校核。这种方法对两类机组选型都适用。

【例 3-2】 已知某氨制冷系统蒸发温度为－30℃，冷凝温度为35℃，机械负荷 $\Phi_j=93000W$，试对该双级制冷系统选配高、低压级压缩机。

解：(1) 求最佳中间温度：

$$t'_m=0.4t_k+0.6t_0+3=0.4\times35+0.6\times(-30)+3=-1(℃)$$

(2) 假定两个中间温度分别为：

$$t_{m_1}=(-1-5)=-6(℃) \quad t_{m_2}=(-1+5)=4(℃)$$

(3) 确定过冷温度、吸气温度，作出制冷循环压焓图，如图 3-17 所示，查出各相关状态参数如下。

过冷温度：$t_{g_1}=(-6+5)=-1(℃)$　　$t_{g_2}=(4+5)=9(℃)$

吸气温度：查表 3-21，得 $t_x=-19℃$。

$t_{m_1}=-6℃$	$t_{m_2}=4℃$
$h_1=1723kJ/kg$	$h_1=1723kJ/kg$
$h_2=1760kJ/kg$、$v_2=1.01m^3/kg$	$h_2=1760kJ/kg$、$v_2=1.01m^3/kg$
$h_3=1865kJ/kg$	$h_3=1980kJ/kg$
$h_4=1754kJ/kg$、$v_4=0.35m^3/kg$	$h_4=1765kJ/kg$、$v_4=0.24m^3/kg$
$h_5=1835kJ/kg$	$h_5=1880kJ/kg$
$h_6=663kJ/kg$	$h_6=663kJ/kg$
$h_7=h_8=500kJ/kg$	$h_7=h_8=535kJ/kg$

(4) 求取假定中间温度下的高、低压级压缩机的输气系数（查图 3-12）。

$$当\ t_{m_1}=-6℃时\quad \lambda_{d_1}=0.80\quad \lambda_{g_1}=0.73$$

$$当\ t_{m_2}=4℃时\quad \lambda_{d_2}=0.73\quad \lambda_{g_2}=0.79$$

(5) 按表 3-28 所列项目及公式计算，可求得两组数据。

序号	计算项目	假定的中间温度	
		$t_{m_1}=t'_m-5℃$	$t_{m_2}=t'_m+5℃$
1	低压级质量流量 $q_{md}/(kg/h)$	$q_{md_1}=\left(\frac{\Phi_j}{h_1-h_8}\right)_1=\frac{3.6\times93000}{1723-500}=274$	$q_{md_2}=\left(\frac{\Phi_j}{h_1-h_8}\right)_2=\frac{3.6\times93000}{1723-535}=282$
2	高压级质量流量 $q_{mg}/(kg/h)$	$q_{mg_1}=q_{md_1}\left(\frac{h_3-h_7}{h_4-h_6}\right)_1=274\times\frac{1865-500}{1754-663}=343$	$q_{mg_2}=q_{md_2}\left(\frac{h_3-h_7}{h_4-h_6}\right)_2=282\times\frac{1980-535}{1765-663}=367$
3	低压级理论输气量 $V_{pd}/(m^3/h)$	$V_{pd_1}=\frac{q_{md_1}v_2}{\lambda_{d_1}}=\frac{274\times1.01}{0.8}=346$	$V_{pd_2}=\frac{q_{md_2}v_2}{\lambda_{d_2}}=\frac{282\times1.01}{0.73}=390$
4	高压级理论输气量 $V_{pg}/(m^3/h)$	$V_{pg_1}=\frac{q_{mg_1}v_4}{\lambda_{g_1}}=\frac{343\times0.35}{0.73}=164$	$V_{pg_2}=\frac{q_{mg_2}v_4}{\lambda_{g_2}}=\frac{367\times0.24}{0.79}=111$
5	高、低压级理论输气量之比 ξ	$\xi_1=\frac{V_{pg_1}}{V_{pd_1}}=\frac{164}{346}=0.47$	$\xi_2=\frac{V_{pg_2}}{V_{pd_2}}=\frac{111}{390}=0.28$

（6）作坐标图。由 $t_{m_1}=-6℃$ 和 $\xi_1=0.47$、$t_{m_2}=4℃$ 和 $\xi_2=0.28$ 两组数据可作出如图3-18所示的直线，从图中可找出最佳中间温度 $t'_m=-1℃$ 时所对应的 $\xi'=0.286$。参照此 ξ' 及低压级理论输气量 $346\sim390m^3/h$，选用高低压级压缩机。

（7）本例中选用三台4AV10型压缩机作为低压级压缩机，$V_{pd}=126.6\times3=397.8(m^3/h)$；一台4AV10型压缩机作为高压级压缩机，$V_{pg}=126.6m^3/h$。此时，$\xi=0.33$，由图3-18可得出相应的中间温度 $t_m=0.13℃$。

（8）再以中间温度 $t_m=0.13℃$ 作制冷循环压焓图，并查取有关状态参数及压缩机的输气系数，校核选配的低压级压缩机的制冷量 Φ'_j。

$h_1=1723kJ/kg$ $h_8=500kJ/kg$ $v_2=1.01m^3/kg$ $\lambda_d=0.758$ $V_{pd}=379.8m^3/h$

$$\Phi'_j=\frac{V_{pd}\lambda_d}{3.6v_2}(h_1-h_8)=\frac{379.8\times0.758}{3.6\times1.01}(1723-500)=96834(W)$$

Φ'_j 稍大于 Φ_j，选型是合适的。

以上的压缩机选型计算是以活塞式压缩机为原型来考虑的，如果是螺杆式压缩机的选型，基本计算过程是一样的，可以理论输气量选型，求得理论输气量以后可以根据厂家提供的技术参数进行选型；也可以根据压缩机的性能表选型，按厂家提供的螺杆压缩机性能表根据设计工况和计算所需冷负荷进行选型；选型时，注意所选压缩机的工作条件不得超过其规定范围；还可以利用厂家提供的压缩机的性能曲线进行选型。

螺杆式压缩机带有油冷却系统，其冷却方式和冷却介质与设备制造特点及系统的设计特点有关，螺杆式压缩机没有汽缸水冷却系统，由于其机型具有不同特色，所以在选型时应特别注意以下几点。

① 单级螺杆式制冷压缩机的经济压缩比为4.7～5.5，在此范围内经济性最佳。

② 单级螺杆式制冷压缩机不宜用于我国南方地区的低温工况。

③ 蒸发温度在－20℃以下时，单级螺杆式压缩机的运行经济性差。蒸发温度越低，效率越低，能耗越大，长期运行会带来能源的过量消耗，并使压缩机过早损坏。

④ 优先选择带经济器的螺杆式压缩机。带经济器的螺杆式压缩机有较宽的运转条件，单级压缩比大，比双级螺杆式制冷系统容易控制，系统简单，占地面积小；与单级螺杆式压缩机相比，优越性更加明显。

3.3.2 冷凝器的选型计算

3.3.2.1 冷凝器选型的一般原则

冷凝器是制冷系统中的主要换热设备之一。冷凝器种类有很多，选型时主要取决于建库地区的水温、水质、水量及气候条件，也与机房的布置要求有关。一般根据下列原则来选择。

（1）立式水冷却冷凝器适用于水源丰富、水质较差、水温较高的地区，一般布置在机房外面。

（2）卧式水冷却冷凝器适用于水量充足、水温较低、水质较好的地区，广泛应用于中、小型氨和氟里昂系统中，一般布置在机房设备间内。

（3）淋浇式冷凝器适用于空气湿球温度较低、水源不足或水质较差的地区，一般布置在室外通风良好的地方。

（4）蒸发式冷凝器适用于空气相对湿度较低和缺水地区，一般布置在室外通风良好的地方。

(5) 空气冷却式冷凝器适用于水源比较紧张的地区和小型氟里昂制冷系统。在氨制冷系统中一般不采用。

此外，在满足系统要求的条件下，还要考虑换热效率高、维护方便、设备初投资低等因素。

3.3.2.2 冷凝负荷计算

(1) 单级压缩制冷循环　其循环如图 3-19 所示。冷凝器的负荷为：

$$\Phi_k=\frac{q_m(h_3-h_4)}{3.6} \tag{3-23}$$

式中　Φ_k——冷凝器负荷，W；

q_m——制冷剂质量流量，kg/h；

h_3，h_4——制冷剂进、出冷凝器的比焓，kJ/kg。

(2) 双级压缩制冷循环　其循环如图 3-20 所示。冷凝器的负荷为：

$$\Phi_k=\frac{q_{mg}(h_5-h_6)}{3.6} \tag{3-24}$$

式中　Φ_k——冷凝器负荷，W；

q_{mg}——高压级压缩机制冷剂质量流量，kg/h；

h_5，h_6——制冷剂进、出冷凝器的比焓，kJ/kg。

对于既有单级又有双级压缩的制冷循环，冷凝负荷为单、双级压缩回路冷凝负荷之和。

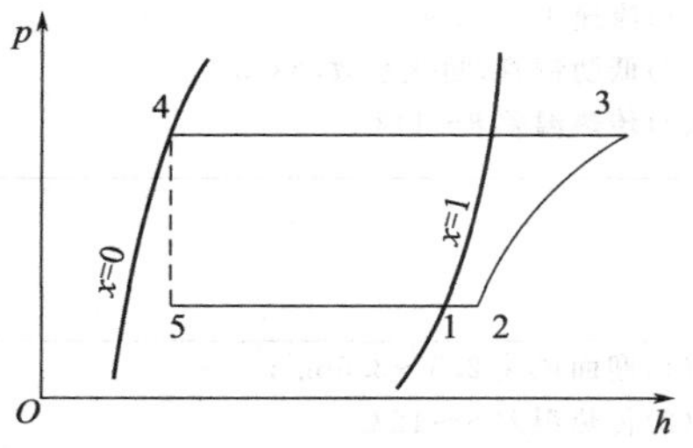

图 3-19　单级压缩循环压焓图

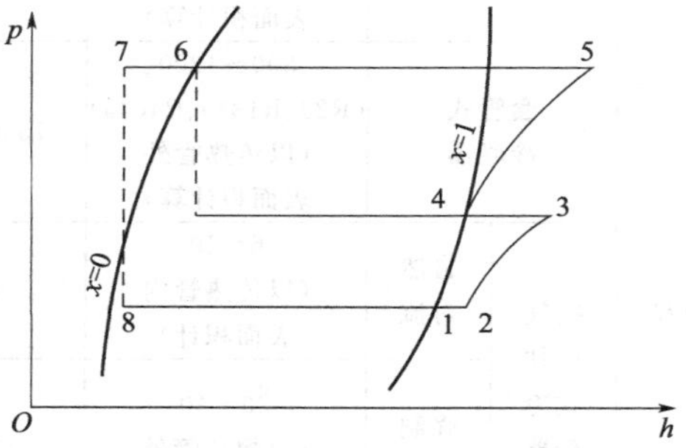

图 3-20　双级压缩循环压焓图

3.3.2.3 冷凝面积计算

$$A=\frac{\Phi_k}{K\Delta t_m}=\frac{\Phi_k}{q_F} \tag{3-25}$$

式中　A——冷凝器面积，m^2；

Φ_k——冷凝器负荷，W；

K——冷凝器的传热系数，W/(m^2·℃)，可见表 3-29；

q_F——冷凝器单位面积热负荷，W/m^2，可见表 3-29；

Δt_m——对数平均温度差，℃，可按式(3-26) 来计算。

$$\Delta t_m=\frac{t_{s_2}-t_{s_1}}{2.3\lg\frac{t_k-t_{s_1}}{t_k-t_{s_2}}} \tag{3-26}$$

式中　t_{s_1}，t_{s_2}，t_k——冷却水的进水温度、出水温度和冷凝温度。

表 3-29 冷凝器的传热系数 K 和单位面积热负荷 q_F 的推荐值

制冷剂	型式		传热系数 $K/[W/(m^2 \cdot ℃)]$	单位面积热负荷 $q_F/(W/m^2)$	应用条件
氨	立式冷凝器		700～900	3500～4000	(1)冷却水温升 2～3℃ (2)传热温差 4～6℃ (3)单位面积冷却水量 $1～1.7m^3/(m^2 \cdot h)$ (4)传热管用光钢管
	卧式冷凝器		800～1100	4000～5000	(1)冷却水温升 4～6℃ (2)传热温差 4～6℃ (3)单位面积冷却水量 $0.5～0.9m^3/(m^2 \cdot h)$ (4)传热管用光钢管 (5)水流速 0.8～1.5m/s
	淋水式冷凝器		600～750	3000～3500	(1)进口湿球温度 24℃ (2)补充水量为循环水量的 10%～12% (3)单位面积冷却水量 $0.8～1.0m^3/(m^2 \cdot h)$ (4)光钢管
	蒸发式冷凝器		600～800	1800～2500	(1)补充水量为循环水量的 5%～10% (2)传热温差 2～3℃ (3)单位面积冷却水量 $0.12～0.16m^3/(m^2 \cdot h)$ (4)光钢管 (5)单位面积通风量 $300～340m^3/(m^2 \cdot h)$
氟里昂	卧式冷凝器		800～1200 (R22、R134a、R404a) (以传热管外表面积计算)	5000～8000	(1)流速 1.5～2.5m/s (2)低肋铜管，肋化系数≥3.5 (3)冷却水温升 4～6℃ (4)传热温差 7～9℃
	套管式冷凝器		800～1200 (R22、R134a、R404a) (以传热管外表面积计算)	7500～10000	(1)流速 1～2m/s (2)低肋铜管，肋化系数≥3.5 (3)传热温差 8～11℃
	空气冷却式冷凝器	自然对流	6～10 (以传热管内表面积计)	45～85	
		强制对流	30～40 (以翅片管外表面积计)	250～300	(1)迎面风速 2.5～3.5m/s (2)传热温差 8～12℃ (3)铝平翅片套铜管 (4)冷凝温度与进风温差≥15℃
	蒸发式冷凝器(R22)		500～700	1600～2200	(1)补充水量为循环水量的 5%～10% (2)传热温差 2～3℃ (3)单位面积冷却水量 $0.12～0.16m^3/(m^2 \cdot h)$ (4)光钢管 (5)单位面积通风量 $300～340m^3/(m^2 \cdot h)$

冷凝器在选型计算时，考虑到投产后油垢和污垢的影响，单位面积热负荷要比表中数据取得低一些；同时，由于不同的厂家同一类换热器的性能有一定的差别，在选型时最好根据产品样本或说明书来确定有关参数，再进行型号和台数的确定。

3.3.2.4 冷却水量计算

$$q_v = \frac{3.6\Phi_k}{1000c\Delta t} \quad 或 \quad q_v = Aq_F \tag{3-27}$$

式中 q_v——冷却水用量，m^3/h；

Φ_k——冷凝器负荷，W；

c——水的比热容，$c=4.187\mathrm{kJ/(kg\cdot ℃)}$；

Δt——冷却水进出温差，℃，见表3-30；

q_F——冷凝器单位面积用水量，$\mathrm{m^3/(m^2\cdot h)}$，见表3-30；

A——冷凝器面积，$\mathrm{m^2}$。

表 3-30　冷凝器单位面积用水量和进出水温差

序号	型号	$q_F/[\mathrm{m^3/(m^2\cdot h)}]$	Δt/℃
1	立式冷凝器	1.0～1.7	2～3
2	卧式冷凝器	0.5～0.9	4～6
3	淋激式冷凝器	0.8～1.0	—
4	蒸发式冷凝器	0.15～0.20	—

3.3.3 冷却设备的选型计算

3.3.3.1 冷却设备选型的一般原则

冷却设备是在制冷系统中产生冷效应的低温低压换热设备，它利用制冷剂液体经节流阀节流后在较低温度下蒸发，吸收被冷却介质（如盐水、空气）的热量，使被冷却介质的温度降低。

冷却设备的选型应根据食品冷加工、冷藏或其他工艺要求确定，一般应按下列原则选型。

(1) 所选用冷却设备的使用条件和技术条件应符合现行的制冷装置用冷却设备标准的要求。

(2) 冷却间、冻结间和冷却物冷藏间的冷却设备应采用冷却风机。

(3) 冻结物冷藏间的冷却设备可选用顶排管、墙排管和冷风机，一般当食品有良好的包装时，宜选用冷风机，食品无良好包装时，可采用顶排管、墙排管。

(4) 根据不同食品的冻结工艺要求选用合适的冻结设备，如隧道冻结装置、平板冻结装置、螺旋冻结装置、液态化冻结装置及搁架式排管冻结装置等。

(5) 包装间的冷却设备对室温高于−5℃时宜选用冷风机，室温低于−5℃时宜选用排管。

(6) 冰库采用光滑顶排管。

3.3.3.2 冷却设备的选型

(1) 冷却面积　冷却设备的选型计算是根据各冷间冷却设备负荷 Φ_s 分别选配冷却设备，不论选择哪种冷却设备（主要有冷却排管、冷风机、搁架排管），都需先计算出冷却面积 A ($\mathrm{m^2}$)，再根据冷却面积 A 来选型，其计算公式如下：

$$A=\frac{\Phi_s}{K\Delta t} \tag{3-28}$$

式中　A——外表面传热面积，$\mathrm{m^2}$；

Φ_s——冷却设备负荷，W；

K——传热系数，$\mathrm{W/(m^2\cdot ℃)}$；

Δt——库房空气温度与蒸发温度之差，℃，其值可参考表3-31。

表 3-31 蒸发器计算温度差 单位：℃

蒸发器类型	冷间名称				
	冷却间	冻结间	冷却物冷藏间	冻结物冷藏间	储冰间
光滑排管	—	10～12	—	8～10	10
翅片排管	—			10～12	—
光滑管冷风机	8～10	8～10	6～8	—	—
翅片管冷风机	10～12	8～10	8～10	8～10	10
搁架排管			12～15		

(2) 冷却排管选型 冷却排管一般由设计单位提供图纸，由施工单位现场加工或在工厂预制加工，其包括顶排管和墙排管两种型式。

冷却光滑排管传热系数的计算：

$$K=K'C_1C_2C_3 \tag{3-29}$$

式中 K——光滑管在设计条件下的传热系数，W/(m²·℃)；

K'——光滑管在标准条件下的传热系数，W/(m²·℃)，见表 3-32～表 3-34（氟里昂光滑管 K'按氨光滑管 K'的 85%计)；

C_1，C_2，C_3——排管的构造换算系数（管子间距与管子外径之比）、管径换算系数和供液方式换算系数，见表 3-35。

表 3-32 氨单排光滑蛇形墙排管的传热系数 K'值 单位：W/(m²·℃)

根数	温差/℃	冷间内的空气温度/℃									
		0	−4	−10	−12	−15	−18	−20	−23	−25	−30
4	6	8.84	8.02	7.68	7.44	7.21	6.89	6.86	6.63	6.51	6.28
	8	9.30	8.72	8.02	7.79	7.56	7.33	7.21	6.98	6.86	6.63
	10	9.65	8.96	8.26	8.02	7.79	7.56	7.44	7.21	7.09	6.86
	12	9.89	9.19	8.49	8.26	7.91	7.68	7.56	7.44	7.33	7.09
	15	10.12	9.42	8.61	8.49	8.14	7.91	7.79	7.68	7.56	7.33
6	6	9.19	8.49	7.79	7.68	7.44	7.09	6.98	6.86	6.75	6.51
	8	9.54	8.96	8.14	8.02	7.68	7.44	7.33	7.21	7.09	6.86
	10	9.89	9.19	8.49	8.26	7.91	7.08	7.56	7.44	7.33	7.09
	12	10.12	9.42	8.61	8.49	8.14	7.91	7.79	7.56	7.44	7.21
	15	10.35	9.65	8.84	8.61	8.37	8.14	8.02	7.79	7.68	7.44
8	6	9.42	8.84	8.14	7.91	7.68	7.44	7.33	7.09	6.98	6.75
	8	9.89	9.30	8.49	8.26	8.02	7.79	7.56	7.44	7.33	7.09
	10	10.23	9.54	8.72	8.49	8.26	8.02	7.79	7.68	7.56	7.33
	12	10.47	9.77	8.96	8.72	8.37	8.14	8.02	7.79	7.68	7.44
	15	10.58	10.00	9.19	8.96	8.61	8.37	8.26	8.02	7.91	7.68
10	6	10.00	9.42	8.61	8.37	8.02	7.91	7.68	7.56	7.44	7.09
	8	10.47	9.77	8.96	8.72	8.37	8.14	8.02	7.79	7.68	7.44
	10	10.82	10.00	9.19	8.96	8.61	8.37	8.26	8.02	7.91	7.68
	12	10.93	10.23	9.42	9.19	8.84	8.61	8.49	8.26	8.14	7.91
	15	11.16	10.47	9.54	9.42	9.07	8.84	8.61	8.49	8.37	8.41
12	6	10.70	10.00	9.19	8.96	8.61	8.37	8.26	8.02	7.91	7.56
	8	11.16	10.35	9.54	9.30	8.96	8.72	8.49	8.26	8.14	7.91
	10	11.40	10.70	9.77	9.54	9.19	8.96	8.72	8.49	8.37	8.14
	12	11.63	10.82	9.89	9.65	9.42	9.07	8.96	8.72	8.61	8.37
	15	11.75	11.05	10.12	9.89	9.54	9.30	9.19	8.96	8.84	8.61

续表

根数	温差/℃	冷间内的空气温度/℃									
		0	−4	−10	−12	−15	−18	−20	−23	−25	−30
14	6	11.28	10.58	9.65	9.42	9.19	8.84	8.72	8.49	8.37	8.14
	8	11.75	10.93	10.00	9.77	9.42	9.19	8.96	8.84	8.61	8.37
	10	12.10	11.28	10.35	10.00	9.65	9.42	9.19	9.07	8.84	8.61
	12	12.21	11.40	10.47	10.23	9.89	9.54	9.42	9.19	9.07	8.84
	15	12.44	11.63	10.70	10.47	10.12	9.47	9.65	9.42	9.30	9.07
16	6	12.10	11.28	10.35	10.12	9.77	9.42	9.30	9.07	8.96	8.61
	8	12.56	11.75	10.70	10.47	10.12	9.77	9.54	9.30	9.19	8.96
	10	12.79	11.98	10.93	10.70	10.35	10.00	9.77	9.54	9.42	9.19
	12	13.03	12.10	11.16	10.82	10.47	10.12	10.00	9.77	9.65	9.30
	15	13.14	12.33	11.28	11.05	10.70	10.35	10.23	10.00	9.89	9.54
18	6	12.91	12.10	11.05	10.70	10.47	10.12	9.89	9.65	9.54	9.30
	8	13.37	12.44	11.40	11.16	10.82	10.47	10.23	10.00	9.89	9.54
	10	13.72	12.79	11.63	11.40	11.05	10.70	10.47	10.23	10.12	9.77
	12	13.84	12.91	11.86	11.51	11.16	10.82	10.70	10.35	10.23	10.00
	15	14.07	13.03	11.98	11.75	11.04	11.05	10.82	10.58	10.47	10.23
20	6	13.84	12.91	11.75	11.51	11.16	10.70	10.58	10.35	10.23	9.77
	8	14.30	13.26	12.21	11.86	11.40	11.16	10.93	10.70	10.47	10.12
	10	14.54	13.61	12.44	12.10	11.63	11.28	11.16	10.82	10.70	10.35
	12	14.77	13.72	12.56	12.21	11.86	11.51	11.28	11.05	10.93	10.58
	15	14.89	13.84	12.79	12.44	12.10	11.75	11.51	11.28	11.16	10.82

注：表列数值为外径38mm、管间距与管外径之比为4、冷间相对湿度为90%、霜层厚度为6mm时的传热系数。

表3-33 氨单层光滑蛇形顶排管的K'值 单位：W/(m²·℃)

冷间温度/℃	计算温度差/℃				
	6	8	10	12	15
0	8.60	9.07	9.42	9.65	9.88
−4	8.14	8.49	8.72	8.96	8.19
−10	7.44	7.79	8.02	8.26	8.49
−12	7.21	8.56	7.79	8.02	8.26
−15	6.98	7.33	7.56	7.79	8.02
−18	6.75	7.09	7.33	7.56	7.79
−20	6.63	6.98	7.21	7.44	7.68
−23	6.51	6.74	6.98	7.21	7.44
−25	6.40	6.63	6.86	7.09	7.32
−30	6.16	6.51	6.74	6.86	7.09

注：表列数值为外径38mm、管间距与管外径之比为4、冷间相对湿度为90%、霜层厚度为6mm时的传热系数。

表3-34 氨光滑U形顶排管和氨双层光滑蛇形排管的K'值 单位：W/(m²·℃)

冷间温度/℃	计算温度差/℃				
	6	8	10	12	15
0	8.14	8.61	8.96	9.19	9.42
−4	7.79	8.02	8.26	8.49	8.72
−10	7.09	7.44	7.68	7.91	8.02
−12	6.86	7.21	7.44	7.68	7.91
−15	6.63	6.98	7.21	7.44	7.68
−18	6.40	6.75	6.98	7.21	7.44
−20	6.28	6.63	6.86	7.09	7.33
−23	6.16	6.40	6.63	6.86	7.09
−25	6.05	6.28	6.51	6.75	6.89
−30	5.82	6.16	6.40	6.51	6.75

注：表列数值为外径38mm、管间距与管外径之比为4、冷间相对湿度为90%、霜层厚度为6mm时的传热系数。

表 3-35 各种排管换算系数

排管型式	换算系数				
	C_1		C_2	C_3	
	$S/D_w=4$	$S/D_w=2$		非氨泵供液	氨泵供液
单排光滑蛇形墙排管	1.0	0.9873	$\left(\frac{0.038}{d_w}\right)^{0.16}$	1.0	1.1
单层光滑蛇形顶排管	1.0	0.9750	$\left(\frac{0.038}{d_w}\right)^{0.18}$	1.0	1.1
双层光滑蛇形顶排管	1.0	1.0	$\left(\frac{0.038}{d_w}\right)^{0.18}$	1.0	1.1
光滑 U 形顶排管	1.0	1.0	$\left(\frac{0.038}{d_w}\right)^{0.18}$	1.0	1.0

（3）冷风机选型　冷风机是强制空气循环的冷却设备，按其安装位置可分为落地式与吊顶式两大类，吊顶式风机装在库房平顶之下，不占用冷间面积，常用于冻结间与冷却间。影响冷风机的传热系数的因素有很多，如风速、温差、蒸发温度、霜层厚度及相对湿度等，其传热系数 K 值根据实测由有关标准给出。表 3-36 和表 3-37 为我国标准规定冷风机的考核工况，在相关考核工况下的传热系数分别如下。

表 3-36 翅片式蒸发器的考核工况

冷凝温度/℃	进风温度/℃	进出风温差/℃	迎面风速/(m/s)	出口过冷度/℃
50	35	10	2～3	≥23

表 3-37 冷风机的考核工况

制冷剂	冷藏间	冻藏间	冻结间	库温与蒸发温度差/℃	迎面风速/(m/s)	进出风温差/℃	相对湿度/%	霜层厚度/mm	标准
	蒸发温度/℃								
氨	−10	−28	−33	10	3	—	—	1	JB/T 7658.6—1995
	库温/℃								
氟里昂	0	−18	−23	10	2.5	2～4	85～95	1	JB/T 7659.3—1995

① 氨冷风机传热系数　对落地式、吊顶式翅片管冷风机，在表 3-36 所示考核工况下，$K \geqslant 12\text{W}/(\text{m}^2\cdot℃)$（JB/T 7658.6—1995）。在按质量分等中规定：合格品，$K \geqslant 12\text{W}/(\text{m}^2\cdot℃)$；一等品，$K \geqslant 14\text{W}/(\text{m}^2\cdot℃)$；优等品，$K \geqslant 17\text{W}/(\text{m}^2\cdot℃)$（JB/T 53218—1994）。翅片管冷风机的传热系数见表 3-38 所示。

表 3-38 翅片管冷风机的传热系数 K 值　　单位：$\text{W}/(\text{m}^2\cdot℃)$

蒸发温度/℃	最小流通截面上空气流速 /(m/s)	K 值
−40	3～5	11.6
−20	3～5	12.8
−15	3～5	14.0
≥0	3～5	17.0

② 氟吊顶式冷风机　对于热力膨胀阀供液的氟吊顶式冷风机在表 3-37 所示考核工况下的 K 值，见表 3-39（JB/T 7659.3—1995，紫铜管、铝翅片）。

表 3-39 氟吊顶式冷风机在考核工况下的传热系数（JB/T 7659.3—1995）

单位：W/(m² · ℃)

制冷剂	冷藏间	冻藏间	冻结间
R12(R134a)	≥22	≥20	≥16
R22、R502	≥25	≥22	≥18

（4）搁架排管选型 氨搁架排管传热系数的确定方法是根据空气流动情况由表 3-40 中查取。

表 3-40 氨搁架排管的传热系数 *K* 值 单位：W/(m² · ℃)

空气流动状态	自然对流	风速 1.5m/s	风速 2.0m/s
传热系数	17.5	21	23.3

3.3.4 辅助设备的选型计算

为了保证制冷系统的正常工作，改善制冷压缩机的运行指标及运行条件，以及便于操作、维护管理和检修等技术经济要求，在制冷装置中除完成制冷循环所必需的制冷压缩机、冷凝器、蒸发器和节流装置等主要制冷设备的选型外，还要完成辅助设备的选型。辅助设备的种类繁多，按其工作性质可分为：

① 热交换设备，包括中间冷却器、过冷却器、氟里昂制冷装置中的回热器等。

② 储存设备，包括高压储液器、低压循环桶、排液桶等。

③ 分离以及收集设备，包括油分离器、集油器、空气分离器、液体分离器、干燥器及过滤器等。

④ 制冷剂液体输送设备，包括液泵等。

3.3.4.1 中间冷却器选型

中间冷却器用于双级压缩制冷系统，它的作用是使低压级排出的过热蒸气被冷却到与中间压力相对应的饱和温度，以及使冷凝后的饱和液体被冷却到设计规定的过冷温度，还起着分离低压级压缩机排气所夹带的润滑油作用。为了达到上述目的，需要向中间冷却器供液，使之在中间压力下蒸发，吸收低压级排出的过热蒸气与高压饱和液体所需要移去的热量。

中间冷却器的供液方式有两种：一是从容器侧部壁面进液；二是从中间冷却器的进气管以喷雾状与低压排气混合后一起进入容器。目前常用的是后一种供液方式。

（1）中间冷却器常用的技术数据 中间冷却器内蛇形盘管出口处制冷剂液体温度较中间冷却器内温度高 3～5℃；中间冷却器内横截面上蒸气流速一般不大于 0.5m/s；蛇形盘管内制冷剂流速一般取 0.4～0.7m/s。

当制冷剂为氨时，考虑蛇形盘管的外侧面油膜的影响，传热系数 $K=582\sim698$W/(m² · ℃)；当制冷剂为氟里昂时，传热系数 $K=349\sim4015$W/(m² · ℃)。计算时最好按产品规定取值。

中间冷却器的计算是根据其横截面上允许的蒸气流速（$\omega=0.5$m/s），确定其所需的桶径 d，必要时也核算蛇形盘管换热器的传热面积。

（2）中间冷却器桶径 d 的计算 中间冷却器的桶径可由下式计算。

$$d=\sqrt{\frac{4\lambda_g V_{pg}}{3600\pi\omega}}=0.0188\sqrt{\frac{\lambda_g V_{pg}}{\omega}} \tag{3-30}$$

式中 d——中间冷却器内径，m；

λ_g——高压机输气系数；

V_{pg}——高压机理论输气量，m^3/h；

ω——中间冷却器内的气体流速，一般取 0.5m/s。

（3）蛇形盘管冷却面积 A 的计算

$$A=\frac{\Phi_{zj}}{K\Delta t} \tag{3-31}$$

式中 A——蛇形盘管所需的传热面积，m^2；

Φ_{zj}——蛇形盘管的热负荷，W；

Δt——蛇形盘管的对数平均温度差，℃；

K——蛇形盘管的传热系数，W/(m^2·℃)。

蛇形盘管的热负荷：

$$\Phi_{zj}=\frac{q_{md}(h_6-h_7)}{3.6}$$

式中 q_{md}——低压级压缩机制冷剂循环量，kg/h；

h_6，h_7——冷凝温度、过冷温度所对应的制冷剂的比焓，kJ/kg，如图 3-19 所示。

蛇形盘管的对数平均温度差：

$$\Delta t=\frac{t_k-t_g}{2.3\lg\dfrac{t_k-t_{zj}}{t_g-t_{zj}}}$$

式中 t_k，t_g，t_{zj}——冷凝温度、过冷温度、中间温度，℃。

（4）中间冷却器选型 根据计算求得的 d、A，从产品样本中选取同时满足 d、A 的中间冷却器的型号、台数。

3.3.4.2 油分离器的选型

润滑油在制冷机内起润滑、冷却和密封作用。制冷系统在运行过程中，润滑油往往会随压缩机排气进入冷凝器甚至蒸发器，在传热壁面上凝成一层油膜，使冷凝器或蒸发器的传热效果降低。所以要在压缩机和冷凝器之间设置油分离器，把压缩机排出的过热蒸气中夹带的润滑油在进入冷凝器之前分离出来。常用的油分离器有洗涤式、离心式、填料式及过滤式等。

油分离器的选型计算主要是确定油分离器的直径，以保证制冷剂在油分离器内的流速符合分油的要求，从而达到良好的分油效果，其计算公式为：

$$d=\sqrt{\frac{4\lambda V_p}{3600\pi\omega}}=0.0188\sqrt{\frac{\lambda V_p}{\omega}} \tag{3-32}$$

式中 d——油分离器的直径，m；

λ——压缩机输气系数（双级压缩时，取高压级的输气系数）；

V_p——压缩机理论输气量（双级压缩时，取高压级的输气量），m^3/h；

ω——油分离器内的气体流速，m/s，填料式油分离器宜取 0.3～0.5m/s，其他型式的油分离器宜采用不大于 0.8m/s。

3.3.4.3 高压储液器的选型

高压储液器一般位于冷凝器之后，它的作用是：①储存冷凝器流出的制冷剂液体，使冷凝器的传热面积充分发挥作用；②保证供应和调节制冷系统中有关设备需要的制冷剂液体循环量；③起到液封作用，即防止高压制冷剂蒸气窜至低压系统管路中去。

高压储液器的选型计算主要是根据系统制冷剂的总循环量确定其体积，其计算式为：

$$V=\frac{\varphi}{\beta}v\sum q_m \tag{3-33}$$

式中 V——储液器体积，m^3；

$\sum q_m$——制冷装置中每小时制冷剂液体的总循环量，kg；

v——冷凝温度下液体的比体积，m^3/kg；

φ——储液器的体积系数，根据表 3-41 取值；

β——储液器的液体充满度，宜取 70%。

表 3-41 储液器体积系数 φ

序号	冷库公称体积/m^3	φ
1	≤2000	1.20
2	2001～10000	1.00
3	10001～20000	0.80
4	＞20000	0.5

如冷库有部分蒸发器因生产淡季或检修而常需抽空时，体积系数可酌情增大一些。对于一些简易小冷库，当系统发生故障时会造成全部停产，因此，选择储液器应考虑可将系统全部制冷剂回收；船舶制冷装置，为了保证安全，往往设计成能将全部制冷剂抽回到储液器储存。因此，储液器的总体积应在不大于 80%充注量的情况下可容纳整个制冷系统的充注量。

储液器的台数应根据体积的大小、外形尺寸及布置等因素确定。小系统可选 1 台，大系统可选多台储液器并联使用，并联时应选用相同型号的储液器。

3.3.4.4 低压储液器的选型

低压储液器是用来收集压缩机总回气管路上氨液分离器所分离出来的低压氨液的容器。在不同蒸发温度的制冷系统中，应按各蒸发压力分别设置低压储液器。低压储液器一般安设在压缩机总回气管路上的氨液分离器下部，进液管和均压管分别与氨液分离器的出液管和均压管相连通，以保持两者压力平衡，并利用重力使分离器中分离出的氨液自动流入低压储液器。当需要从低压储液器排出氨液时，则从加压管送进高压氨气，使容器内压力升高到一定值，将氨液排到其他低压设备中。

在大、中型冷藏库的制冷系统中常采用低压储液器，各蒸发系统中一般配用 0.4m^3 的低压储液器，容器允许容纳氨液为其本身容积的 80%。

3.3.4.5 氨液分离器的选型

氨液分离器是将制冷剂蒸气与液体制冷剂进行分离的气液分离设备，用于重力供液系统。它可分为机房用气液分离器和库房用气液分离器。

氨液分离器一般具有两方面的作用：一是用来分离由蒸发器来的低压蒸气中的液滴，以保证压缩机吸入的是干饱和蒸气，实现运行安全，即机房用气液分离器；二是使经节流阀来的气液混合物分离，只让氨液进入蒸发器中，兼有分配液体的作用，即库房用气液分离器。氨液分离器以桶径选型，其计算如下。

(1) 机房的氨液分离器

$$d=\sqrt{\frac{4\lambda V_p}{3600\pi\omega}}=0.0188\sqrt{\frac{\lambda V_p}{\omega}} \tag{3-34}$$

式中 d——机房氨液分离器的直径，m；

λ——压缩机输气系数（双级压缩时，取低压级的输气系数）；

V_p——压缩机理论输气量（双级压缩时，取低压级的输气量），m^3/h；

ω——氨液分离器内气体流速，一般采用 0.5m/s。

（2）库房的氨液分离器

$$d=\sqrt{\frac{4q_m v}{3600\pi\omega}}=0.0188\sqrt{\frac{q_m v}{\omega}} \tag{3-35}$$

式中　d——库房氨液分离器的直径，m；

v——蒸发温度相对应的饱和蒸气比体积，m^3/kg；

q_m——通过氨液分离器的氨液量，kg/h；

ω——氨液分离器内气体流速，一般采用 0.5m/s。

对工况波动较大的蒸发系统，按设计工况选出的氨液分离器一般不能满足系统在高蒸发温度下工作时的要求，容易发生湿冲程。因此，对此类系统选型时，建议按计算结果加大一个档次选用氨液分离器。

对于不设机房氨液分离器的系统，库房氨液分离器选型时，建议按机房氨液分离进行选型计算。

3.3.4.6 低压循环桶选型

低压循环桶是液泵供液系统的关键设备，其作用是保证充分供应液泵所需的低压制冷剂液体，同时又能对回气进行气液分离，保证压缩机的干行程。低压循环桶有立式、卧式之分，一般陆上冷库采用立式，在冷藏船等制冷装置上，由于受到高度的限制，一般采用卧式。

低压循环桶的计算包括确定其所需的桶径和体积。

（1）循环桶直径的计算　为了保证良好的气液分离效果，应使桶内气体流速较小，一般不大于 0.5m/s，并保证最高液位与出气口之间不小于 600mm，进、出气管口之间的距离也不小于 600mm，其计算式为：

$$d_d=\sqrt{\frac{4\lambda V_p}{3600\pi\omega\xi n}}=0.0188\sqrt{\frac{\lambda V_p}{\omega\xi n}} \tag{3-36}$$

式中　d_d——低压循环桶的直径，m；

V_p——压缩机理论输气量，双级压缩时为低压级压缩机理论输气量，m^3/h；

λ——压缩机输气系数，双级压缩时为低压级压缩机输气系数；

ω——低压循环桶内气体流速，立式低压循环桶不大于 0.5m/s，卧式低压循环桶不大于 0.8m/s；

ξ——截面积系数，立式低压循环桶取 1.0，卧式低压循环桶取 0.3；

n——低压循环桶气体进气口的个数，立式低压循环桶取 1，卧式低压循环桶取 2。

（2）低压循环桶体积的计算　低压循环桶体积应根据氨泵供液方式的不同，分别进行计算。

① 上进下出式供液系统

$$V=\frac{1}{0.5}(\theta_q V_q+0.6V_h) \tag{3-37}$$

式中　V——低压循环桶体积，m^3；

θ_q——冷却设备设计注氨量的体积分数，%，见表 3-42；

V_q——冷却设备的体积，m^3；

V_h——回气管体积，m^3。

表 3-42 制冷设备的设计注氨量

设备名称	注氨量体积分数/%	设备名称	注氨量体积分数/%
冷凝器	15	下进上出式排管	50～60
洗涤式油分离器	20	下进上出式冷风机	60～70
储氨器	70	重力供液	
中间冷却器	30	排管	50～60
低压循环桶	30	搁架式排管	50
氨液分离器	20	平板式蒸发器	50
氨泵强制供液		壳管式蒸发器	80
上进下出式排管	25	冷风机	70
上进下出式冷风机	40～50		

注：1. 注氨量的氨液密度按 $650kg/m^3$ 计算。

2. 洗涤式油分离器、中间冷却器、低压循环桶的注氨量，如有产品规定时，按产品规定取值。

② 下进上出式供液系统

$$V=\frac{1}{0.7}(0.2V_q'+0.6V_h+t_b q_v) \tag{3-38}$$

式中 V——低压循环桶体积，m^3；

V_q'——各冷间中冷却设备注氨量最大一间蒸发器的总体积，m^3；

V_h——回气管体积，m^3；

t_b——氨泵由启动到液体自系统返回低压循环桶的时间，h，一般可采用0.15～0.2h；

q_v——一台氨泵的流量，m^3/h。

若用低压循环桶兼作排液桶使用，还应考虑容纳排液所需体积。

3.3.4.7 氨泵的选型

氨泵用于大、中型及多层冷库的供液系统，其作用是将低压循环桶内的低温低压的氨液送往各冷间的蒸发器。用液泵供液的氟里昂制冷系统，目前国内仅在个别的大型制冷系统的冷库中用到，因此在此只介绍氨泵的选型计算。

氨泵的选型计算主要包括确定氨泵的流量、扬程和吸入压头。

(1) 流量 氨泵的流量由下式计算。

$$q_v=n_x q_z v_z \tag{3-39}$$

式中 q_v——氨泵的体积流量，m^3/h；

n_x——再循环倍数，n_x=氨泵的流量/该系统中冷却设备的蒸发量，对负荷波动比较稳定的冷藏间取3～4，对负荷波动较大的冷加工间或蒸发器组数较多、容易积油的蒸发器取5～6；

q_z——氨泵所供同一蒸发温度的氨液蒸发量，kg/h；

v_z——蒸发温度下饱和氨液的比体积，m^3/kg。

(2) 扬程（排出压力） 氨泵的排出压力除了克服制冷系统中所有阻力外，还应保留必要一定余量，如在一个系统内连接不同压力的蒸发器时，该氨泵压力应按蒸发压力较高的蒸发器计算。它必须克服下列压力损失。

① 氨泵至蒸发器调节阀之间的输液管上的摩擦阻力及局部阻力。

② 氨泵中心至蒸发器调节阀前的静液柱高度。

③ 蒸发器调节阀前应维持 10m 的自由压头，以调节各蒸发器的流量。

总压力损失的计算：

$$\Delta p=\Delta p_{沿}+\Delta p_{局}+\Delta p_{液柱} \tag{3-40}$$

式中 Δp——总压力损失，kPa；

$\Delta p_{沿}$——管道沿程阻力损失，kPa；

$\Delta p_{局}$——阀门、管件等造成的局部阻力损失，kPa；

$\Delta p_{液柱}$——输送液体高度产生的压力损失，kPa。

其中

$$\Delta p_{液柱}=H\rho g \quad (\mathrm{Pa}) \tag{3-41}$$

$$\Delta p_{沿}+\Delta p_{局}=\lambda\frac{l}{d}\times\frac{\omega^2}{2}g \quad (\mathrm{Pa}) \tag{3-42}$$

式中 H——氨泵中心至最高蒸发器进液口的高度，m；

ρ——氨液的密度，一般取 680kg/m^3；

g——重力加速度，m/s^2；

λ——摩擦阻力系数，见表 3-43；

l——管子总长度，m，$l=l_{当}+l_{直}$；

$l_{直}$——管道中直线段的长度，m；

$l_{当}$——重力加速度，m，$l_{当}=nAd$；

n——管件数量；

A——折算系数，见表 3-44；

d——管子内径，m；

ω——氨液在管道内的流速，m/s。

表 3-43 流体摩擦阻力系数

序号	流体种类	摩擦阻力系数 λ
1	饱和蒸气与过热蒸气	0.025
2	湿蒸气	0.033
3	氨液	0.035
4	水和盐水	0.04

表 3-44 管件折算系数

管件	A	管件	A
45°弯头	15	角阀全开	170
90°弯头	32	扩径 d/D=1/4	30
180°弯头	75	扩径 d/D=1/2	20
180°小型弯头	50	扩径 d/D=1/3	17
三通→	60	缩径 d/D=1/4	15
三通↓	90	缩径 d/D=1/2	12
球阀全开	300	缩径 d/D=3/4	7

有资料介绍，国产氨泵的扬程较高，一般氨泵的扬程对于五层以下的冷库都可以满足要求。因而，对于五层以下的冷库，选泵时只计算流量即可。而对于高于五层的冷库，选泵时一定要通过总的压力损失来计算所需扬程，选取合适的氨泵。

(3) 吸入压力　任何形式的泵都没有吸入压力，所以泵吸入口处必须保持有足够的液柱静压。当低压循环桶内的液体以位差产生的静压克服阻力流入氨泵时，如果作用于泵吸入口处的压力，低于氨液实际温度对应的饱和压力时，氨液即沸腾，产生气泡，破坏了氨泵的正常工作，甚至损坏氨泵，这种现象称为“汽蚀”。为了避免发生汽蚀，氨泵的入口处必须保持一定的液柱静压即“净正吸入压头”，以补偿氨液在泵入口处因加速和涡流而引起的压力损失，保持氨泵正常的工作。净正吸入压头是氨泵性能参数中一个重要的数据，一般由氨泵制造厂给出。

氨泵入口处的净正吸入压头，通常靠氨泵吸入端的液柱高度，即低压循环桶内正常液面与泵中心线之间保持一定的高度差 H 来保证，高度差产生的液柱静压，克服氨泵吸入管段沿程的阻力损失和局部阻力损失后，还应大于氨泵所要求的净正吸入压头，即：

$$9.8H\rho-\Delta p>\text{净正吸入压头(Pa)}$$

或

$$9.8H\rho-\Delta p=1.3\times\text{净正吸入压头(Pa)} \tag{3-43}$$

式中　H——低压循环桶正常液位至氨泵中心的高度，m；

ρ——蒸发压力下饱和氨液的密度，一般取 680kg/m^3；

Δp——氨泵吸入管段的全部阻力损失，Pa，参照式(3-40)；

1.3——安全系数。

为了简化计算，氨泵吸入口的液柱高度 H 可以根据具体条件直接从表 3-45 中所列的经验数据中选值。

表 3-45　氨泵吸入口的液柱高度 H

氨泵型式	液柱高度 H/m	氨泵型式	液柱高度 H/m
齿轮泵	1～1.5	离心泵蒸发温度 $t_z=-28$℃	2.0～2.5
离心泵蒸发温度 $t_z=-15$℃	1.5～2.5	离心泵蒸发温度 $t_z=-33$℃	2.5～3.0

注：上述数据使用的条件是：氨泵吸入管段内氨液的流速为 0.4～0.5m/s；尽量减少阀门、弯头等的局部阻力损失。

3.3.4.8 排液桶的选型

排液桶的作用是储存热氨融霜时由被融霜的蒸发器（如冷风机或冷却排管）内排出的氨液，并分离氨液中的润滑油。一般布置于设备间靠近冷库的一侧。排液桶以体积选型，使其能容纳各冷间中排液量最多的一间蒸发器的排液量。其体积按下式计算：

$$V=V_1\frac{\Phi}{\beta} \tag{3-44}$$

式中　V——排液桶体积，m^3；

V_1——冷却设备制冷剂容量最大一间的冷却设备的总体积，m^3；

Φ——冷却设备注氨量（体积分数），%，见表 3-42；

β——排液桶液体充满度，一般取 0.7。

3.3.4.9 空气分离器的选型

空气分离器是排除制冷系统中空气及其他不凝性气体的一种专门设备。系统中如果有空气和其他不凝性气体存在，会使冷凝器的传热效果变差，压缩机的排气压力、温度升高，压缩机耗功增加。因此必须将它及时分离出去。

对于中型及大型制冷装置，通常都是利用空气分离器来排放空气及其他不凝件气体，同时，将排出气体中的制冷剂蒸气冷凝下来并将其回收。

空气分离器共有两种型式：四重套管式和直立盘管式。空气分离器可根据冷库的规模和使用要求选型，不需进行计算。一般情况下，压缩机总的标准制冷量在1200kW以下时，可选用冷却面积为0.45m^{2}的空气分离器一台；压缩机总的标准控制冷量在1200kW以上时，采用冷却面积为1.82m^{2}的空气分离器一台。我国生产的几种空气分离器规格见表3-46。

表3-46 我国生产的几种空气分离器规格

种号	型号	冷却面积/m^2
四重套管式	KF-32	0.45
四重套管式	KF-50	1.82
立式	LKF-20	0.80

3.3.4.10 集油器选型

集油器也称放油器，它只用于氨制冷系统中。其作用是收集从油分离器、冷凝器、储液器、中间冷却器、蒸发器和排液桶等设备放出的润滑油，并按一定的放油操作规程把制冷系统的积油在低压状态下排放出系统，这样既安全，又减少了氨的损耗。

集油器的容量也是根据冷库规模选择的。当压缩机的总标准制冷量在230kW以下时，可采用桶身直径为159mm的集油器1台；压缩机的总标准制冷量在230～1200kW时，采用桶身直径为325mm的集油器1～2台，压缩机的总标准制冷量在1200kW以上时，采用桶身直径为325mm的集油器2台。但由于D=159mm的集油器容量太小，放油操作不便，现已很少使用。

实践证明，选择规格大一些的集油器比较好，可使油与制冷剂更易于分离；规格过小则容易将油抽至低压设备中，且放油操作的处理量较大。对于设备比较多的制冷系统，可对高、低压系统分别设置集油器。

3.3.4.11 紧急泄氨器选型

紧急泄氨器设置在氨制冷系统的高压储液器、蒸发器等储氨量较大的设备附近，其作用是当制冷设备或制冷机房发生重大事故或情况紧急时，将制冷系统中的氨液与水混合后迅速排入下水道，以保护人员和设备的安全。

3.3.4.12 冷却塔选型

冷却塔的热力计算包括两个方面，第一是已知水负荷及热负荷，在特定的气象条件下，根据冷却要求确定冷却塔所需要的面积；第二是已知冷却塔的各项条件，在特定的水负荷及热负荷和气象条件下计算冷却后的水温。在工程设计中选用成套供应的冷却塔时，是按冷却塔的填料高度、体积、风量及已知条件复核冷却后水温能否满足要求。

冷却塔的计算有很多方法。在实际应用中，有些方法虽然精确度高，但计算较繁琐，一般不予采用。机械通风冷却塔计算普遍采用平均焓差法或图解法。在冷库设备选型中，直接选用机械通风冷却塔时，可根据产品样本中的计算图表计算。具体方法可参照产品样本的图表使用说明。

3.3.5 节流机构的选型计算

制冷系统的节流阀位于冷凝器（或储液器）和蒸发器之间，从冷凝器来的高压制冷剂液体经节流阀后进入蒸发器中。它除了起节流降压作用外，大多数还具有自动调节制冷剂流量的作用。

3.3.5.1 手动节流阀选型

手动节流阀是应用最早的一种节流机构，其优点是结构简单，价格便宜，故障少。它的缺点是在制冷装置运行过程中需经常调节其开度，以适应负荷的变化，因而工况较难保持稳定。目前，手动节流阀除在氨制冷系统中还在使用外，大部分已作为旁通阀门，供备用或维修自动控制阀时使用，也可用在油分离器至压缩机曲轴箱的回油管路上。

对于应用于直接膨胀供液系统的节流阀，可以根据每一通路供液管径，确定节流阀规格；对于安装在中间冷却器、油分离器、氨液分离器、低压循环桶等设备上的节流阀，应根据各设备上进液管接头公称口径，确定节流阀的规格。

手动节流阀的常用通径有 DN3mm、6mm、10mm、15mm、20mm、25mm、32mm、40mm、50mm 等规格，一般通径小于或等于 32mm 的手动节流阀为螺纹连接，大于 32mm 的为法兰连接。

3.3.5.2 浮球阀选型

浮球阀用于具有自由液面的蒸发器、中间冷却器和气液分离器等设备供液量的自动调节。按液体在其中的流通方式可分为直通式和非直通式。直通式浮球阀的特点是液体经阀孔节流后进入浮球室，然后再通过连接管道进入相应的容器，它的结构和安装比较简单，但浮球室液面波动较大；非直通式浮球阀的特点是液体经节流后不进入阀体，而是通过单独的管道送入相应的设备，因此，它的结构和安装均较复杂，但浮球室液面稳定。

浮球阀用液体连接管和气体连接管分别与相应设备的液体及气体部分连通，因而浮球阀与相应的设备具有相同液位。当设备内液面下降时，浮球下落，阀孔开度增大，供液量增加；反之，当设备内液面上升时，浮球上升，阀孔开度减小，供液量减少。

浮球阀一般根据制冷系统制冷量的大小来选用，表 3-47 列出了某国产浮球阀的型号与主要技术性能参数，供选型参考。

表 3-47 某国产浮球阀的型号与主要技术性能参数

产品型号	通道面积/mm^2	制冷量/kW	接管通径/mm		
			进液	出液	气液平衡
FQ_1-10	10	40～80	32	32	32
FQ_1-20	20	80～160	32	32	32
FQ_1-50	50	160～320	32	32	32
FQ_1-100	100	320～640	32	32	32
FQ_1-200	200	640 以上	50	50	32

3.3.5.3 热力膨胀阀选型

热力膨胀阀普遍用于氟里昂制冷系统中。它能根据蒸发器出口处制冷剂蒸发过热度的大小自动调节阀门的开度，达到调节制冷剂供液量的目的，使制冷剂的流量与蒸发器的负荷相匹配。

热力膨胀阀适用于没有自由液面的蒸发器。它有内平衡式和外平衡式之分。内平衡式的膜片下方作用着蒸发器的进口压力；外平衡式的膜片下方作用着蒸发器的出口压力。外平衡式热力膨胀阀用于蒸发器管路较长、管内流动阻力较大及带有分液器的场合。

热力膨胀阀适用于没有自由液面的蒸发器。选配主要是根据制冷量大小、制冷剂种类、节流前后的压力差、蒸发器管内制冷剂的流动阻力等因素，其选型步骤如下。

（1）根据蒸发器中压力降的大小及有无分液器来确定热力膨胀阀的型式　当带有分液器或压力降超过表 3-48 所规定的数值时，建议采用外平衡式热力膨胀阀。

表 3-48　当蒸发器中的压力降超过表中数值时建议采用外平衡式热力膨胀阀

蒸发温度/℃	Δp(R22)/MPa	Δp(R502)/MPa
10	0.025	0.030
0	0.020	0.025
−10	0.015	0.020
−20	0.010	0.015
−30	0.007	0.010
−40	0.005	0.007

（2）确定膨胀阀两端的压力差　其两端的压力差可按下式计算

$$\Delta p = p_k - \Delta p_1 - \Delta p_2 - \Delta p_3 - \Delta p_4 - p_0 \tag{3-45}$$

式中　Δp——膨胀阀两端的压力差，kPa；

p_k——冷凝压力，kPa；

Δp_1——液管阻力损失，kPa；

Δp_2——安装在液管上的弯头、阀门、干燥过滤器等总的阻力损失，kPa；

Δp_3——液管出口与进口间高度差引起的压力损失，kPa；

Δp_4——分液头及分液毛细管的阻力损失，kPa；

p_0——蒸发压力，kPa。

（3）选择膨胀阀的型号和规格　选配时，应使阀的容量与蒸发器的制冷量相匹配，如果过冷度偏离 4℃，需先对蒸发器的制冷量进行修正，用所需制冷量除以修正系数，见表 3-49；再用修正后的制冷量来选择膨胀阀的型式和规格型号（应考虑 20%～30%的余量），见表 3-50。

表 3-49　不同过冷度修正系数

过冷度/℃	4	10	15	20	25	30
修正系数	1.00	1.07	1.13	1.19	1.25	1.32

表 3-50　Danfoss 热力膨胀阀 TDEX 系列制冷量

型号和名义制冷量（冷吨）	流口号	膨胀阀两端压力降 $/\times10^5$Pa						膨胀阀两端压力降 $/\times10^5$Pa					
		4	6	8	10	12	14	4	6	8	10	12	14
		蒸发温度 5℃						蒸发温度 0℃					
TDEX3	10	8.7	10.1	11.1	11.7	12.1	12.5	8.0	9.2	10.0	10.6	11.0	11.3
TDEX4	20	11.7	13.6	14.8	15.7	16.3	16.7	10.7	12.3	13.5	14.2	14.8	15.2
TDEX6	30	17.5	20.2	22.1	23.4	24.3	25.0	16.0	18.4	20.1	21.2	22.0	22.6
TDEX7.5	40	21.8	25.1	27.4	29.0	30.1	30.9	19.8	22.8	24.8	26.2	27.2	27.9
TDEX8	10′	23.4	27.0	29.5	31.2	32.4	33.3	22.0	25.3	27.6	29.2	30.4	31.1
TDEX11	20	32.1	37.0	40.4	42.8	44.5	45.6	29.9	34.3	37.4	39.6	41.1	42.2
TDEX12.5	30	36.7	42.3	46.3	48.9	50.8	52.1	34.1	39.2	42.7	45.1	46.9	48.0
TDEX16	40	47.0	54.1	59.0	62.4	64.8	66.5	43.4	49.9	54.3	57.4	59.5	61.3
TDEX19	50	55.9	64.3	69.9	74.2	77.0	79.0	51.5	59.2	64.7	68.1	70.7	72.3

续表

型号和名义制冷量（冷吨）	流口号	膨胀阀两端压力降/×10⁵Pa						膨胀阀两端压力降/×10⁵Pa					
		4	6	8	10	12	14	4	6	8	10	12	14
		蒸发温度－15℃						蒸发温度－20℃					
TDEX3	10	5.8	6.6	7.2	7.6	7.8	8.0	5.1	5.8	6.3	6.7	6.9	7.0
TDEX4	20	7.8	8.9	9.6	10.1	10.5	10.7	6.9	7.8	8.5	8.9	9.2	9.4
TDEX6	30	11.6	13.3	14.4	15.1	15.7	16.0	10.3	11.7	12.6	13.3	13.7	14.0
TDEX7.5	40	14.2	16.3	17.6	18.5	19.2	19.6	12.2	14.3	15.5	16.3	16.8	17.2
TDEX8	10	18.0	20.6	22.3	23.5	24.3	24.9	16.8	19.2	20.7	21.8	22.5	23.0
TDEX11	20	23.5	26.8	29.1	30.6	31.7	32.4	21.6	24.6	26.5	27.9	28.8	29.5
TDEX12.5	30	26.5	30.2	32.8	34.5	35.7	36.5	24.2	27.5	29.7	31.3	32.3	33.0
TDEX16	40	33.1	37.8	40.8	43.0	44.5	45.4	29.9	34.0	36.7	38.6	39.9	40.7
TDEX19	50	39.0	44.6	48.2	50.7	52.4	53.6	35.3	40.0	43.3	45.5	47.2	47.9
		蒸发温度－25℃						蒸发温度－30℃					
TDEX3	10	4.5	5.1	5.5	5.8	6.0	6.1	3.9	4.4	4.8	5.0	5.2	5.3
TDEX4	20	6.0	6.8	7.4	7.7	8.0	8.2	5.2	5.9	6.4	6.7	6.9	7.0
TDEX6	30	9.0	10.2	11.0	11.6	12.0	12.2	7.8	8.9	9.6	10.0	10.3	10.5
TDEX7.5	40	11.0	12.5	13.5	14.1	14.6	14.9	9.5	10.7	11.6	12.2	12.6	12.8
TDEX8	10	15.7	17.8	19.2	20.2	20.8	21.2	14.6	16.5	17.8	18.7	19.2	19.6
TDEX11	20	19.7	22.4	24.2	25.4	26.2	26.7	18.0	20.3	21.9	23.0	23.7	24.1
TDEX12.5	30	22.0	24.9	26.9	28.2	29.1	29.3	19.9	22.5	24.2	25.4	26.3	26.7
TDEX16	40	26.9	30.5	32.9	34.5	35.6	36.3	24.0	27.2	29.3	30.7	31.6	32.3
TDEX19	50	31.6	35.8	38.7	39.5	41.8	42.6	28.2	31.9	34.4	36.0	37.1	37.8
		蒸发温度－35℃						蒸发温度－40℃					
TDEX3	10	3.4	3.8	4.1	4.3	4.4	4.5	2.9	3.2	3.5	3.6	3.8	3.8
TDEX4	20	4.5	5.1	5.5	5.7	5.9	6.0	3.8	4.3	4.6	4.9	5.0	5.1
TDEX6	30	6.7	7.6	8.2	8.6	8.8	9.0	5.8	6.5	7.0	7.3	7.5	7.6
TDEX7.5	40	8.2	9.3	10.0	10.4	10.8	11.0	7.0	7.9	8.5	8.9	9.1	9.3
TDEX8	10	13.5	15.3	16.5	17.2	17.8	18.1	12.6	14.2	15.3	16.0	16.4	16.7
TDEX11	20	16.4	18.5	19.9	20.8	21.4	21.8	14.9	16.8	18.0	18.8	19.4	19.7
TDEX12.5	30	18.0	20.3	21.8	22.8	23.5	24.0	16.2	18.3	19.6	20.5	21.1	21.4
TDEX16	40	21.4	24.2	26.0	27.2	28.0	28.5	19.0	21.4	23.0	24.0	24.7	25.1
TDEX19	50	25.1	28.3	30.4	31.8	32.8	33.3	22.2	25.0	26.8	28.1	28.8	29.3

注：名义制冷量为过冷度4℃。

3.4 机房设计

机房是冷库的心脏，是设置、操作及其运行冷库制冷设备或空调制冷设备的场所。其设计布置的合理与否，关系到制冷系统运行的经济性以及操作管理人员的运行管理方便和安全可靠性。机房设计涉及土木建筑要求、通风和供电照明要求、机器和设备的布置等方面，范围涉及广泛。

3.4.1 机房设计一般要求

3.4.1.1 土木建筑的要求

（1）机房宜为独立建筑，并布置在制冷负荷中心附近，靠近冷负荷最大的冷间，但不宜紧靠库区的主要交通干道。

(2) 在总平面布置上，机房宜在夏季主导风向的下风向，但在生产区内一般应布置在锅炉房、煤场等易发烟、灰尘大等场所的上风向；同时，机房还应设在冷却塔的上风向，其间距不小于25m。

(3) 机房四邻不宜靠近人员密集场所（如宿舍、幼儿园、食堂、俱乐部等），氨管道也不得通过上述房间，以免在发生重大事故时造成人身伤亡。

(4) 机房面积主要考虑机器、设备的布置及操作所需确定，一般可按冷库生产性建筑面积的5%左右考虑。机房建筑形式、结构、跨度、高度、门窗大小及其分布等具体问题最好由制冷工艺设计人员与建筑有关设计人员共同商定。

(5) 机房的高度要考虑到压缩机检修时起吊设备和抽出活塞连杆的方便等因素并应兼顾通风采光的要求。一般大、中型冷库机房（跨度≤13m）的净高可取6.5～7m，中、小型机房（跨度<9m）的净高可取5～5.5m。对于利用旧厂房改建或设置小型机组的也不应低于4m。对于地处炎热地区的冷藏库，机房还宜适当加高。南方地区大、中型冷库机房应设置通风阁楼，并要注意朝向和周围开敞，务必获得良好的自然通风条件和天然采光条件。

(6) 为保证操作人员的安全和方便，机房内通道不宜过长，以不超过12m为宜，但大型机房要超过12m时，需设两个以上互不邻近、直接通向室外的出入口。门洞宽度不小于1.5m，其中一个门洞宽度应能保证进入最大的设备。

(7) 机房所有的门、窗均应设计成朝外开启，并采用平开门，禁用侧拉门，以便出现紧急情况时人员避险逃脱。氨压缩机机房的门不许直接通向生产性车间。机房必须有良好的自然采光，其窗孔投光面积通常不小于地板面积的1/7～1/6，在炎热季节里应采取遮阳措施，避免阳光经常直射。

(8) 为防止油浸，便于清洗，机房地面、墙裙和机器机座等表面一般应为现浇水磨石面层。油泵、液泵、低压集油器等设备基座四周，应设排水浅明沟。

(9) 根据国家颁布的《建筑设计防火规范》，氨压缩机机房属于乙类危险性生产建筑，应按二级耐火等级建筑物进行设计。

3.4.1.2 给排水的要求

机房的给水应考虑以下几个方面情况。

(1) 水温　对进入设备的最高温度应满足表3-51的要求。

表3-51　制冷设备冷却水进水温度量高允许值

名称	进水温度/℃	名称	进水温度/℃	备　注
立式冷凝器	30～32	淋激式冷凝器	30～32	其他用水冷却的设备，用水温度均不应超过32℃
卧式冷凝器	27～29	制冷压缩机	30～32	

若水量充足，可以适当加大水量，减少水的传热温度差。

(2) 水质　冷却水水质应考虑对机器设备和管道的腐蚀、结垢等方面的问题，水中的有机物和无机物含量应控制在一定的范围之内，具体数据可参考当地水文资料。

(3) 水量　设备冷却水量应满足热负荷计算的要求，制冷压缩机冷却水量应满足产品样本中规定的数量。

(4) 水压　冷却水进入机房的水压，一般情况下应保持在15～20mH_2O（1mH_2O=9806.65Pa），但不应大于30mH_2O。

为了便于观察冷却水的供应情况，在制冷压缩机和设备的排水管道上，必须装设排水漏斗或水流指示器，为了使冷却水系统小的存水能够全部放出，应在设备或管道最低处设放水阀门。

3.4.1.3 采暖通风的要求

采暖通风设施是为了保证生产正常进行和改善工作环境条件而设置的。在采暖地区，机房温度不低于12℃，低于此温度应考虑采暖，采暖计算温度为16～18℃，但禁止使用电炉、火炉等明火采暖，以防止氨泄漏时遇明火爆炸。

机房应考虑设事故通风设施和降温通风设施，夏季通风计算温度为30℃以上的地区，应设机械降温通风装置，每小时换气不少于3次。机房内为了安全而设置的事故通风设施，其每小时换气不少于8次。事故通风装置应选用防爆型的，开关要设在机房内、外易操作的地点。通风管应用非燃烧材料制作。双面开窗而穿堂风良好的机房可不设机械通风而仅设移动式轴流风扇。

3.4.1.4 供电照明的要求

机房供电一般应按专线供电设计，变、配电间应靠近机房。通常情况下均将变电间、配电间和机房设计在同一建筑物内，应在机房外备有事故总开关。

仪表信号继电器、动力开关及配电设备应采用封闭型或浸油型。

机房照明必须充足，机房光照度不应小于50lx，设备间光照度不小于30lx，自控操纵间不小于50lx。对仪表集中处或个别设备的测量仪表处照明度不足时，可采用局部照明。对于大型冷库，机房应设计事故照明。

3.4.2 压缩机的布置

3.4.2.1 压缩机布置原则

(1) 压缩机的进气、排气阀门应位于或接近于主要操作通道，其手轮应位于便于操作和观察的主要通道。

(2) 压缩机进气、排气阀门设置高度应在1.2～1.5m之间，超出此高度时应考虑设计操作台。

(3) 压缩机的压力表及其他仪表应面向主要操作通道。

(4) 压缩机的曲轴箱盖的下边缘，应高于机房地坪400mm以上，以便于检修连杆大头等部件。

(5) 在布置大、中型制冷压缩机时，应考虑设置检修用起吊设备所需空间。

(6) 压缩机突出部分到其他设备或分配站之间的距离不小于1.5m，两台压缩机突出部位之间的距离不小于1m，并留出检修压缩机时抽出曲轴的距离。

(7) 对机器型号一致的机器，在布置上可相对集中于一个小区。

3.4.2.2 压缩机布置形式

制冷压缩机的布置根据压缩机的外形尺寸、台数和机器间的形式，本着合理、美观的指导思想进行总体布置，常见的有下列几种布置形式。

(1) 单列式　如图3-21所示，压缩机在机房内呈一条直线排列，有关设备如压缩机电动机的启动开关柜、中间冷却器等可以靠墙在四周布置。这种布置形式适用于机房机器台数较少的中、小型冷库，其优点是对工作人员操作管理以及修理都较方便，且管道走向整齐。

(2) 双列式　如图3-22所示，压缩机在机房内排成双列，压缩机可横排或纵排，机房

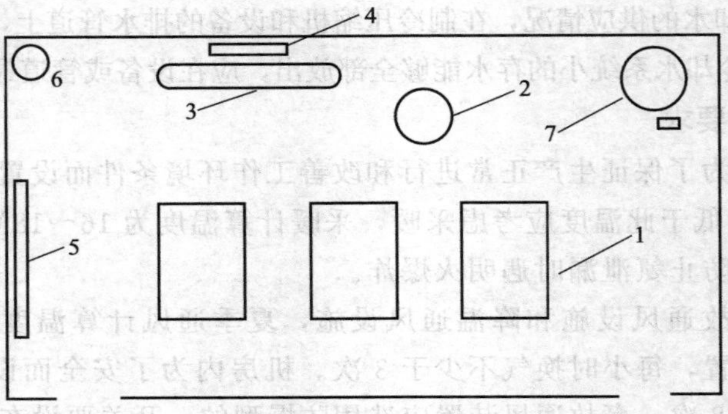

图 3-21 单列式布置

1—压缩机；2—中间冷却器；3—储液器；4～7—其他辅助设备

中间为主要操作通道，在通道上空布置压缩机进气、排气总管道，其他设备均可靠墙布置，这种布置形式适用于压缩机台数较多的大、中型冷库，以充分利用机器间的面积，其优点是压缩机进气、排气阀门位于主要操作通道，机器上的压力表及有关操作仪表也面向主要操作通道。因此在平时操作中，特别是压缩机配组双级停开车时，能清楚地观察仪表。

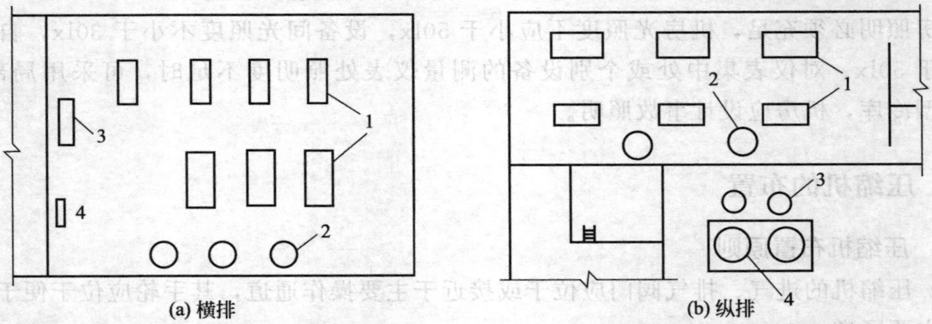

(a) 横排

1—压缩机；2—中间冷却器；3—调节站；
4—远距离液面指示器

(b) 纵排

1—压缩机；2—中间冷却器；
3—油分离器；4—冷凝器

图 3-22 双列式布置

（3）对列式 如图 3-23 所示，对列式布置形式与单列式相仿，但压缩机是按左型和右型成对地排列，在成对的两台压缩机之间留有较宽的操作通道。

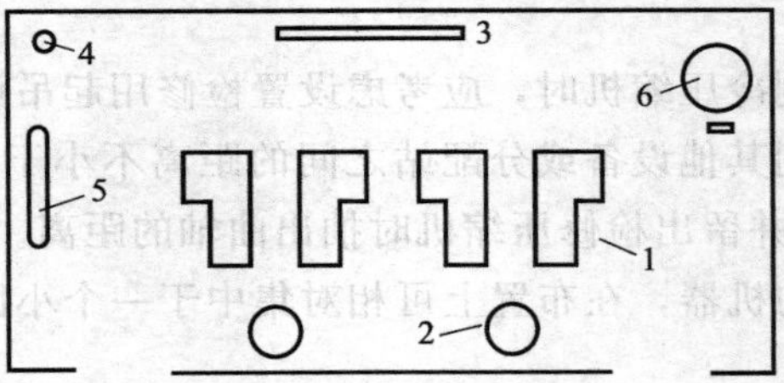

图 3-23 对列式布置

1—压缩机；2—中间冷却器；3—调节站；4—油分离器；5—储液器；6—低压循环桶及氨泵

3.4.3 冷凝器和冷却水塔的布置

3.4.3.1 冷凝器的布置

布置冷凝器时，其安装高度必须使制冷剂液体能借助重力顺畅地流入储液器。根据其结构形式的不同，具有不同的布置方式。

卧式冷凝器宜布置在室内，其布置位置应考虑其管族清洗以及更换管子的距离；为节省建筑面积，也可将其一端对准门或窗布置，以便通过门或窗来进行维修。另外，在冷凝器两端必须留有装卸端盖的距离。为保证出液顺畅，其出液管的截止阀至少应低于出液口300mm。靠墙安装的卧式冷凝器的布置尺寸以及卧式冷凝器与储液器的垂直布置如图3-24所示，供设计时参考。

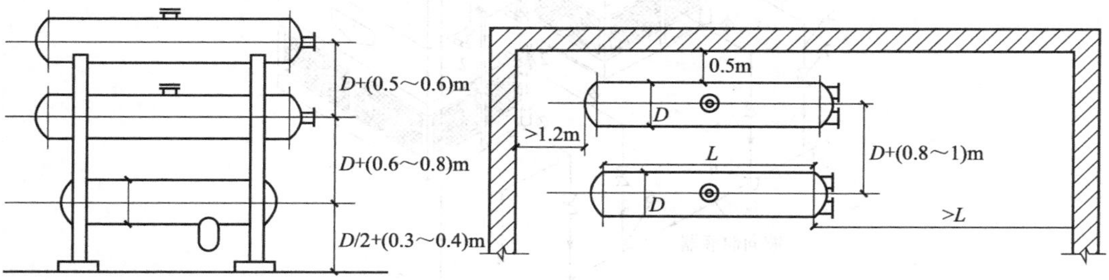

图3-24 卧式冷凝器的布置

立式冷凝器应安装在室外离机房出入口较近的地方。如果利用冷却水池作为立式冷凝器的安装基础，则水池壁与机房等建筑物的外墙墙面应大于3m，以防止水滴外溅损坏建筑物。其安装高度必须使氨液能借助重力流入储液器，室外夏季通风温度高于32℃的地区，要附有遮阳设施。立式冷凝器上方应留有清洗冷却管的空间，其冷却水池呈敞开式或设人孔。为了便于操作和清除水垢，立式冷凝器应设有钢结构的操作平台，如图3-25所示。

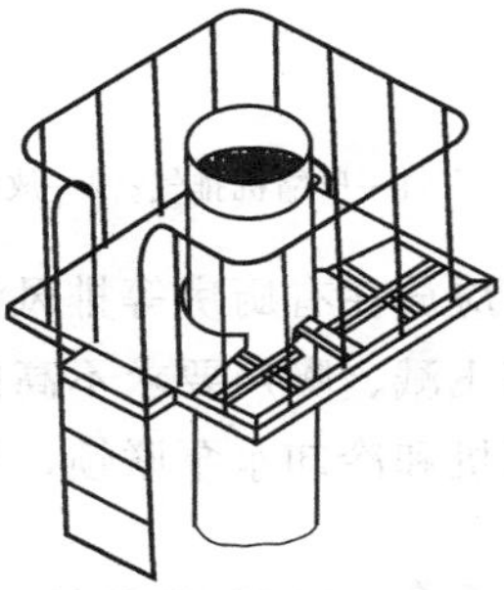

图3-25 立式冷凝器操作平台

淋激式冷凝器宜布置在室外通风良好的地方或安装在机房屋顶上。布置时应注意其方位，尽量要使其排管垂直于该地区夏季主导风向，风速较大的地区，冷凝器四周应设百叶挡风板，防止水滴大量被风吹散。

蒸发式冷凝器一般也布置在室外或机房屋顶之上，周围通风良好。由于其内部阻力较大，制冷剂通过后压力损失较大，因此必须考虑一定的静压液柱，以使冷却后的液体制冷剂能较通畅地流入储液器，且储液器的均压管应尽量接近冷凝器进气部位。如图3-26所示为两台蒸发式冷凝器的并联连接方案，布置时应注意以下事项。

① 出液管应有足够长的垂直立管，如图3-26所示中h应不小于1.2～1.5m。

② 在立管下端应设存液弯，建立一定的液封，用以抵消冷凝管组之间出口压力的差别。如果不设存液弯，当一台冷凝器停止工作时，制冷剂液体会流入正在工作的冷凝管组，使冷凝器的有效换热面积减小，运行不正常。

当蒸发式冷凝器与立式壳管式冷凝器并联时，务必要考虑到制冷剂通过不同形式冷凝器时压力降的不同，否则制冷剂将充入压力降最大的冷凝器中，设计中应尽量避免出现这种布置方式。

3.4.3.2 冷却塔的布置

布置冷却塔时应注意放在建筑物的非主立面通风条件好、有自来水补水管的地方，水塔

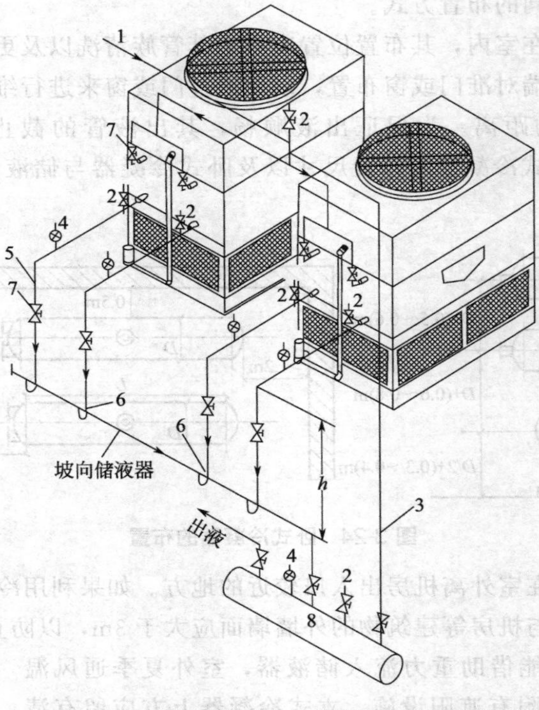

图 3-26　两台蒸发式冷凝器的并联连接方案

1—压缩机排气；2—放空气阀；3—均压管；4—安全阀；5—下液管；6—存液弯；7—检修阀；8—储液器

不应放在有厨房等排风温度高的地方，与烟囱应有足够高的距离。冷却塔也应放在允许有水滴飞溅、噪声要求不高的地方。冷却塔的进、出口水管上都必须加上电动蝶阀，并与冷却塔风机和冷却水泵联锁，供、回水管之间应有旁通管，并加电动二通调节阀。

3.4.4 辅助设备的布置

3.4.4.1 中间冷却器的布置

① 中间冷却器宜布置在室内，并靠近与之配连的高压和低压压缩机。

② 中间冷却器的基础应高于地面不小于 300mm，在其底脚下垫以经防腐处理过的 50mm 厚的木块，以避免产生冷桥现象。

③ 中间冷却器必须设置自动液面控制器，液面高度应以淹没整个蛇形管为准。通常按制造厂规定的液面高度安装浮球阀，也可以采用液位计配合电磁阀来控制液面。

④ 中间冷却器必须设压力表、安全阀和液面指示器。

3.4.4.2 油分离器的布置

①油分离器的位置应同管路一起考虑。洗涤式油分离器应尽量靠近冷凝器，其进液管应从冷凝器出液管的底部接出，且进液口必须低于冷凝器出液口 0.2～0.3m。

② 氨油分离器应尽可能离压缩机远一些，以便使排气在进入氨油分离器前得到额外的冷却，提高分离效果。

③ 专供冷库内冷分配设备（如冷风机、墙、顶管等）融霜用热氨的氨油分离器，可设置在压缩机房内。

④ 采用两个以上油分离器时，配置压缩机至油分离器的排气管应尽量使排气分配均匀，以确保分油效果良好。

⑤ 油分离器上可不设压力表和安全阀。

3.4.4.3 高压储液器的布置

① 一般布置在室内，如设在室外，应有遮阳装置。

② 应布置在冷凝器附近，其安装高度应保持冷凝器内液态制冷剂能利用重力流入储液器中。

③ 如采用两个或两个以上储液器时，其相邻间的通道应有 800～1000mm 的间距，且在其底部或顶部设均压管相连接，并安装截止阀。当直径不同的高压储液器并联使用时，储液器的筒顶应设置在同一水平高度上，不能以储液器的底部或中心线作为安装基准，如图 3-27 所示。否则，小筒径的储液器将会充满液体，留下引起液爆事故的隐患。

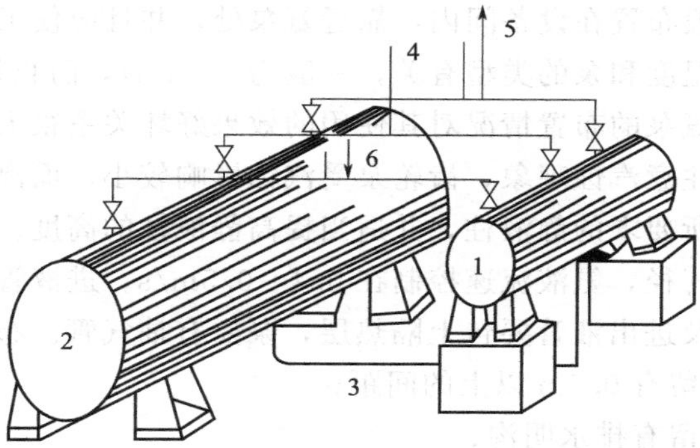

图 3-27 不同直径储液器的布置

1—小直径储液器；2—大直径储液器；3—液相连通管；4—气相连通管；5—出液管；6—进液管

④ 高压储液器上必须设置压力表、安全阀，并在显著位置装设液面指示器。

3.4.4.4 氨液分离器的布置

① 一般布置在设备间内。氨液分离器应设排液装置，其高度应使分离下来的氨液借助重力自动流入下方的排液桶（或低压储液器）。

② 氨液分离器与排液桶（或低压储液器）之间应设气体均压管。

③ 氨液分离器包隔热层后离墙面的距离不小于 0.2m。

④ 一般氨液分离器设置在高于冷间最高层蒸发排管的 0.5～2.0m 处，安装标高过低，液面不能充分克服局部阻力，会影响供量；安装标高过高，蒸发排管内静压过大，使蒸发温度升高。

⑤ 必要时氨液分离器可设溢流管。

⑥ 禁止在氨液分离器的气体进出管上另设旁通管。

⑦ 氨液分离器上应设置压力表。

3.4.4.5 低压储液器和排液桶的布置

(1) 低压储液器的布置

① 低压储液器是专为氨泵系统所设，应按不同蒸发温度分别装置。

② 应设在靠近氨泵处，其设置高度应使其内部储存氨液的最低液面高于氨泵液体入口处 1.5～3.0m。

③ 低压储液器上应设压力表、安全阀和液面指示器。

(2) 排液桶的布置

① 排液桶一般布置在设备间内，并应尽量使其靠近蒸发器的一侧。当设备间为两层时，

应布置在底层。

② 排液桶的进液口必须低于机房氨液分离器的排液口，以保证氨液分离器的液体自动流进入桶内。

③ 排液桶的进液口不得靠近该容器降压用的抽气管，以免液体进入吸气管道系统而造成压缩机的液击。

④ 排液桶应设置高压加压管，并设隔热层。

⑤ 排液桶应设置压力表、安全阀和液面指示器及降压用的抽气管。

3.4.4.6 低压循环桶和氨泵的布置

（1）低压循环桶的布置　低压循环桶是氨泵供液系统的专用设备，应按不同的蒸发温度分别设置，它兼有氨液分离器、低压储液器的作用，并具有保证氨泵的进液的功能，必要时又可兼作排液桶用。一般布置在设备间内，靠近氨泵处，并且应使工作液面距氨泵进口保持一定高度（高度与蒸发温度和泵的类型有关，一般为1～3m），防止氨泵发生汽蚀而损坏。

（2）氨泵的布置　氨泵的布置情况对其使用的效果好坏关系很大，一旦安排不当将大大影响使用效果，通常要注意汽蚀现象，齿轮泵受汽蚀影响较小，而离心泵对汽蚀很敏感。在布置时要保证泵吸入口所要求的静液柱，并适当提高静液柱的高度。要减少局部阻力损失和摩擦损失，即加大进液管径，氨液流速控制在0.4～0.5m/s。进液管还要尽量短而直、少装阀门、减少弯头，泵体及进出液管要包上隔热层，泵要有抽气管。布置氨泵时还应注意：

① 泵的基础四周应留有0.5m以上的间距；

② 氨泵基础四周应留有排水明沟；

③ 进液管要装过滤器并尽量靠近泵体；

④ 泵前需要装关闭阀，排出端必须有压力表和止回阀；

⑤ 应装自动控制元件，不上液时停泵报警；

⑥ 每台泵均应有量程适宜的电流表。

3.4.4.7 空气分离器与集油器的布置

（1）空气分离器的布置　空气分离器有卧式四重套管式和立式盘管两种，它是利用降温的方法，使混在不凝性气体中的制冷剂蒸气凝结成液体，然后将不凝性气体排出，使制冷剂损耗降低到较小程度。

四重套管式空气分离器通常布置在设备间的墙上，安装高度以距地坪1.2m为宜，并使进氨液的一端稍高30～50mm，以便被分离出来的氨液能流进旁通管。

立式盘管空气分离器可以设在氨储液器或排液桶上，也可以设在室外，但氨液入口必须在下端。

（2）集油器的布置　集油器可设在室内，也可设在室外，靠近油多、放油频繁的设备。高低压合用一台集油器时，应靠近低压设备设置。集油器的基础标高在300～400mm，以便于放油操作。设在室内时，可将放油管引至室外。集油器四周应设排水沟。

3.4.4.8 调节站的布置

调节站应布置在机房内，调节站一般装有仪表屏，其上除装有调节阀、关闭阀、压力表之外，还有一些自动检测仪和信号器等，但对小型系统则可以从简，可使有关控制阀及仪表分散布置并相对集中，尽量使操作人员无论在机房任何操作地点都应能看清调节站上的各种指示仪表。对附有控制屏的调节站，其后侧应留有0.8m以上的操作维修通道。调节阀手轮的高度不宜高于1.2m。

3.4.5 机房机器、设备布置示例

机器间、设备间内机器、设备的布置形式较多。当机器、设备台数较多时，常将机器间、设备间分别设置，机器间主要布置压缩机和中间冷却器等，设备间则主要布置其他辅助设备，如图 3-28 所示。当机器、设备台数较少时，可将机器、辅助设备全在一起布置，如图 3-29 所示。

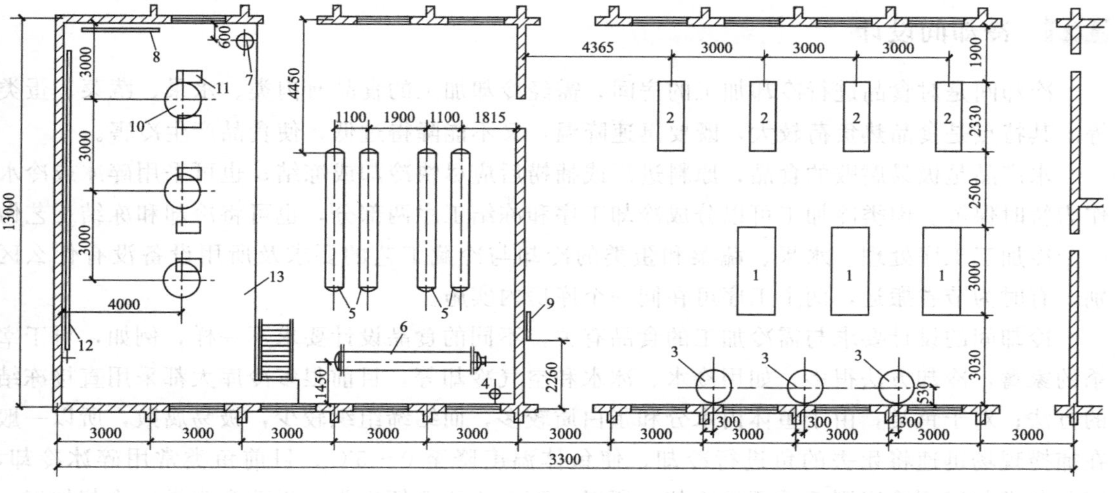

图 3-28 机房布置示例一

1—单机双级压缩机；2—单级压缩机；3—中间冷却器；4—油分离器；5—储液器；6—冷凝器；7—集油器；8,12—分调节站；9—总调节站；10—低压循环桶；11—氨泵；13—操作平台

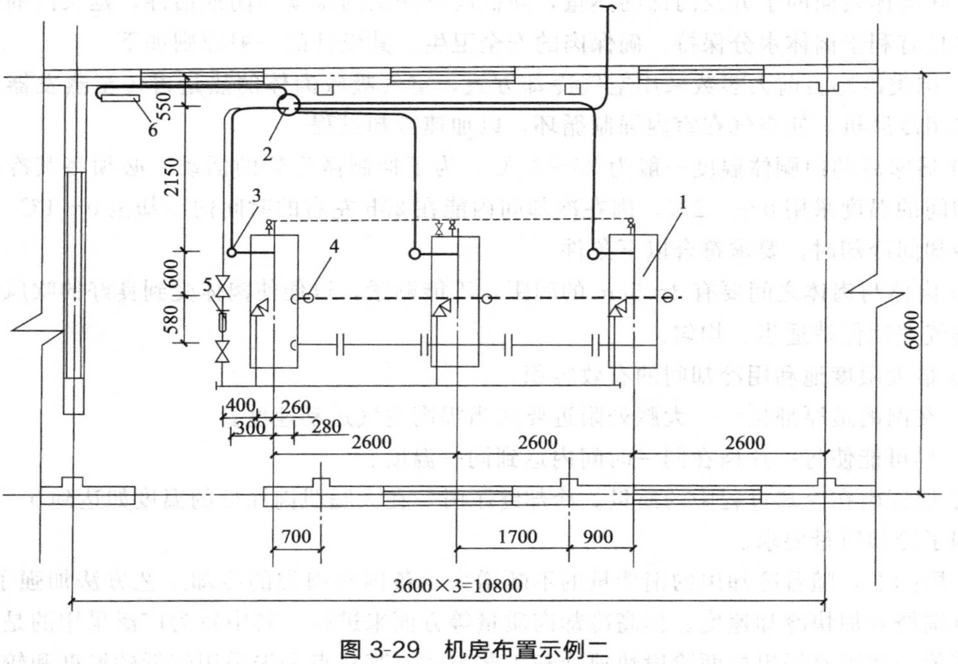

图 3-29 机房布置示例二

1—氟制冷压缩冷凝机组；2—气液分离器；3—气体过滤器；4—油分离器；5—干燥器；6—加氟站

3.5 库房设计

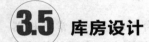

库房是指对食品进行冷加工和储藏的房间，主要由冷却间、冻结间、冷却物冷藏间、冻结物冷藏间等组成。库房设计的重点是冷却设备的布置和气流组织问题。

3.5.1 冷却间设计

冷却间是对食品进行冷却加工的房间，需经冷却加工的食品有肉类、水果、蔬菜、蛋类等。其特点是食品热负荷较大，既要迅速降温，又不能降得过低，使食品产生冷害。

水产品是极易腐败的食品，原料进厂或捕捞后应尽快冷却或冻结；也可采用碎冰或冷水作为暂时保鲜。肉类冷加工可以分成冷却工序和冻结工序两部分，也可将冷却和冻结工艺做一个冷加工工序处理。水果、蔬菜和蛋类的冷却与冷藏工艺的要求及所用设备没有什么区别，有时为节省搬运，两个工序可在同一个库房内实施。

冷却间的设计要求与需冷加工的食品有关，不同的食品设计要求不一样，例如，对于宰杀的家禽，冷却方法很多，如用冷水、冰水和空气冷却等，目前很多冷库大都采用直接冻结的方法；对于鱼类，由于鱼体内水分和蛋白质较多，而结缔组织较少，极易腐败，所以一般在捕捞现场迅速将死去的鱼进行冷却，使鱼体温度降至0～5℃。目前鱼类常用碎冰冷却，因此鱼类载运到冷库则不需要再冷却。所以，下面主要介绍肉类、果蔬和蛋类的冷却加工。

3.5.1.1 肉类冷却间设计

（1）设计一般原则　肉类冷却间主要用于猪、牛、羊等肉类胴体的冷却加工，其目的是迅速排除肉体表面的水分及内部的热量，降低肉体深层的温度和酶的活性，延长肉的保鲜时间，并且有利于肉体水分保持，确保肉的安全卫生。其设计的一般原则如下。

① 肉类冷却目前大多数采用空气冷却方式，空气吸收肉体的热量再传至蒸发器。冷却设备采用冷风机，使空气在室内强制循环，以加速冷却过程。

② 屠宰后的肉胴体温度一般为35～37℃，为了抑制微生物的活动，必须将其冷却，一般冷却间的温度采用0～－2℃，肉在冷却间内能在20h左右的时间内冷却至0～4℃。因此，肉在冷却间冷却时，要求符合以下条件。

① 肉体与肉体之间要有3～5cm的间距，不能贴紧，以便使肉体受到良好的吹风，散热快，空气速度保持适当、均匀。

② 最大限度地利用冷却间的有效容积。

③ 在肉的最厚部位——大腿处附近要适当提高空气运动速度。

④ 尽可能使每一片肉在同一时间内达到同一温度。

⑤ 保证肉在冷却过程中的质量。冷却终了时，在大腿肌肉深处的温度如达到0～4℃时，即达到了冷却质量要求。

在国际上，随着冷却肉的消费量的不断增大，各国对肉类的冷却工艺方法加强了研究，其重点围绕着加快冷却速度、提高冷却肉质量等方面来进行。其中较为广泛采用的是丹麦和欧洲其他一些国家提出的两阶段快速冷却工艺方法，其特点是先采用较低的温度和较高的风速，将肉体表面温度降低至－2℃左右，迅速形成干膜，然后再用一般的冷却方法进行第二次冷却。其优点是肉品的干耗损失少，比一般冷却方法可减少40%～50%；肉的质量也好，表面干燥，外观良好。

两阶段冷却的工艺是：第一阶段，先把肉体放在－10～－15℃的冷却间内，空气速度一般为1.5～3m/s，经过2～4h后，肉体表面温度为－2℃左右，内部温度为18～25℃；第二阶段，用一般的冷却方法，或放在冷却物冷藏间内，即将肉体放在0～－2℃下冷却10～16h，肉体内部温度达3～6℃，即完成冷却。

二次冷却的设备有两种形式：一种是先在有连续输送吊轨的冷却间中进行，然后再输送到一般冷间中；另一种是二次冷却都在同一冷却间中，但前后两个阶段中所用的风速和温度不同。

(2) 冷却设备的布置　冷却间冷却设备采用冷风机，强制库内空气循环，但形式有多种：第一种为风管吹风，采用落地式冷风机，在其上装配风管，冷风从喷口射出，利用气流的引射作用加速空气循环，如图3-30所示；第二种为挡风板配风，设置吊顶冷风机，在挡风板一端吸风，从另一端吹出，使空气沿着墙面和地面流动，如图3-31所示；第三种为开孔挡风板配风，设置吊顶冷风机，冷风从孔口吹出，如图3-32所示，这种配风形式可以获得较均匀的风速。这三种配风形式除第一种形式占用库房面积外，其他两种不占用库房面积，可尽量利用库房的空间。

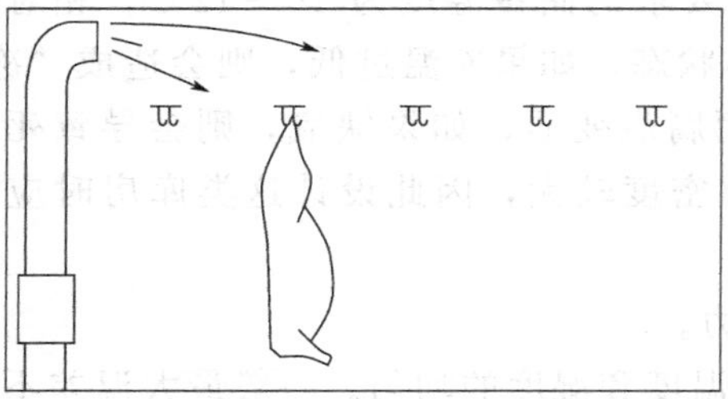

图3-30　风管配风

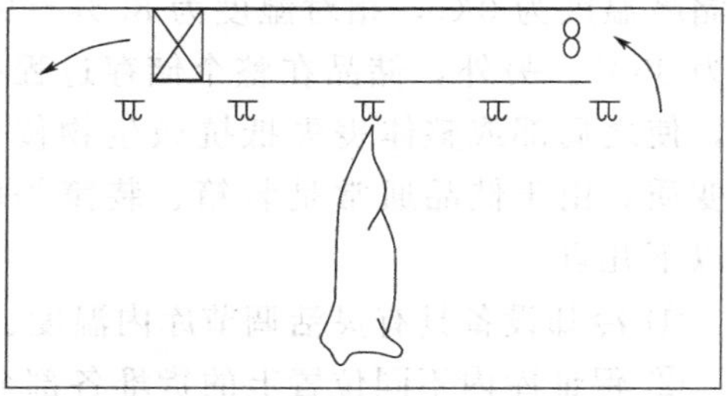

图3-31　挡风板配风

如图3-33所示为风管配风冷却间设备布置。冷风机设在库房的一端，风在长方向循环，射程不宜大于20m。常设计成长12～18m、宽6m、高4.5～5m，面积为72～108m²，每间可容纳15～20t猪白条肉。室内装设65mm×12mm扁钢制吊轨时，每米吊轨可挂猪3.5～4头，牛3～4片或羊10～15只，每米吊轨的平均负荷为200kg，吊轨间距为70～85cm，采用自动传动吊钩的吊轨，其间距为95～100cm。其中，水盘架空在地坪上，不可直接旋转在地面上，以利于排水和检修；轨道不宜超过5条。

(3) 冷却间气流组织　冷却间内的空气循环次数一般为50～60次/h，掠过肉体间的风速为0.5～1.5m/s，有些资料认为维持库内风速0.75m/s较好。因为加大风速虽能提高冷却速度，但干耗会相应增加。据测定，在相同的温度条件下，将白条肉后腿间的风速从1.9m/s加大到3m/s，会引起附加的重量损耗25%。冷却间气流组织如图3-30～图3-32所示。

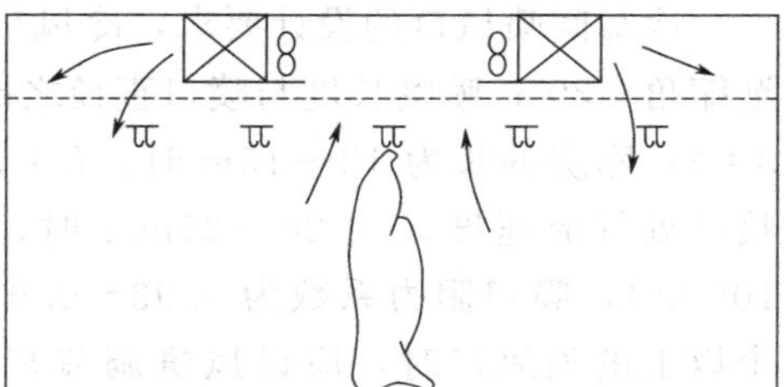

图3-32　开孔挡风板配风

3.5.1.2 果蔬和蛋类冷却间设计

(1) 设计一般原则　适合在这种库内储藏的食

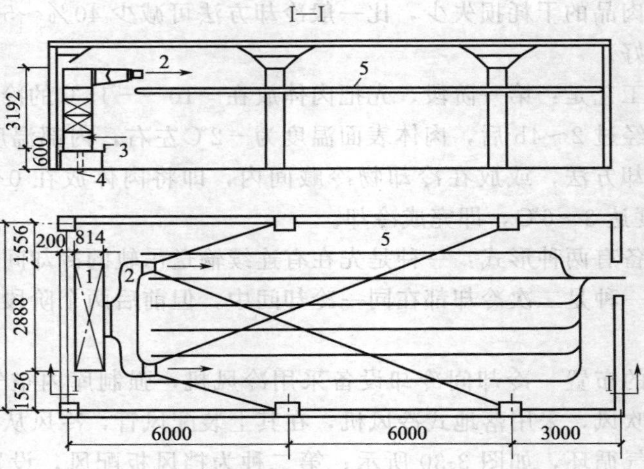

图 3-33　风管配风冷却间设备布置

1—冷风机；2—喷风口；3—水盘；4—排水管；5—吊轨

品种类较多，各自对温度和湿度的要求又不同，且多数情况下，既作为冷却间，同时又作为冷藏间。例如，鲜蛋要求的储藏温度为0～2℃，相对湿度在 80％～85％；苹果要求的储藏温度为 0℃，相对湿度为 85％～90％；香蕉要求的储藏温度为 10～12℃，相对湿度为 85％。另外，储品在整个储存过程中均呈活体状态，如果库温过低，则会造成"冻"害，使之局部或整体丧失抵抗微生物侵染的能力而腐烂变质；如果缺氧，则会导致死亡和变质。由于储品通常是装箱、装筐等堆放，堆放密度较大，因此设计这类库房时应注意以下几点。

① 冷却设备具有灵活调节库内温度、湿度的能力。

② 保证库内不同位置上的货堆各部分的风速、温度和湿度的均匀。一般最大温差不大于 0.5℃，湿度差≤4％。

③ 可以调节空气成分，做到既能满足最低限度的呼吸要求，又能延长储存期限，至少要有补充新鲜空气的设施。

④ 果蔬的冷却条件视果蔬品种不同而异，一般要求在 24h 内将果蔬温度从室外温度降至 4℃左右，设计室温一般在 0℃，空气相对湿度保持在 90％左右，空气流速采用 0.5～1.5m/s。在冷却间，一般采用交叉堆垛方法，以保证冷空气流通，加速果蔬的冷却。

（2）冷却设备的布置　对于直接进入冷却物冷藏间的果蔬、鲜蛋，可以采取逐步降温的方法，使其由常温逐渐冷却，然后低温冷藏。其冷藏间平面布置如图 3-34 所示，其中风道中喷嘴结构示意如图 3-35 所示。

冷却间喷风口的设计要求：冷风机的喷风口以圆形为宜，口直径一般为 200～300mm，渐缩角≤30°；喷嘴长度与喷口直径之比取决于库房的长度，当库房的长≤12m 时，$L:D=3:2$；库房的长为 12～15m 时，$L:D=4:3$；库房的长为 15～20m 时，$L:D=1:1$。喷口处气流速度采用 20～25m/s 时，喷嘴射程以不超过 20m 为宜（为喷口直径的 60～100 倍），喷口阻力系数为 0.93～0.97。当冷却间内设有一台双出风口的冷风机或设有两个以上的喷风口时，应设风量调节装置。采用喷风口送风形式时，射流喷射过程中速度递减很快（如喷嘴出口流速为 20m/s，到冷却间末端降至 0.5m/s），但因简单易行而被广泛采用。

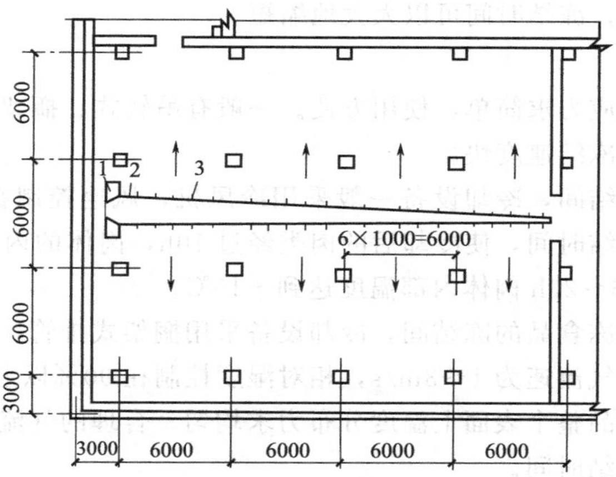

图 3-34 冷却间（冷藏间）设备平面布置图

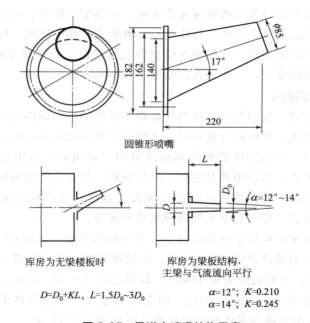

1—冷风机；2—送风道；3—喷口

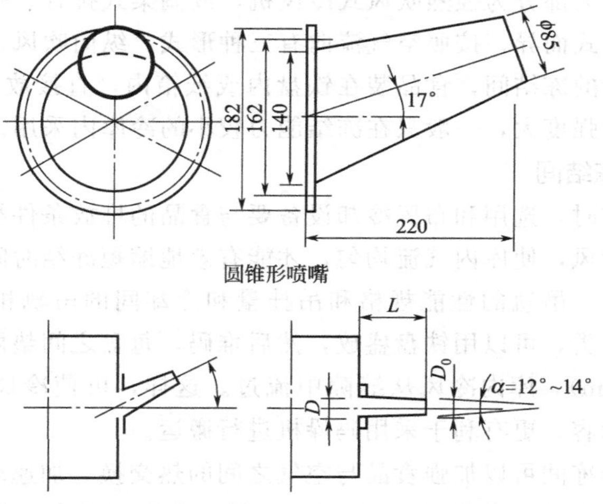

库房为无梁楼板时

库房为梁板结构，主梁与气流流向平行

$D=D_0+KL$，$L=1.5D_0\sim3D_0$

$\alpha=12°$；$K=0.210$

$\alpha=14°$；$K=0.245$

图 3-35 风道中喷嘴结构示意

(3) 气流组织　冷却间的冷风机可按 1.163kW 耗冷量配 0.6～0.7m^3/h 风量。冷却间内的空气循环次数一般为 50～60 次/h，肉体间空气流速 1～2m/s。加大肉体间风量能加快冷却速度，但干耗会相应增加，同时，由于翅片管间风速增加，相应地增加了空气阻力，也就增加了电耗。因此，过度地增加冷却间的风速是不经济的。

3.5.2 冻结间设计

为了长期储存或长途运输易腐食品，就应将易腐食品进行冻结，使食品迅速降温至冰点以下，将食品所含水分部分或全部转换成冰。为满足功能要求，冻结间的温度一般控制在−23℃，肉类的冻结质量除本身在冻结前的新鲜度外，还与冻结时间的长短有很大关系。为了保证肉的质量而加速冻结，广泛采用了强制空气循环的冻结间，强制空气循环的冻结间与自然对流的冻结间相比较，冻结时间可以大大地缩短。

3.5.2.1 设计一般原则

（1）冻结间的装置应力求简单，使用方便。一般有吊轨式、搁架式等。

（2）在低温下要求冻结速度快。

对于采用吊轨式冻结间，冷却设备一般采用冷风机，风速控制在1～3m/s之间，通过空气强制循环，缩短冻结时间，使冷却后的肉类经过10h，肉体的内部温度降至－15℃。一次冻结的肉类，经过16～20h肉体内部温度达到－15℃。

采用箱装、盘装冷冻食品的冻结间，冷却设备采用搁架式排管，为加速冻结可设置鼓风机，强制空气循环，空气流速为1～3m/s，相对湿度控制在90％以上。

（3）要求同一批食品整个表面上温度分布力求均匀。合理的气流组织设计，才能在保证食品质量的同时缩短冻结时间。

（4）在有条件的时候，应采用机械传送和操作自动化，以减轻劳动强度和改善劳动条件。

冻结间的冷却设备大部分为强烈吹风式冷风机，或搁架式排管。强制吹风式冷风机冻结间的布置视冻结间的形式而异，按照空气流向有三种形式：纵向吹风、横向吹风和吊顶式吹风。采用近搁架式排管的冻结间，食品装在铁盘内或纸箱内，直接放在搁架式排管上冻结。这种方法由于搬运劳动强度大，一般只在冻结能力较小的冷库内采用。

3.5.2.2 强制吹风式冻结间

食品在冻结间冻结时，选用和布置冷却设备要与食品的堆放条件相适应。特别是采用强制吹风式，必须合理配风，使库内气流均匀，才能有效地缩短冻结时间，提高冻结质量。

装设吊轨的冻结间，吊轨的性能规格和吊挂量和冷却间的吊轨相同。不装吊轨的冻结间，如冻猪副产品或鱼类，可以用铁盘盛放，然后堆码，每盘之间垫两根方木，使盘与盘之间构成缝隙（30～50mm），库内冷风从缝隙中流过。这样，可使冷风流通均匀，缩短冻结时间，以能充分利用库容，更有利于采用码垛机进行搬运。

采用强制吹风式冷冻间可以加强食品与空气之间的热交换，加速冻结过程，但是也有一定的限度，如加强空气的循环速度到1m/s时，冻结速度即可提高1倍；空气流速增至4m/s时可增加2倍，之后，虽然流速增至10m/s，却只增加2.5倍。因此，从设备、动力、速度总体来考虑，空气流速以2～4m/s为宜。因空气流速大会引起肉体干耗加大，所以一般采用2m/s左右。空气的流速与肉体冻结速度的关系如图3-36所示。

（1）纵向吹风冻结间

① 冷却设备的布置　在冻结间的一端设置落地式冷风机，在吊轨上面铺设挡风板，挡风板与楼板之间形成供空气流通的风道。挡风板的形式有两种：一种是仅在端头留风口，空气沿着挡风板吹到库房的另一端，然后下吹，回流过程与食品换热，如图3-37（a）所示。

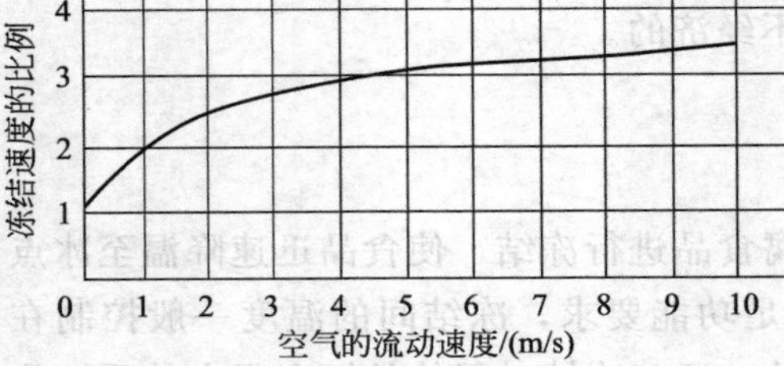

图3-36　空气的流速与肉体冻结速度的关系

② 气流组织　这种形式的空气流通距离长，使库温、风速分布不均匀，食品冻结时间相差较大，故要求冻结间不能太长，一般为12～18m；另一种在导板上沿着吊轨方向开长孔，如图3-37（b）所示，出风孔的宽度一般为30～

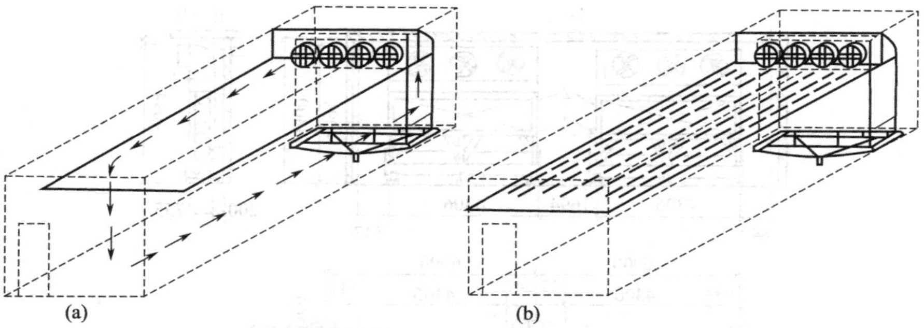

图 3-37 纵向吹风冻结间出风形式示意

50mm，靠近冷风机的孔为 60～70mm，这种形式的冻结间多用于冻结白条肉，从出风口孔吹出的低温气流垂直吹向倒挂于轨道上的白条肉后腿使其同一批肉体的冻结速度较为均匀。当冻结间的长度不超过 10m 时，也可以不设导风板，冷风从冷风机的出风口直接吹出，或者装设短风管，使冷风从短管吹出。布置时要注意，冷风机距墙面或柱边应不少于 400mm，冷风机与楼板之间的距离不应少于 800mm，并在靠近冷风机处设 1m×0.8m 的人孔，以便维修风机和电动机。这种冻结间的宽度一般为 6m，库房面积与冷却面积比约为 1∶10，冻结能力为 15～20t/昼夜，温度为－23℃，一次冻结时间为 20h，库内货间风速为 1～2m/s，满载时为 4m/s，风量为 $1m^3/kcal$（1kcal＝4.18kJ），风压为 30～$40mmH_2O$（$1mmH_2O$＝9.80Pa）。

这种冻结间的特点是能沿吊挂的肉体方向吹风，气流阻力小，冷风机台数小，耗电少，系统简单，投资少。但空气流通距离长，风速和温度不均匀，不宜用于冻结盘装食品，而多设于冻结量较小的白条肉分配性冷库内。

(2) 横向吹风冻结间

① 冷却设备的布置 在冷却间的一侧设置冷风机，使气流横向流过冻结间的断面。室温横向距离短，为 3～7m，长度不限，可设置较多的冷风机。冷风机距墙面或柱边约 400mm，每两台冷风机之间应考虑留有安装供液管和回气管的余地。吊轨的布置可以参照冷却间。适于冻猪、羊、牛白条肉，其平面布置和设备的布置如图 3-38 及图 3-39 所示。

② 气流组织 冻结间吊轨上设置导风板，应在导风机上沿轨道方向开长孔，如图 3-40 所示。气流可由孔向下吹，对准白条肉的后腿，温度较均匀。所需风量一般为每平方米冷风

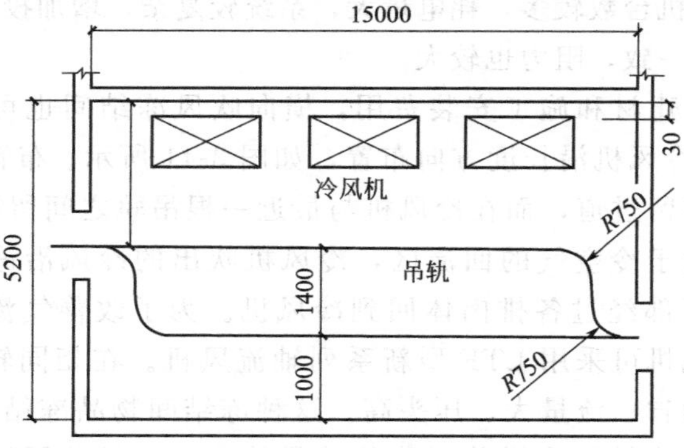

图 3-38 横向吹风冻结间平面布置

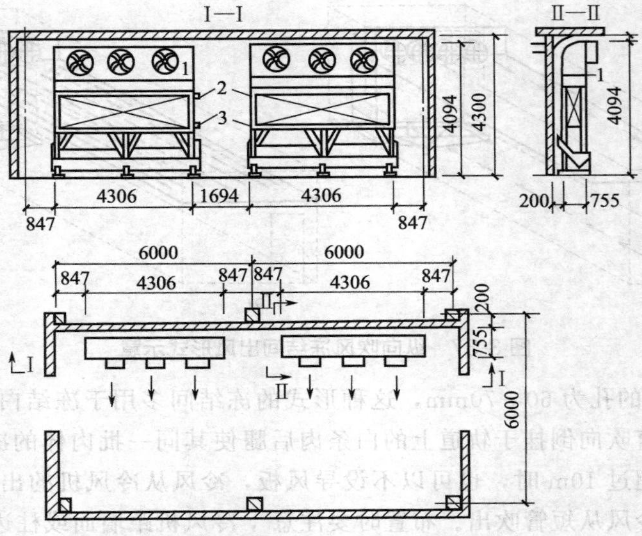

图 3-39 横向吹风冻结间设备布置

1—冷风机；2—回气管；3—供液管

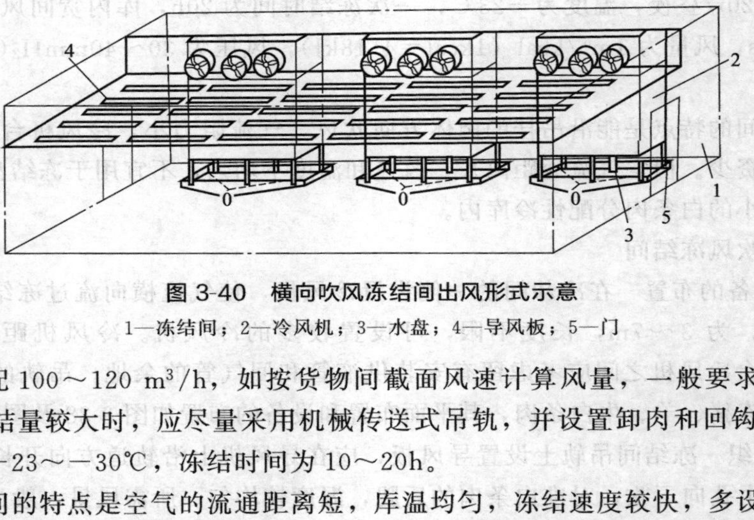

图 3-40 横向吹风冻结间出风形式示意

1—冻结间；2—冷风机；3—水盘；4—导风板；5—门

机冷却面积约配 100～120 m^3/h，如按货物间截面风速计算风量，一般要求风速为 0.8～1.5m/s。当冻结量较大时，应尽量采用机械传送式吊轨，并设置卸肉和回钩装置。冻结间的设计室温为－23～－30℃，冻结时间为 10～20h。

这种冻结间的特点是空气的流通距离短，库温均匀，冻结速度较快，多设在冻结量较大的生产性冷库；但冷风机台数较多，耗电量大，系统较复杂，增加投资大，同时当吊挂白条肉时，气流与肉体方向一致，阻力也较大。

近年来，为了节省建材和施工安装费用，横向吹风冻结间也可不做导风板，冻结间的宽度一般采用 6m，冷风机沿长度方向布置，如图 3-41 所示。布置吊轨时，应从冷风机对面靠墙一侧开始，不留过道，而在冷风机与最近一根吊轨之间留出 1.2～1.5m 的距离，尽量使吊轨及肉体不处于冷空气的回流区，冷风机吹出的冷风沿冻结间上部吹至对面的墙面向下运动，再由下部经过各排肉体回到冷风机。为了改善气流状况，确保风量和风压满足设计要求，冷风机可采用 LTF 型新系列轴流风机。在相同转速、相同叶轮直径条件下，新系列风机耗功省、流量大、压头高。这种冻结间物品冻结时间可在 5～20h 内调整。此外，也可在这种冻结间内设临时货架或吊笼，以冻结分层搁置的盘装食品，故适应性较强。

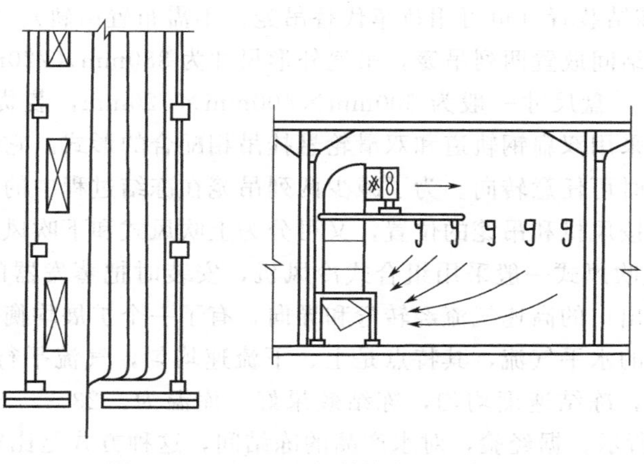

图 3-41 不设导风板的横向吹风冻结间

(3) 吊顶式吹风冻结间

① 冷却设备的布置 这种冻结间用吊顶式冷风机作冷却设备，其设备布置及吹风示意如图 3-42 所示。其特点是冷风机不占建筑面积、风压小、气流分布均匀，是一种较好的吹风方式。

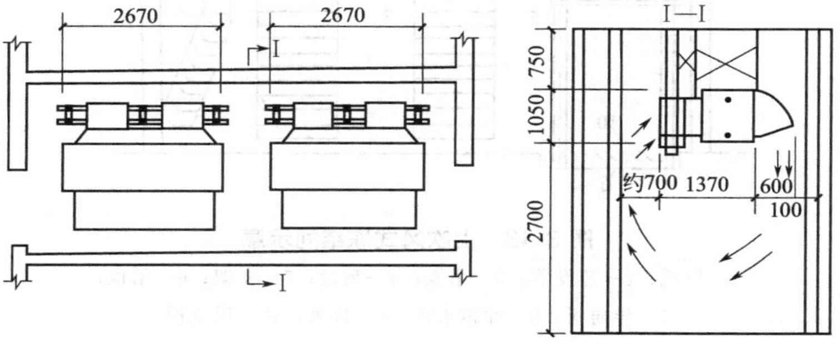

图 3-42 吊顶式冷风机冻结间设备布置及吹风示意

如果要求在已建冷库中增建冻鱼或分割肉等用的冻结间，采用这种形式比较方便。如利用低温冷藏间改建，可以用木板隔成小间，在库内搭架支承吊顶式冷风机，架下堆放冻鱼或分割肉，盘装的食品可以用码垛机码好，直接运入库内。装在架上的冷风机，可以装设风道或导风板，有组织地向下吹风，并使吹风口对向盘间缝隙，让冷风从缝隙通过后向冷风机吸风口流回。冻结完毕用码垛机出库。当库房宽为 2.1m、长为 8.5m、架下净高为 2.5m 时，一次可冻 7.5t 鱼或分割肉，冻结时间为 8h 左右。风机的出口最大风速为 20m/s，库内风速为 2.5m/s。

② 气流组织 吊顶式冷风机根据送风形式可分为压入式和吸入式。对压入式，空气经过风机穿过蒸发器吹出，冷风经过蒸发器易造成配风不均匀，其局部阻力要比吸入式大 5 倍左右，故出口处的风压损失大。但压入式出风均匀，食口冻结时间一致。冻结间室温为－23～－30℃，适于冻结水产品、家禽等块状食品，也可用于冻白条肉，冻结时间为 10～20h。

这种冻结间的特点是节省建筑面积，库温均匀，但使用冷风机台数较多，系统复杂，维修不方便，且冲霜时易漏水。

(4) 轨道吊笼冻结装置

① 冷却设备的布置 这种冻结间用于冻结水产品、家禽类等盘装食品，一般采用鱼盘

（铁盘）和轨道吊笼冻结装置（也可用鱼车代替吊笼，不需布置吊轨）。库房内按纵向排列冷风机和吊笼，一个冻结间放置两列吊笼，吊笼外形尺寸为880mm×720mm×1780mm，共分10格，每格放盘2个，盘尺寸一般为600mm×400mm×120mm，装货质量为20kg。吊笼悬挂在轨道上，一般采用双扁钢轨道和双滑轮悬挂吊相配合的形式。它的优点是推行轻便安全，在转弯、过岔道时可任意转向。为了减少两列吊笼在冻结过程中的不均匀性，可设机械调向装置进行换位。按风机和吊笼的位置，又可分为上吹风式和下吹风式两种类型。

a. 上吹风式　上吹风式一般采用组合式冷风机，安装时把蒸发器的回风高度提到与吊笼高度一致，冷风机出口的高速气流经转弯和导向，有了一个扩展均衡阶段，在进入冻结区之前形成紧密而均匀的水平气流，其特点是上、下流速均匀，气流平行于鱼盘做水平流动，气流阻力比下吹式小，冻结速度均匀，冻结效果好，库温为－23～－30℃时，冻结时间为8～10h，如图3-43所示。据经验，对水产品的冻结间，这种方式是比较合适的。

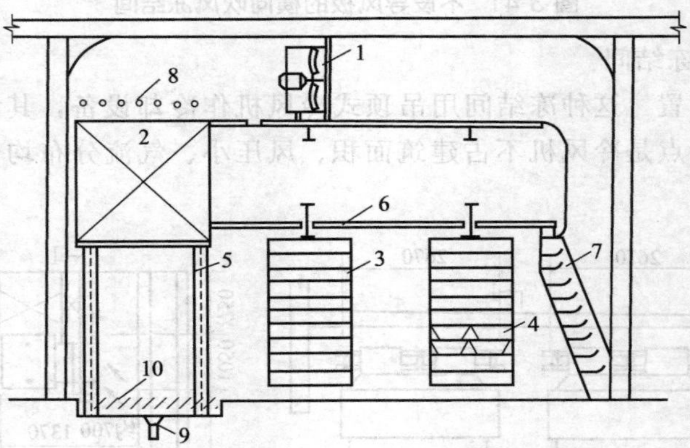

图3-43　上吹风式冻结间示意

1—风机；2—蒸发器；3—吊笼；4—鱼盘；5—支架；6—吊顶；7—导向板；8—冲霜水管；9—排水；10—反溅板

b. 下吹风式　在布置蒸发器时，要使风机吹出的气流能有一个扩散过程，并减少涡流损失，应使吊笼距风机的距离大一些。对于吊笼两侧都留过道，吊笼到风机的距离为0.82m；如仅在风机一侧留操作过道，此距离可取1.27m，从使用效果看距离较大时布风口的均匀性好。同时要与风机的中心高度相接近，使吊笼上下布风均匀，一般的安装高度为0.95～1m，吊笼顶部离挡风板间距及离地坪间距一般为100～120mm，如图3-44所示。下吹风冻结间的温度为－23℃及以下，冻结时间为10～18h。

② 气流组织　为了提高水产品或其他盘装食品的质量，应力求冻结装置的气流形式与冻品的外形相适应，同时应使各冻结部位的空气流动均匀。在冻结猪、牛白条肉时，冻品采取吊挂而近似扁平形，冷空气若平行于肉体表面做垂直流动，不仅与冻品有最大的换热面积，且流动阻力较少，故较为合适。而盘装的食品，冷空气与冻品的最大接触面是盘的上下平面，因此平行于鱼盘做水平流动的气流是比较合适的，一般要求通过冻结区有效断面水平流速为1～3m/s。

3.5.2.3　搁架式排管冻结间

搁架式排管冻结间也称半接触式冻结间。在冻结间内设置搁架式排管作为冷却设备兼货架，适用于水产品、猪副产品、分割肉等块状食品。可装在盘内或直接放在搁架上进行冻结。搁架排管冻结间有空气自然循环式和吹风式两种。

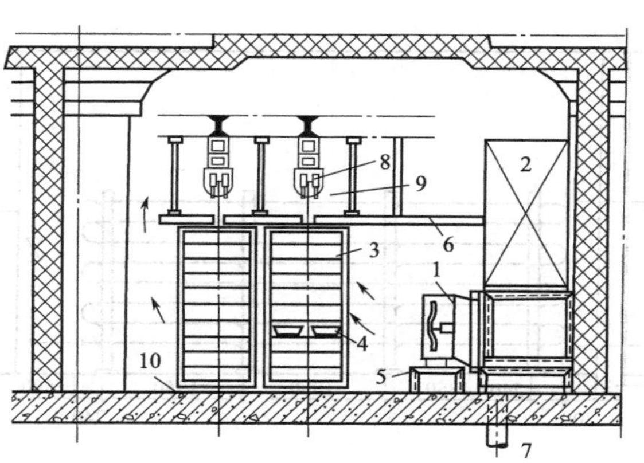

图 3-44 下吹风式冻结间示意图

1—风机；2—蒸发器；3—吊笼；4—鱼盘；5—支架；6—吊顶；7—冲霜排水；
8—滑轮；9—100mm×14mm 双扁钢导轨；10—挡风木条

(1) 空气自然循环式搁架排管冻结间 采用空气自然循环式时，排管与食品的热交换较差，冻结速度较慢，当温度为－18～－23℃时，冻结时间则视冻品厚度和包装条件而定，一般为 48～72h。

搁架式排管采用 D38mm×2.25mm 或 D57mm×3.5mm 的无钢管，也可以采用 D40mm×3mm 的矩形无缝钢管制作。排管管子的水平距离为 100～120mm，每层的垂直距离视冻结食品的高度而定，一般为 220～400mm，最低一层排管离地坪宜不少于 400mm。管架的层数应考虑装卸操作的方便，一般最上层排管的高度不宜大于 1800～2000mm，在载货管架之上往往会集中布置多层冷却排管，以增加蒸发面积。管架的宽度根据冻盘数量和操作方式而定，单面操作时，其宽度常为 800～1000mm，如双面操作，则以 1200～1500mm 为宜。为减少排管的磨损，可以在管架上铺 0.6mm 厚的镀锌薄钢板。

搁架式冻结间的操作过道应能单向通行手推车。其净宽不小于 1000mm，对于冻结量大于 5t/批时，应考虑手推车和重车的行走路线，以提高装卸效率。如冻盘规格为 600mm×400mm×120mm，每盘装货 10kg，每平方米面积可冻结食品 60～80kg。搁架排管式冻结间平面布置示意如图 3-45 所示，设备布置如图 3-46 所示。

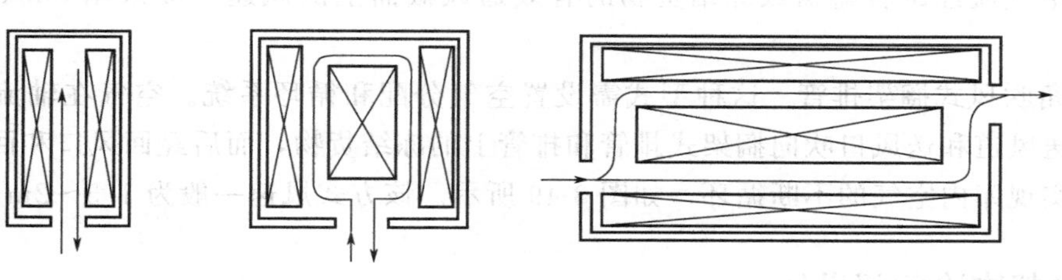

图 3-45 搁架排管式冻结间平面布置示意

(2) 吹风式搁架排管冻结间

① 冷却设备的布置 如果在空气自然循环基础上的冻结间内加装通风机时，加速空气的循环，则为吹风搁架排管式冻结间，其风量可按每冷冻 1t 食品配 10000m³/h 计算。此时搁架排管的传热系数增大，单位面积制冷量也可增为 232.6W/m² 左右，当温度为－18～－23℃，冻结时间为 16～48h 不等，如冻结鱼和盘装鸡为 20h，冰蛋为 24h，箱装野味为 48h。目前，在实际的工程设计中，一般设计搁架式冻结间时为了配合快速冻结的需要，以

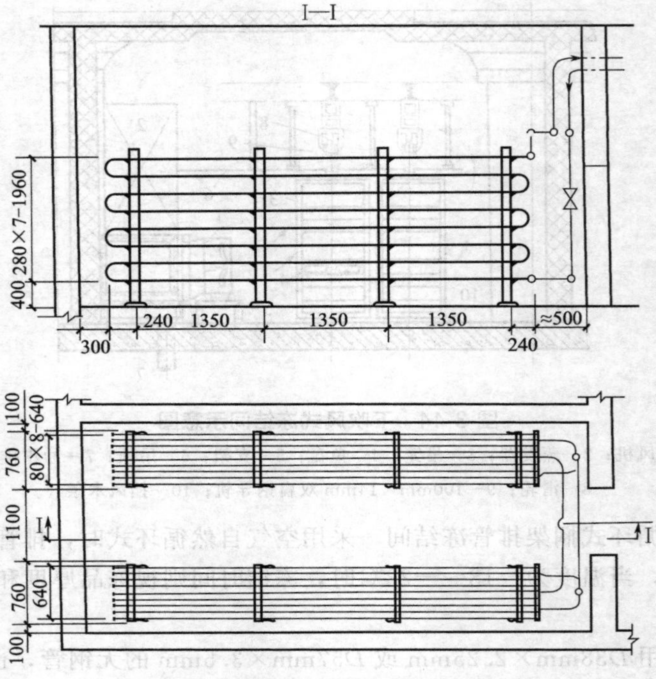

图 3-46 搁架排管式冻结间设备的布置

加大冷量配置，缩短冻结时间，有的冻结时间可达几小时。

② 气流组织　吹风式搁架排管冻结间按气流组织形式的不同，可分为蝶形流吹风式、顺流吹风式和直角吹风式。

a. 蝶形流吹风式搁架排管　轴流通风机设置在两组搁架式排管之间过道的上方，使风向上吹送，在静压区后沿挡风板下吹经侧面导风板，气流垂直均匀地流过每层排管，食品处于冷风回流区，如图 3-47 所示。

b. 顺流吹风式搁架排管　轴流通风机一般设置在搁架式排管进液和回气集管的另一端，可以安装一台或两台，中部水平方向用挡风板将搁架排管隔开，分成上下两路顺流吹风道，空气流经旋转盛盘或冻结货物的有效通风截面上的风速一般采用 3m/s，如图 3-48 所示。

c. 直角吹风式搁架排管　这种型式需设置空气分配和循环系统。空气在轴流风机的作用下，经送风道和送风口吹向搁架式排管和排管上的冻结货物，而后经回风口和回风道返回到风机，实现库内空气的不断循环，如图 3-49 所示。该方式风速一般为 1.5～2m/s。

3.5.3 冷却物冷藏间设计

冷却物冷藏间主要用作新鲜水果、蔬菜、鲜蛋等鲜活食品的储藏。由于这类食品的种类繁多，各自对温度的要求也不一样，即不同的果蔬要求不同的冷藏温度，所以要尽量做到分库冷藏。例如，南方产的柑橘和北方产的苹果耐寒力不同，不能在同一库房内冷藏。

3.5.3.1 设计一般原则

食品在整个冷藏过程中均呈活体状态，降低库温只能降低储品的分解强度，而不会停止

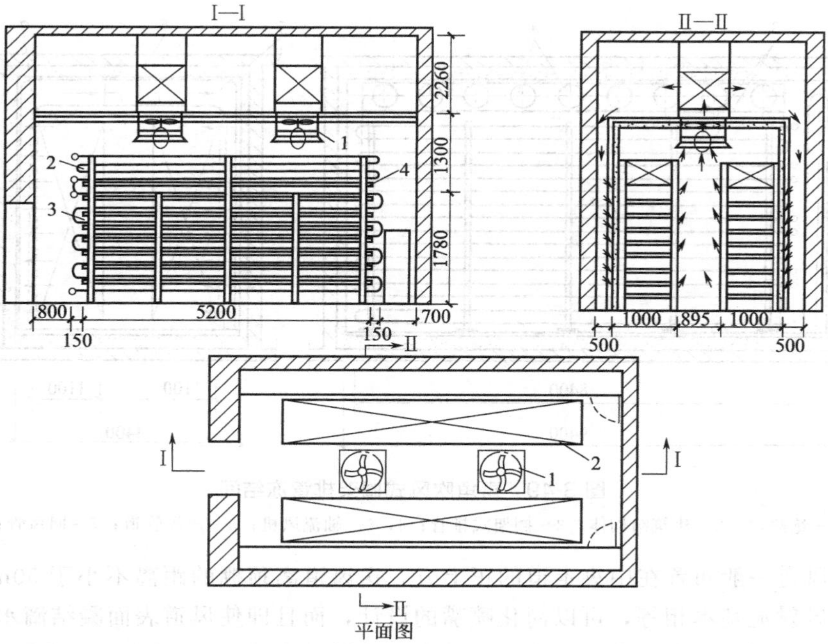

图 3-47 蝶形流吹风式搁架排管冻结间

1—轴流风机；2—顶排管；3—搁架排管；4—出风口

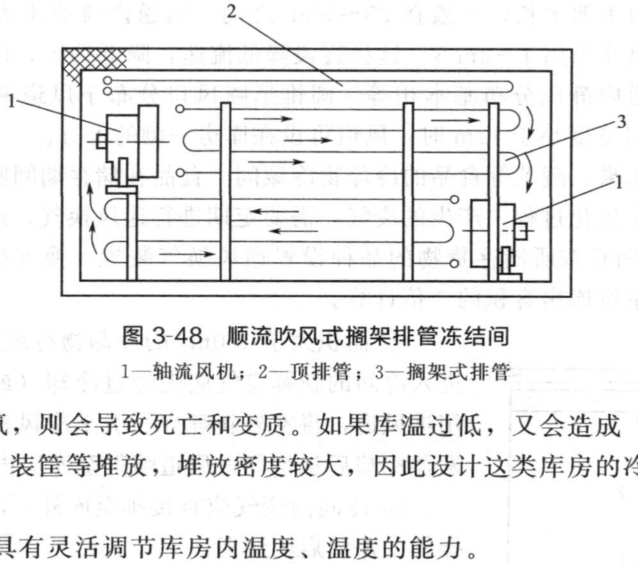

图 3-48 顺流吹风式搁架排管冻结间

1—轴流风机；2—顶排管；3—搁架式排管

呼吸作用，如果缺氧，则会导致死亡和变质。如果库温过低，又会造成“冻”害，而且食品在库房内部是装箱、装筐等堆放，堆放密度较大，因此设计这类库房的冷却设备时应注意以下几点。

① 冷却设备应具有灵活调节库房内温度、温度的能力。

② 保证库内不同位置上的货堆各部分的风速、温度和湿度的均匀。一般最大温差不大于 0.5℃，湿度差≤4%。

③ 可以调节空气成分，做到既能满足最低限度的呼吸要求，又的延长储藏期限，至少要有补充新鲜空气的设施。

3.5.3.2 冷却设备的布置

冷却物冷藏间应采用冷风机，并配置均匀送风道和喷嘴。冷却物冷藏间一般选用干式翅片管冷风机（KLL-250、KLL-350），冷风机布置在库房近门的一侧，以便于操作管理与维

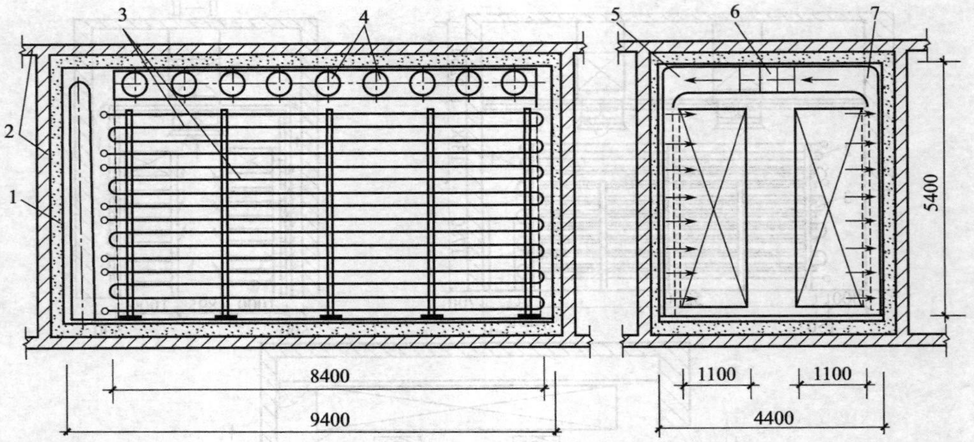

图 3-49　直角吹风式搁架排管冻结间

1—绝热层；2—建筑结构体；3—搁架式排管；4，6—轴流风机；5—送风管道；7—回风管道

修。均匀送风道一般布置在中央走道的正上方，送风道离顶棚的距离不小于 50mm，这样使风道两侧送风射流基本相等，可以简化喷嘴的设计，而且即使风道表面凝结滴水，也不至于滴到货物上；同时可以利用中央过道作回风道。其风道布置示意如图 3-34 所示。

送风道采用矩形截面，高度相等，宽度减缩，头部和尾部的宽度比为 2∶1。一般风道的截面积为 0.5～0.7m^2，而喷嘴的截面积只有 0.005m^2，远小于风道的截面积，这样能起恒压箱的作用。风道不要太长，一般在 25～30m 之间。风道内流速不大，一般首段风速采用 6～8m/s，末端风速采用 1～2m/s，这样逐段降低流速，降低动压，以弥补沿程摩擦阻力的静压，使整个风道内静压分布基本相等。圆锥形喷风口分布于风道两侧，其具体要求如图 3-35所示。当库房宽度小于 12m 时，风道可设在库房一侧的上方。

对于专为储存水果、蔬菜等食品的冷却物冷藏间，食品在储存期间吸进氧气，放出二氧化碳。为了冲淡食品生化过程中产生的废气，需要定期进行通风换气。通风换气要求如下。

① 冷却物冷藏间宜按所储存货物的品种设置通风换气装置，换气次数每日不宜少于 2 次；每昼夜的换气量按库房容积的 3 倍计算。

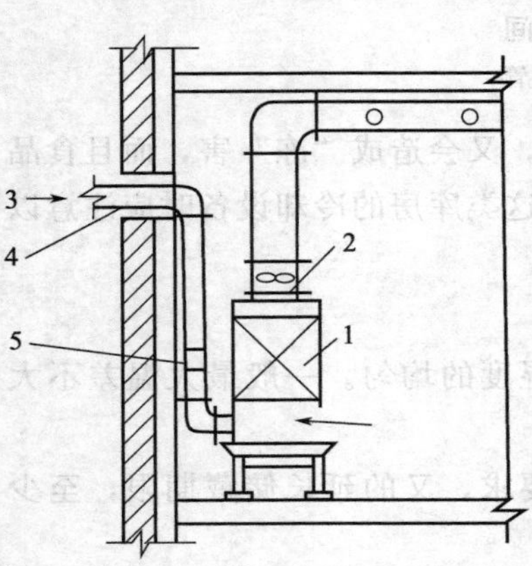

图 3-50　通风换气管的连接示意

1—冷风机；2—轴流式风机；3—新风入口；4—新风管；5—插板阀

② 面积大于 150m^2 的冷却物冷藏间宜采用机械送风，进入冷间的新鲜空气应先经过冷却（或加热）处理。可利用进风道，将室外新鲜空气引至冷风机的下部，经盘管蒸发器冷却后从均匀送风道喷射至库房内，如图 3-50 所示。

③ 冷间内废气应直接排至库外，出风口侧应设置便于操作的保温启闭装置。

④ 新鲜空气入口和废气排出口不宜同侧开设。若在同侧开设时，排出口应在进空气口的下侧，两者垂直距离不宜小于 2m，水平距离不宜小于 4m。

⑤ 冷间内的通风换气管道、通风管穿越围护结构处及其外侧 1.5～2.0m 长的管道和穿堂内排气管均需保温。排气管应坡向库外，进气管冷间内的管段应坡向冷风机，风管最低点应有放水措施。

3.5.3.3 气流组织

利用多喷口矩形均匀送风道，喷嘴风速在10～20m/s的范围内，从均匀送风道喷口出来的气流多股平行，贴着楼板，沿货堆上部空间吹至墙面，然后折向货堆，换热后从货堆间的通道、检查道和中央走道回流至冷风机口。如图3-51所示库房内温度和湿度随射流的衰变过程。

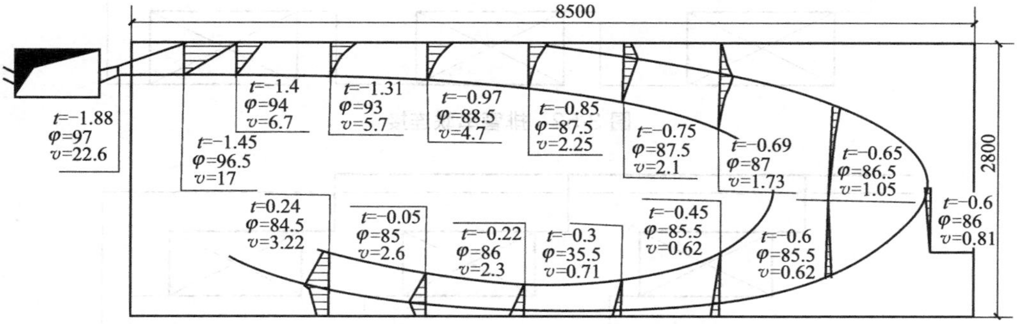

图3-51 库房内温度和湿度随射流的衰变过程

t的单位为℃；φ的单位为%；v的单位为m/s

采用这种气流方式，要求货堆与墙面间应有300～400mm间距，货堆底部必须放垫木，垫木长度方向应与气流方向一致；包装食品要错缝堆码，货堆顶部与楼板底部之间的距离要不小于300mm，主要走道的宽度也不应小于1200mm，冷风机下部四周开口，以保证气流的正常循环。

3.5.4 冻结物冷藏间设计

冻结物冷藏间用于较长时间地储存冻结食品的库房。对于冻结食品来说，冷藏温度越低，冻品质量保持最好，储藏期也越长，但同时要考虑到日常运转费用的经济性。

3.5.4.1 设计一般原则

(1) 库温根据储藏食品的种类、储藏期和用户要求等不同而异，一般不高于－18℃，对于水产品，为了更好地控制冻品在冻藏期间的氧化褐变，推荐冻藏温度在－24℃以下。

(2) 相对湿度最好维持在95%以上，以减少食品在储藏过程中的干耗。

(3) 冻结物冷藏间的冷却设备宜选用冷风机，但当食品无良好的包装时，也可采用顶排管、墙排管。

(4) 要求维持冷藏间温度的稳定，一般要求温度的波动不超过1℃。温度波动过大，不仅会增加储藏食品的干耗，而且食品内的冰晶体在储藏过程中发生的冻融循环，将导致冰晶体的长大，造成细胞的机械损伤而引起解冻后液汁流失，以及加剧蛋白质变性等影响食品的最终质量。

3.5.4.2 冷却设备的布置

(1) 冷却排管 排管包括顶排管和墙排管。有的库内同时设置顶排管和墙排管；有的库内只设置顶排管。墙排管沿着冷库的外墙表面设置，使外墙内表面有较低的温度，使透过围护结构进入库房的热量能较快地被冷却排管所吸收。墙排管的中心位置离库地面400mm，防止排管被运输工具和食品碰损。内墙表面也可布置墙排管，但必须固定牢靠。在布置多组墙排管时，更要注意供液管对各组排管的进液均匀度，避免液体短路现象。进液方法有连续式，即串联连接；有分组式，即并联连接，如图 3-52 和图 3-53 所示。通常采用泵循环供液方式时，冷却排管的进液用串联连接；采用重力供液时，用并联连接，同时应采用同程连接方式，即先进后出，以免出现液体短路使部分排管供液不足的现象。

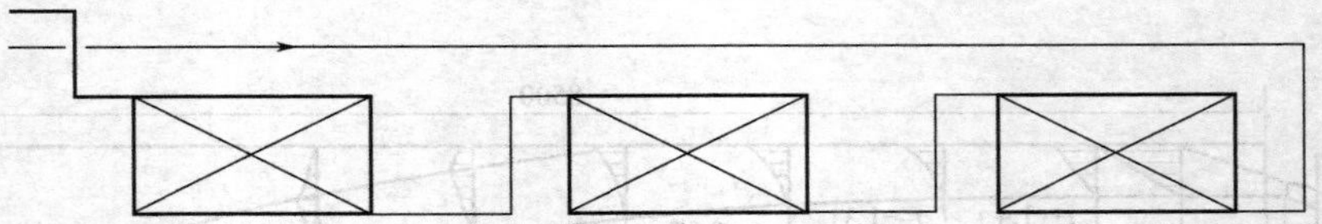

图 3-52　排管串联连接

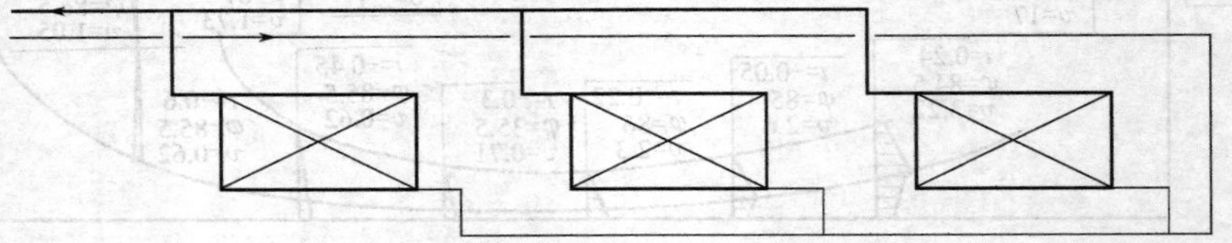

图 3-53　排管并联连接

顶排管的布置有两种形式：一种是沿着库房的顶面满布；另一种是集中布置。两种形式各有优缺点。对于多层冷库顶层库房的顶排管来说，满布式可以隔断从屋顶进入的热量，库温比较均匀。集中布置便于安装，但库内存在温度不均匀现象。

集中布置的顶管有单层和多层的，每一顶管由若干排管子通过集管而组合，液体制冷剂进入集管后分配到各排管子，因而要注意在供液不足时，容易出现液体短路和多层管的顶层液体不足而发生过热的现象。

当库房内需要同时设置顶排管和墙排管时，特别要注意供液问题。一般为顶排管和墙排管分别供液，如图 3-54 所示。当库房较小时（面积为 200～450m²），可分别供液、合用回气管；对于小型冷库，也用一根管供液、一根管回气，但必须注意满足供液均匀的问题。

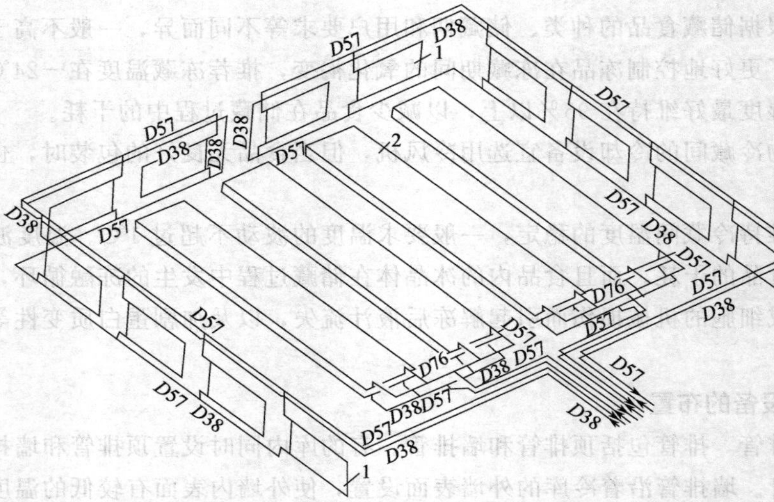

图 3-54　顶排管和墙排管连接（并联）示意

1—墙排管；2—顶排管

排管作为冷却设备其特点是：制作简便，冻品在储藏期间的干耗少，耗电少；但排管金属耗量大，制作周期长，在单层高位库内安装有困难，且库温不易均匀。

（2）冷风机　采用冷风机作为冷却设备，可节省钢材、安装简单、容易实现操作和管理的自动控制、库温比较均匀以及没有排管冲路融水污染食品等弊病。

但采用冷风机除了造价较高外，容易引起食品干耗，特别无包装食品进行长期储藏时，干耗更为明显，对于储存多脂食品，特别是含丰富不饱和脂肪酸的水产食品，更能促进脂肪氧化而降低食品质量。所以只有包装良好、少脂和短期储藏的食品才适合采用冷风机作冷却设备。

必须强调，采用冷风机时，为了减少储品的干耗和脂肪氧化应采取以下措施。

① 冻品尽量包装后储藏。

② 对无包装冻品应单件镀冰或整堆镀冰，最好在镀冰水中加抗氧化剂。

③ 控制货堆间空气流速低于 0.5m/s。

④ 增大冷风机蒸发面积，降低制冷剂蒸发温度与空气温度之间的传热温差（2～8℃），调整冷风机的出风量，使进、出冷风机的空气温差在 2～4℃之间。

3.5.4.3　气流组织

采用排管库房是利用空气的自然对流来达到库温的均匀，这里主要介绍冷风机的气流组织。采用冷风机时，货堆间的空气流速应限制在 0.5m/s 以下，冷风机出风口的结构除了保证货堆间流速外，还应满足送风均匀的要求。常用的出风口结构有两种形式：一是使出风沿冷间平顶贴附射流，与库内空气混合，经过货堆，返回冷风机下端回风口；二是利用均匀风道送风，其结构可参考高温库常用的风道。但采用风道的造价较高、安装较麻烦，其结构如图 3-55 所示。

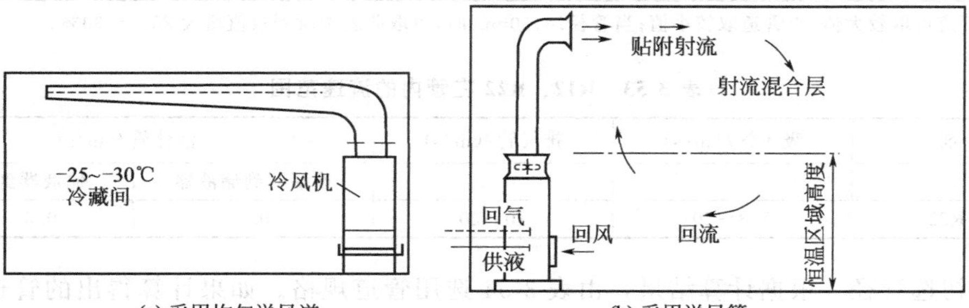

图 3-55　采用冷风机冻结物冷藏间气流组织形式

3.6 制冷系统管道设计

冷库制冷系统的管道是整个密闭系统的组成部分。它沟通制冷压缩机与设备之间的连接，使液体和气体制冷剂在系统内流动。管子要具有一定的抗拉、抗压、抗弯强度并能耐腐蚀。

3.6.1 制冷管道的管径确定

管径确定是制冷系统设计中重要的一环，管径确定得合理与否直接影响到整个系统的设计质量。管径的选择取决于管内的压力降和流速，实际上是一个初投资和运行费用的综合问题，对整个系统的安全经济运行起着相当重要的作用。管径的确定方法有以下几种。

3.6.1.1 公式计算法

公式计算法是根据制冷管道允许流速和允许压力降的大小进行计算来确定管径的方法。具体计算步骤如下。

（1）计算管道内径

$$d_n=\sqrt{\frac{4}{3600\pi}\times\frac{Gv}{\omega}}=0.0188\sqrt{\frac{Gv}{\omega}}=0.0188\sqrt{\frac{G}{\omega\rho}} \tag{3-46}$$

式中 d_n——制冷系统管道内径，m；

G——制冷剂流量，kg/h；

v——制冷剂的比体积，m^3/kg；

ρ——制冷剂的密度，kg/m^3；

ω——管道内制冷剂流速，m/s，由表3-52和表3-53确定。

表3-52 氨在管道内允许流速

管道名称	允许流速/(m/s)	管道名称	允许流速/(m/s)
吸气管	10～16	节流阀至蒸发器液体管	0.8～1.4
排气管	12～25	低压循环桶至氨泵进液管	0.4～0.5
冷凝器至储液器下液管	<0.6	溢流管	0.2
冷凝器至节流阀液体管	1.2～2.0	蒸发器至氨液分离器回气管	10～16
高压供液管	1.0～1.5	氨液分离器至液体分配站供液管(重力)	0.2～0.25
低压供液管	0.8～1.0		

注：大管道可取较大值，小管道取较小值；当管径>100mm时，可取此表中所列数值增大25%～30%。

表3-53 R12、R22在管内的流速范围

制冷剂	吸入管/(m/s)	排气管/(m/s)	液体管/(m/s)	
			冷凝器到储液器	储液器到蒸发器
R12、R22	5.8～20	10～20	0.5	0.5～1.25

（2）初选管径 根据计算结果，由表3-54选用管道规格。如果计算得出的管道内径 d_n 在表中所列规格的两种管径之间时，应按管径大的一种选用。

表3-54 常用无缝钢管规格

外径×厚度/mm×mm	内径/mm	理论质量/(kg/m)	净断面积/cm²	1m长容量/(L/m)	外圆周长/mm	1m长的外表面积/(m²/m)	1m²外表面积的管长/(m/m²)
6×1.5	3	0.166	0.071	0.0071	19	0.019	52.63
8×2.0	4	0.296	0.126	0.0126	25	0.025	40.00
10×2.0	6	0.395	0.283	0.0283	31	0.031	32.26
14×2.0	10	0.592	0.785	0.0785	44	0.044	22.75
18×2.0	14	0.789	1.540	0.1540	57	0.057	17.54
22×2.0	18	0.986	2.545	0.2545	69	0.069	14.19
25×2.0	21	1.13	3.464	0.3464	79	0.079	12.66
25×2.5	20	1.39	3.142	0.3142	79	0.079	12.66
25×3.0	19	1.63	2.835	0.2835	79	0.079	12.66

续表

外径×厚度/mm×mm	内径/mm	理论质量/(kg/m)	净断面积/cm²	1m长容量/(L/m)	外圆周长/mm	1m长的外表面积/(m²/m)	1m²外表面积的管长/(m/m²)
32×2.5	27	1.76	5.726	0.5726	101	0.101	9.90
32×3.0	26	2.15	5.309	0.5309	101	0.101	9.90
38×2.2	33.6	1.94	8.309	0.8867	119	0.119	8.40
38×2.5	33	2.19	8.553	0.8553	119	0.119	8.40
38×3.0	32	2.59	8.042	0.8042	119	0.119	8.40
38×3.5	31	2.98	7.548	0.7548	119	0.119	8.40
42×2.5	37	2.44	10.752	1.0752	132	0.132	7.55
42×3.0	36	2.89	10.179	1.0179	132	0.132	7.58
45×2.5	40	2.62	12.566	1.2566	141	0.141	7.09
48×3.0	42	3.33	13.854	1.3854	151	0.151	6.62
48×3.5	41	3.84	13.203	1.3203	151	0.151	6.62
51×3.5	44	4.10	15.205	1.5205	160	0.160	6.25
57×3.0	51	4.00	20.428	2.0428	179	0.179	5.59
57×3.5	50	4.62	19.635	1.9635	179	0.179	5.59
70×3.0	64	4.96	32.170	3.2170	220	0.220	4.55
70×3.5	63	5.74	31.172	3.1172	220	0.220	4.55
76×3.0	70	5.40	38.485	3.8485	239	0.239	4.18
76×3.5	69	6.26	37.893	3.7893	239	0.239	4.18
89×3.5	82	7.38	52.810	5.2810	280	0.280	3.57
89×4.0	81	8.38	51.530	5.1530	280	0.280	3.57
89×4.5	80	9.38	50.265	5.0265	280	0.280	3.57
108×4.0	100	10.26	78.540	7.8540	339	0.339	2.95
109×4.5	100	11.60	78.540	7.8540	339	0.339	2.95
133×4.0	125	12.73	122.718	12.2718	418	0.418	2.39
133×4.5	124	14.26	120.763	12.0763	418	0.418	2.39
159×4.5	150	17.15	176.715	17.6715	500	0.500	2.00
159×6.0	147	22.64	169.717	16.9717	500	0.500	2.00
219×6.0	207	31.52	336.535	33.6535	688	0.688	1.45
219×8.0	203	41.63	323.655	32.3655	688	0.688	1.45
273×7.0	259	45.92	526.853	52.6853	858	0.858	1.17
273×8.0	257	52.28	518.748	51.8748	858	0.858	1.17
325×8.0	3039	62.54	749.906	74.9906	1021	1.021	0.98
325×10.0	305	77.68	730.617	73.0617	1021	1.021	0.98
377×9.0	359	81.68	1012.229	101.2229	1184	1.184	0.84
377×12.0	353	108.2	978.677	97.8677	1184	1.184	0.84
426×10.0	406	102.59	1294.619	129.4619	1338	1.338	0.75
426×12.0	402	122.52	1269.235	126.9235	1338	1.338	0.75

(3) 计算压力降　管径初步选定后，根据式(3-47)计算管道压力损失 $\sum\Delta p$（即管道的沿程阻力损失和局部阻力损失之和）。如果计算结果小于制冷管道允许压力降值，则认为管径符合要求；如果计算结果大于表中所列允许压力降值，或计算结果和表中所允许的压力降值相差悬殊，则需对管径进行重新计算，直至符合要求。

$$\Delta p=\lambda\left(\frac{l}{d_n}+\sum A\right)\frac{\rho\omega^2}{2} \tag{3-47}$$

式中 λ——摩擦阻力系数，见表 3-55；

l——直管长度，m；

A——管件当量长度折算系数，见表 3-56；

Δp——管道总压力损失，Pa。

表 3-55 摩擦阻力系数

干饱和蒸汽和过热蒸汽	0.025	制冷剂液体	0.035
湿蒸汽	0.033	水和盐水	0.040

表 3-56 管件当量长度折算系数

阀门与管件	系数 A	阀门与管件	系数 A
角阀(全开)	170	焊接 90°弯头(三段组成)	20
闸阀(全开)	8	焊接 90°弯头(四段组成)	15
单向阀(全开)	80	三通干管	60
球形阀(全开)	340	三通支管	90
截止阀(全开)	300	管径扩大 $d/D=1/4$	30
丝扣 45°弯头	14	管径扩大 $d/D=1/2$	20
丝扣 90°弯头(两段组成)	30	管径扩大 $d/D=3/4$	17
焊接 45°弯头(两段组成)	15	管径缩小 $d/D=1/4$	15
焊接 60°弯头(两段组成)	30	管径缩小 $d/D=1/2$	11
焊接 90°弯头(两段组成)	60	管径缩小 $d/D=3/4$	7

【例 3-3】 某氨冷库－15℃蒸发系统，低压循环桶至压缩机的回气管负荷 $Q=320\text{kW}$，冷凝温度为 35℃；直管长 40m，有 90°弯头 4 只；氨截止阀 3 个，试确定该回气管管径。

解：（1）计算管径 根据氨的热力性质表，可得单位质量制冷量为 $q_0=1743.51-662.67=1080.84$（kJ/kg），－15℃时饱和氨气的比容为 $v''=0.508\text{m}^3/\text{kg}$。根据表 3-52，低压循环储液器至压缩机回气管道允许的流速，取 $\omega=16\text{m/s}$。代入式(3-46)，得：

$$d_n=0.03568\sqrt{\frac{Q_0v''}{\omega q_0}}=0.03568\times\sqrt{\frac{320000\times0.508}{16\times1080.84}}=0.109(\text{m})$$

（2）初选管径 查表 3-54，确定无缝钢管 $D133\text{mm}\times4.5\text{mm}$ 为所用管道，$d_n=125\text{mm}$。

（3）计算压力降 $\sum\Delta p$ 查表 3-55 得 $\lambda=0.025$，气体的密度 $\rho=1/v=1/0.508=1.97$ （kg/m^3）。代入式(3-47)，得：

$$\sum\Delta p=\lambda\left(\frac{l}{d_n}+\sum A\right)\frac{\rho\omega^2}{2}=0.025\times\left[\frac{40}{0.125}+(300\times3+32\times4)\right]$$

$$\times\frac{1.97\times16^2}{2}\approx8.50\text{kPa}<9.91\text{kPa}$$

所以该管径选择合理。

3.6.1.2 图表法

公式计算法较精确，但计算繁琐。为了简化设计，在实际管径计算中，经常通过查图或查表的方法来确定管径，简单方便。下面介绍图表计算法。

（1）氟管径

① 回气管管径　回气管由水平管段、立管段组成。回气管中压降大，将使吸气压力降低，吸入气体比容增大，导致输气系数下降，直接影响到制冷能力。所以，一般把该管段中的压降控制在相当于饱和蒸发温度降低1℃，其对应压差值见表3-57。如图3-56所示是根据该条件绘制的R22回气管道计算图，根据制冷能力、管路当量长度、蒸发温度，即可查得回气管最小内径。

表3-57　回气管道产生相当于饱和蒸发温度降低1℃时的压力降　　单位：kPa

制冷剂	蒸发温度/℃									
	10	5	0	−5	−10	−15	−20	−25	−30	−40
R12	12.748	11.375	10.002	8.727	7.845	6.668	5.884	5.001	4.413	2.942
R22	20.593	17.651	16.670	14.219	12.748	10.787	9.806	7.845	6.864	4.903

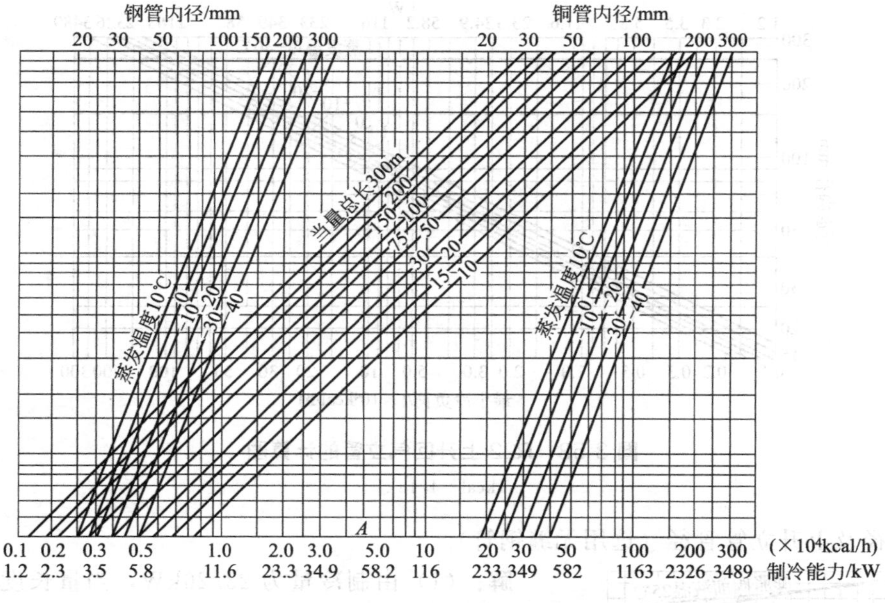

图3-56　R22回气管道计算图

1kcal＝4.18kJ

对于上升回气立管，确定管径时还应考虑带油速度问题。因此，上升立管中必须保持一定的流速，借以带油前进。为了做到既能带油上升又不致使阻力过大，管内流速一般取其满足带油的最小值，称为“最小带油速度”。只要管内流速大于或等于最小带油速度，气体就能带油上升。R22上升吸气、排气管管径与最小带油速度如图3-57所示。据资料介绍，美国上升回气立管中制冷剂流速不低于5m/s，前苏联则定为8m/s，可供参考。

为了使用方便，可根据上升立管的最小带油速度，按节流阀前液体温度为40℃的条件，换算成上升立管的最小制冷量来确定该立管的最大管内径。如图3-58所示为R22上升回气立管的计算图。对于节流阀前不同的温度，则可用图3-59进行调整。

【例3-4】　某R22制冷系统，蒸发温度为−15℃，节流阀前液温为25℃，设计负荷为23.26kW，所配机器具有50%、100%两级能量调节。若回气管当量长度为100m，试选择

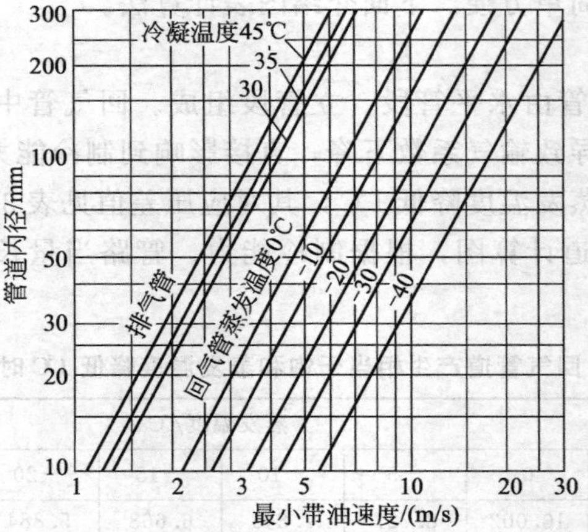

图 3-57　R22 上升吸气、排气管管径与最小带油速度

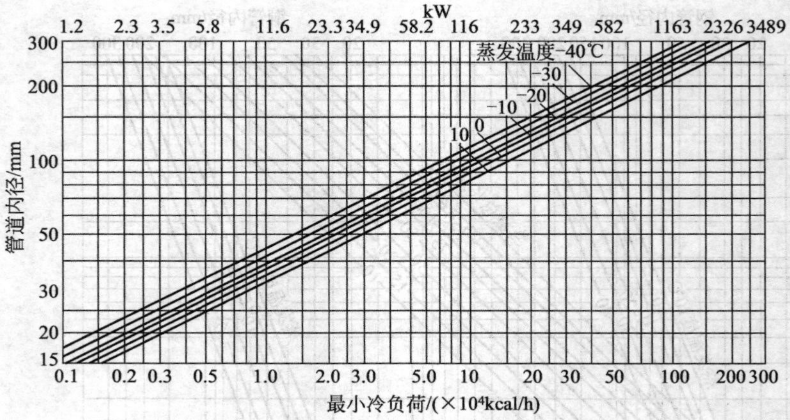

图 3-58　R22 上升回气立管的计算图

1kcal＝4.18kJ

回气管管径及上升立管管径（选用无缝钢管）。

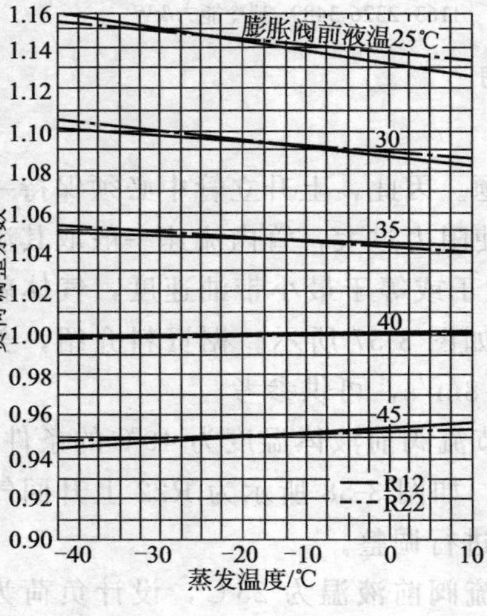

图 3-59　制冷量调整系数

解：（1）由制冷量为 23.26kW，当量长度为 100m，蒸发温度为−15℃，查图 3-56 得回气管径 $d_n = 70$mm，查表 3-54，可选 D76mm×3mm 无缝钢管。

（2）由制冷量、50%卸载，可得最小制冷量 Q_{min}＝23.26×50%＝11.63（kW），查图 3-59 得调整系数为 1.145，换算后得 11.63÷1.145＝10.16（kW），由图 3-58 查得上升立管最大管径 d_n＝35mm，查表 3-54，可选 D38mm×2.5mm 无缝钢管。

由上例可知，按保证阻力损失对蒸发温度的影响不超过 1℃选管径，回气管段应选 D76mm 管，但为了上升立管内保证必要的带油速度，需将上升立管选为 D38mm 无缝钢管。这样，总阻力损失将超过原允许值。这时，可通过适当放大水平、下降管段管径的方法加以解决。

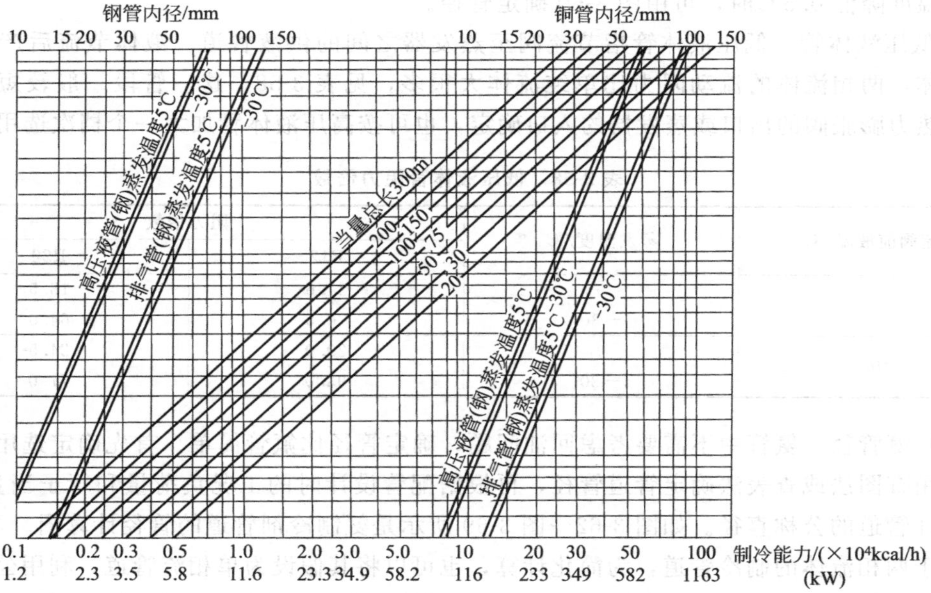

图 3-60 R22 排气、高压液体管计算图

若上升立管较短，管径变化不大时，也可不改变水平、下降管径，使总阻力损失稍大于允许值。

② 排气管管径 排气管中的压降对制冷量的影响较小，对压缩机功耗的影响较大。对于工厂配置好的压缩冷凝机组，排气管的压力降不影响制冷机的正常工作。但对配置冷凝器的制冷机的排气管，必须选择合适的排气管尺寸。一般情况下，把排气管中的压降控制在相当于饱和蒸发温度降低 0.5℃，即冷凝温度为 40℃时，R22 的允许压力降为 0.0189MPa。当冷凝温度在 35～40℃时，可利用图 3-60 确定排气管径。

对于上升排气立管，也要有一定的带油速度，其最小带油速度如图 3-57 所示。需要说明的是，上升排气立管仅指不设油分离器时压缩机至冷凝器之间的管段和设油分离器时压缩机至油分离器之间的排气管上的上升立管。对于油分离器至冷凝器之间的上升立管不必考虑带油问题，以简化设计。

③ 液体管管径 液体管分三段，具体如下。

a. 下液管 下液管指冷凝器至储液器的泄液管。下液管应该通畅，以保证冷凝液及时流入储液器，以免积存在冷凝器内使冷凝面积减少。同时，储液器内气体也可通过它进入冷凝器。下液管管径可由图 3-61 确定。图中曲线是按液温 40℃和蒸发温度－20℃计算的，对其他温度也可近似采用。如冷凝器、储液器之间设均压管，则图中管道制冷量可提高 50%。

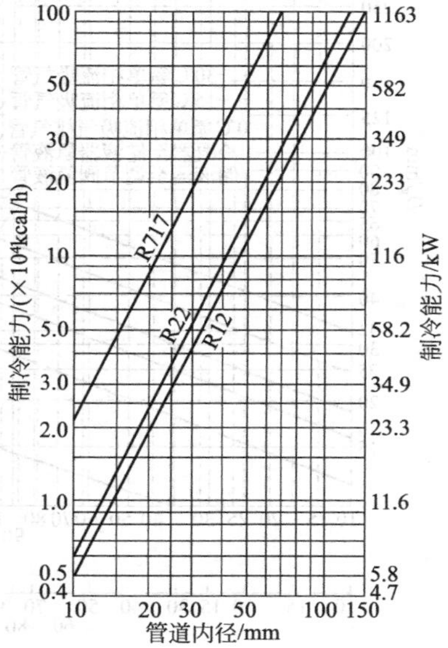

图 3-61 下液管计算图

b. 高压液体管 储液器至节流阀的液体管段也称高压液体管。该管段除摩擦阻力、局部阻力外，尚应包括由液位差引起的压降。把这段管道中的压降控制在相当于饱

和蒸发温度降低 0.5℃时，可由图 3-60 确定管径。

c. 低压液体管　低压液体管指节流阀至蒸发器之间的供液管道。液体节流后产生部分闪发气体，两相流体的流动阻力比单纯流体大很多，见表 3-58。这一管段一般较短，管径可参照热力膨胀阀的出口或蒸发器的入口确定，也可按高压液体管加大一个档次选用。

表 3-58　低压液体管阻力倍数

节流阀前液温/℃	蒸发温度/℃	阻力倍数	
		R12	R22
30	0	21.6	18.5
	−30	76.5	64.0
40	0	29.0	24.5
	−30	93.0	77.0

（2）氨管径　氨管中不需要考虑回油问题，确定管径比氟管简单。首先确定选用的计算图表，用查图法或查表法确定管道管径，再根据配管设计时的工况负荷量和管子当量长度，确定设计管道的公称直径。如图 3-62～图 3-69 所示是氨制冷剂管道的管径计算图。

对于两相流体的制冷管道，为简化计算，也可以将其假设为单相流管道，利用公式进行计算，将计算结果加大 1～2 号管径，即可满足计算要求，或利用相应的图表计算。

3.6.2 系统管道的布置

3.6.2.1 氨管道的布置

（1）氨管道的布置要求

① 管道的坡度　为了使整个制冷系统能安全、稳定、有效地工作，对制冷系统的各种管道还有一定的坡度和坡向要求，坡度的建立靠管架进行调整，具体的坡度及坡向要求见表 3-59。

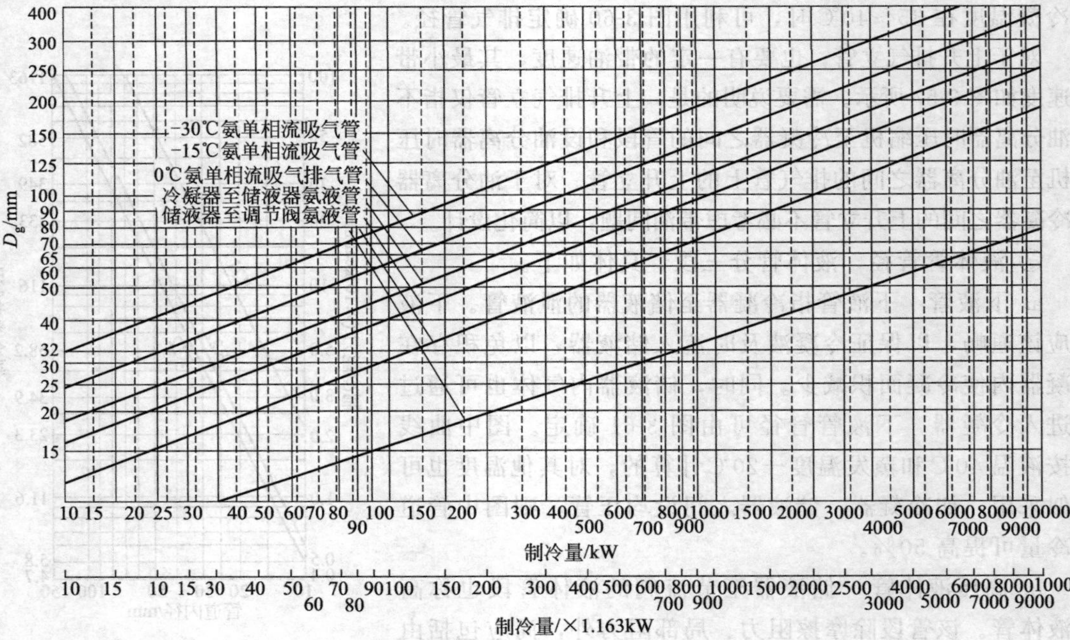

图 3-62　管长小于 30m 的氨吸气管的管径计算图

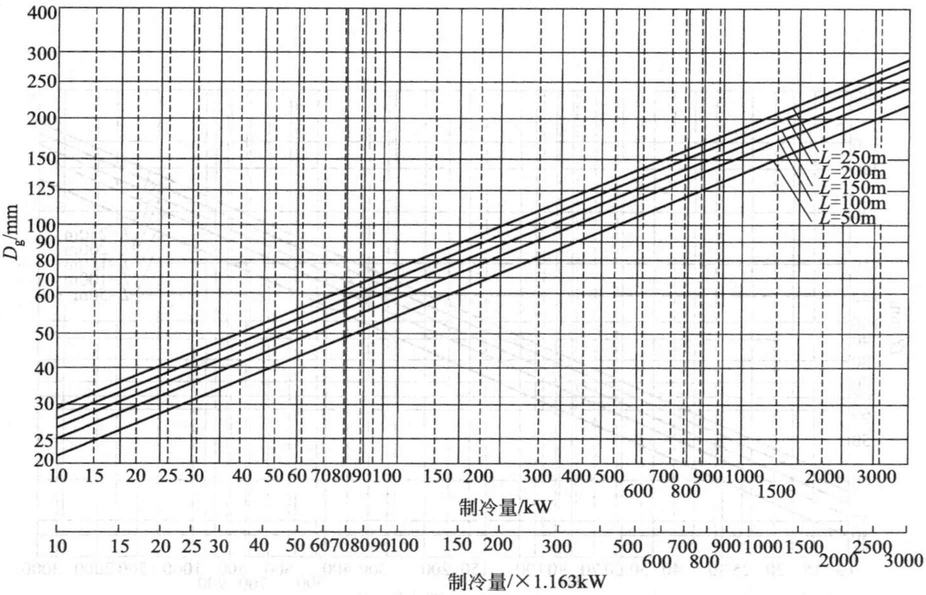

图 3-63　蒸发温度为-15℃的氨单相流吸气管的管径计算图

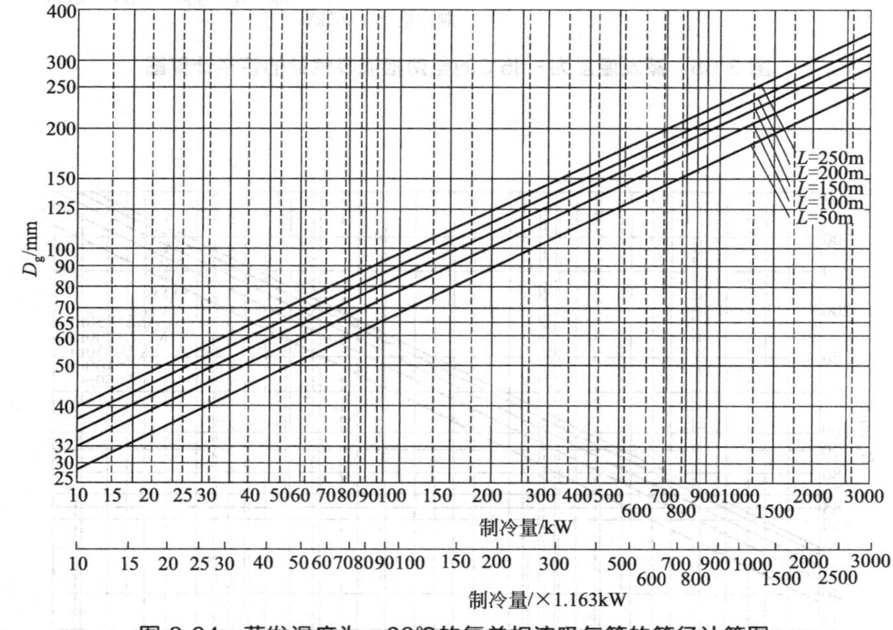

图 3-64　蒸发温度为-28℃的氨单相流吸气管的管径计算图

表 3-59　氨制冷系统管道坡度及坡向要求

管道名称	坡度方向	参考值/%
压缩机至油分离器的排气管	坡向油分离器	0.3～0.5
与安装在室外冷凝器相连接的排气管	坡向冷凝器	0.3～0.5
冷凝器至储液器的出液管	坡向储液器	0.1～0.5
氨压缩机吸气管	坡向分离设备	0.1～0.3
液体分调节站至蒸发器的供液管	坡向蒸发器	0.1～0.3
蒸发器至气体分调节站的回气管	坡向蒸发器	0.1～0.3

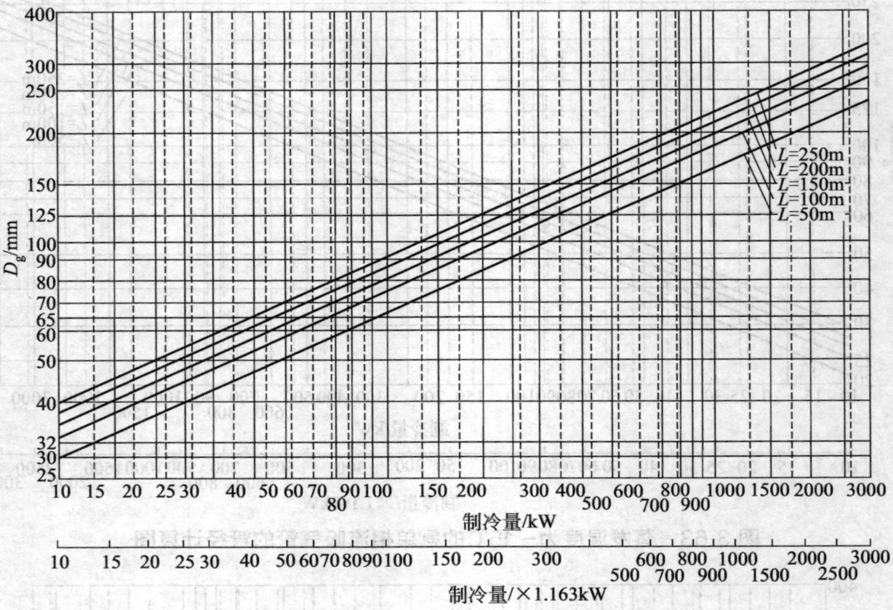

图 3-65 蒸发温度为－15℃的氨两相流吸气管的管径计算图

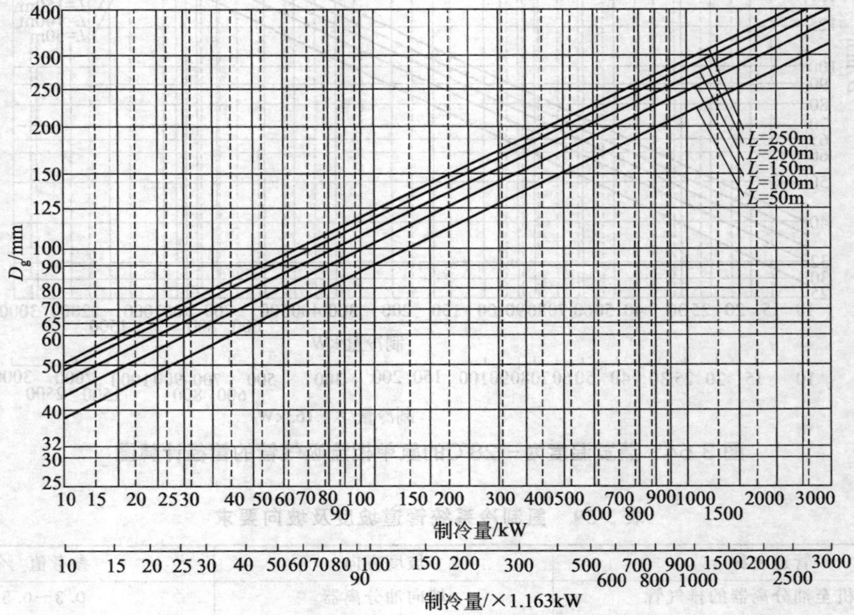

图 3-66 蒸发温度为－33℃的氨两相流吸气管的管径计算图

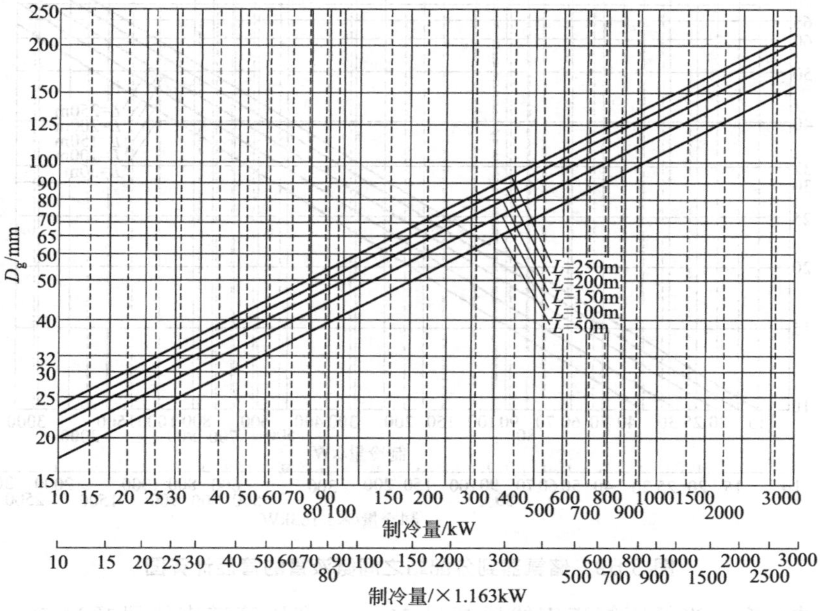

图 3-67 氨排气管的管径计算图

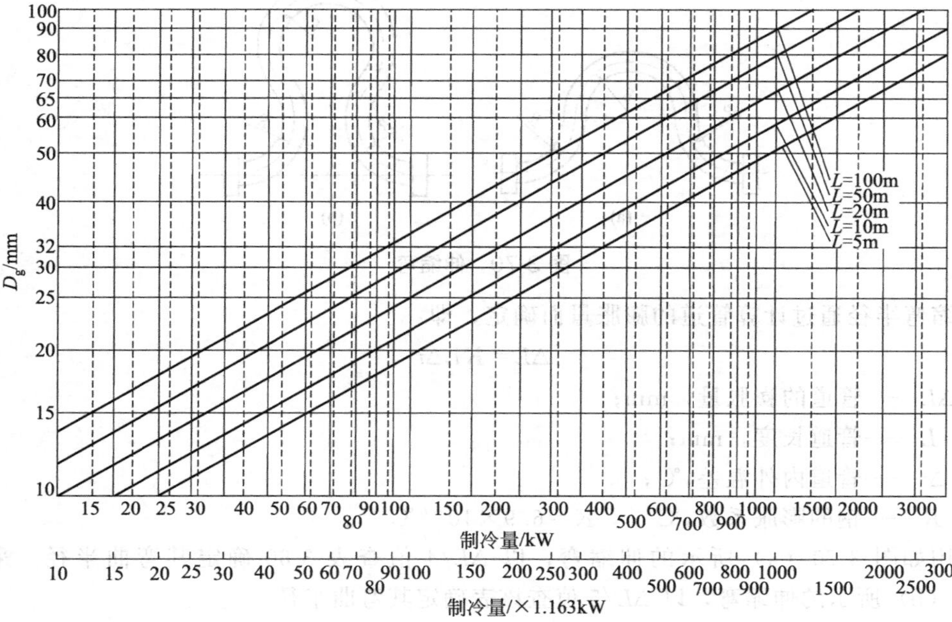

图 3-68 冷凝器到储氨器之间氨液管的管径计算图

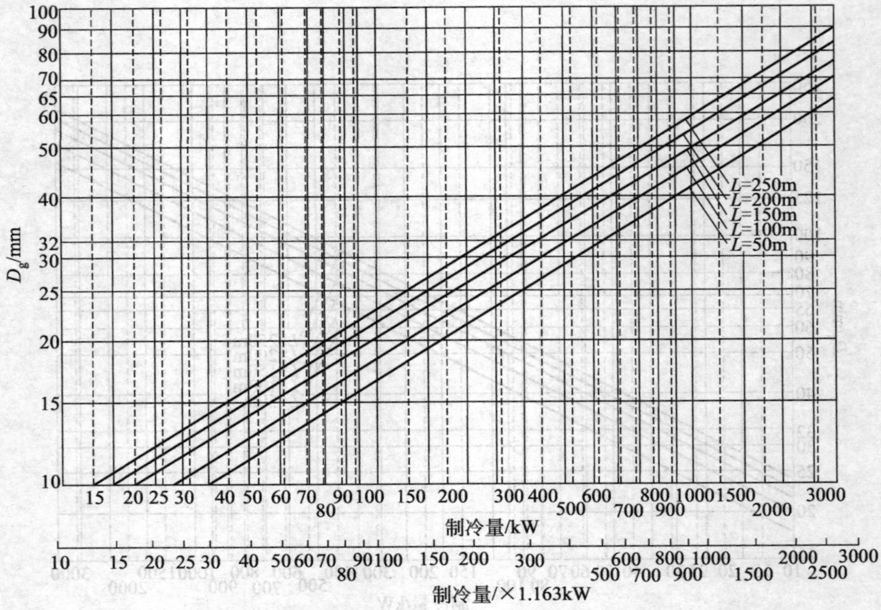

图 3-69 储氨器到分配站之间氨液管的管径计算图

② 管道伸缩弯 当低压管道直线段超过 100m、高压管道直线段超过 50m 时，由于伸缩量较大，应设置伸缩弯，如图 3-70 所示，以防止产生热应力而破坏管道。并在管道的适当位置设置导向支架和滑动支、吊架，使管道仅能沿设定的方向自由移动。

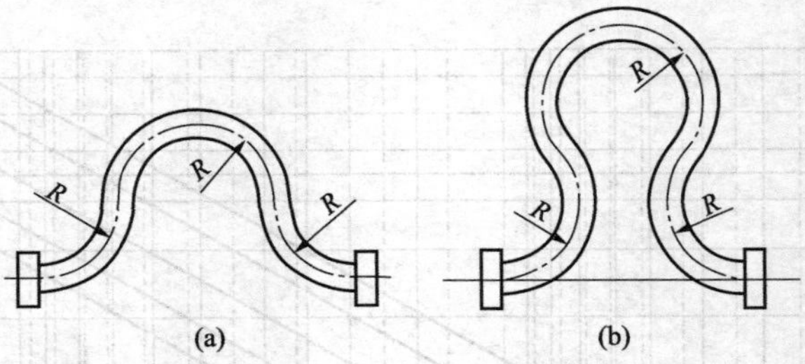

图 3-70 伸缩弯

伸缩弯半径通过计算管道的膨胀量而确定，即：

$$\Delta L = KL\Delta t \tag{3-48}$$

式中 ΔL——管道的膨胀量，mm；

L——管道长度，mm；

Δt——管道内外温差，℃；

K——钢的膨胀系数，℃$^{-1}$，$K=6.9\times10^{-6}$℃$^{-1}$。

采用如图 3-70（a）所示的伸缩弯，以 $\Delta L/4$ 值查表 3-60 确定其弯曲半径。采用如图 3-70（b）所示的伸缩弯，以 $\Delta L/5$ 值查该表确定其弯曲半径。

③ 管道加固 制冷系统管道，特别是压缩机吸、排气管道，因为气流脉动等因素产生振动，为防止管道开裂泄漏，必须用支架固定。制冷工程中常用半固定支架，如图 3-71 所示［图中（a）和（b）是随墙安装管道常用的管架结构形式；图（c）和（d）是吊顶管架结构形式］。

表 3-60 每个 90°弯头的允许膨胀量

管径/mm	弯头半径/mm											
	300	380	510	760	1015	1270	1525	1780	2030	2280	2540	2800
	允许膨胀量/mm											
25	6	9	19	44	80							
50	3	6	13	25	44	71	98	137				
64		6	9	22	38	57	83	114	146			
76		3	9	16	29	48	67	92	121	152		
90			6	16	25	41	60	79	105	133		
100			6	13	25	38	50	73	95	121	146	
113				13	22	35	48	64	86	108	133	
125				9	19	29	41	57	76	95	117	143
150				9	16	25	35	49	64	79	98	121
200					13	19	25	38	48	64	76	92
250						16	22	29	38	50	60	73
300							19	25	33	41	60	64

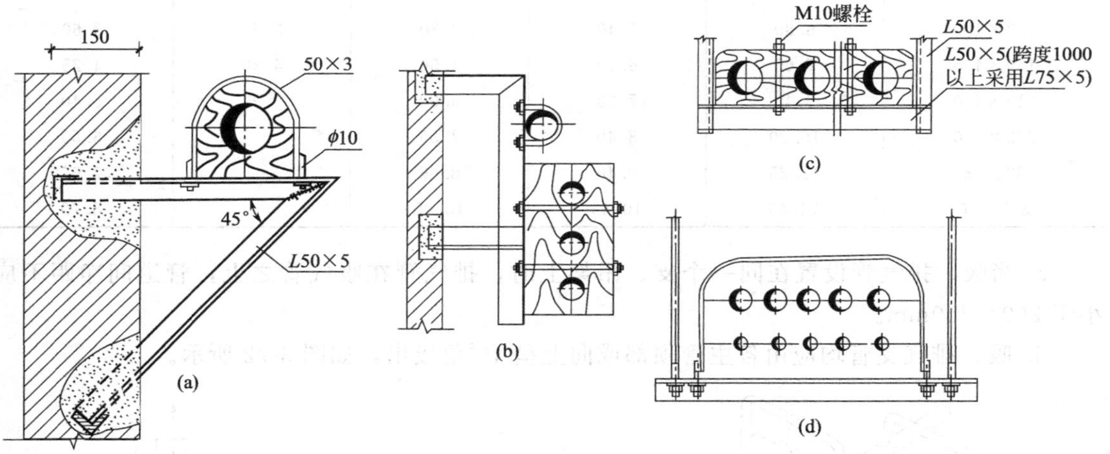

图 3-71 管架的结构形式示意

管道支点距离的确定取决于管道布置形式和管道的受力情况。在一般的制冷设计中，通常采用简便的查表法，根据使用的管径和管道种类状况，在表 3-61 中查出各种管道支（吊）点的最大间距。管架的正常间距为最大间距的 0.8 倍。若管道拐弯处或管道上有阀门等附件时，应于管道一侧或两侧要增设加固点，同时要求支（吊）点离弯头的距离不宜大于 600mm，并尽可能将增设的支（吊）点设在较长的管道上。制冷压缩机排气管道支架的间距，当管径大于 108mm 时，可采用 3m；当管径小于 108mm 时，采用 2m，排气管在拐弯处必须设一个支架。

(2) 氨管道的布置

① 制冷压缩机吸气、排气管道

a. 管道一般采用架空敷设。为防止振动，应设置一定数量的固定支架或坚固的吊架。

b. 吸气管应有不小于 0.003 的坡度且坡向蒸发器；排气管应有不小于 0.01 的坡度且坡向油分离器或冷凝器。

表 3-61 管道支（吊）点最大间距

外径×管壁厚 /mm×mm	管道吊点最大间距/m				
	气体管 不带隔热层	氨液管 不带隔热层	气体管 带隔热层	氨液管 带隔热层	盐水管 带隔热层
YB231-70 冷拔(冷扎)无缝钢管 10# 或 20# 优质碳素钢					
10×2.0	—	1.05	—	0.27	—
14×2.0	—	1.35	—	0.45	—
18×2.0	—	1.55	—	0.60	—
22×2.0	1.95	1.85	0.75	0.76	0.76
32×2.2	2.60	2.35	1.02	1.02	1.02
38×2.2	2.85	2.50	1.20	1.16	1.16
45×2.0	3.25	2.80	1.42	1.40	1.40
YB231-70 热扎无缝钢管 10# 或 20# 优质碳素钢					
57×3.5	3.80	3.33	1.92	1.90	1.90
76×3.5	4.60	3.94	2.60	2.42	2.42
89×3.5	5.15	4.32	2.75	2.60	2.60
108×4.0	5.75	4.75	3.10	3.00	2.95
133×4.0	6.80	5.40	3.80	3.65	3.60
159×4.5	7.65	6.10	4.56	4.30	4.25
219×6.0	9.40	7.38	5.90	—	5.40
273×7.0	10.90	8.40	7.35	—	6.55
325×8	12.25	9.40	8.66	—	7.55
377×10	13.40	10.40	10.00	—	8.70

c. 当吸、排气管设置在同一个支、吊架上时，排气管在吸气管之上，管道间净距不应小于 200～250mm。

d. 吸、排气支管均应由各主管顶部或向上呈 45°角接出，如图 3-72 所示。

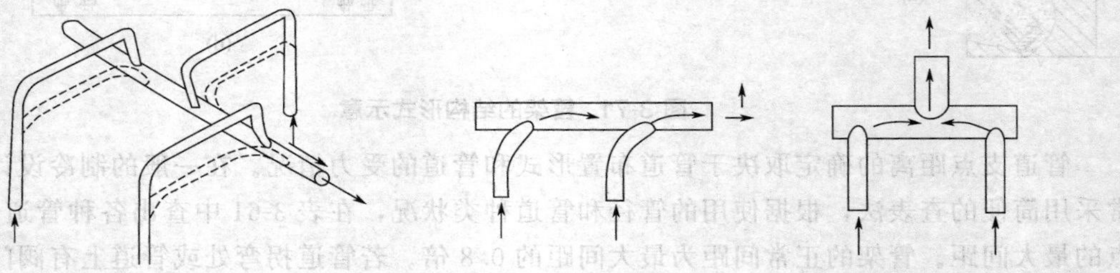

(a) 正确　　(b) 不正确　　(c) 不正确

图 3-72 支管与主管的连接方式

e. 在配置多台压缩机排气管道时，应将支管错开接至排气主管，并考虑管道的伸缩余地，如图 3-73 所示。

② 冷凝器至储液器间的管道

a. 卧式冷凝器出液管的阀门至少应低于出液口 300mm；立式冷凝器出液管与储液器进液阀之间最小高差为 300mm；蒸发式冷凝器与壳管式冷凝器并联时，冷凝器排液口至少应高于壳管式冷凝器排液口 1500mm。

b. 液体管道应有不小于 0.02 的坡度且坡向储液器。

（3）管道安装的注意事项

① 在同一标高上管道不应有平面交叉，以免形成气囊和液囊（图 3-74），在绕过建筑物的梁时，也不允许形成上下弯。

② 各种管道在支架、吊架上的排列应先安排低压管道，再安排高压管道；先安排大口径管道，再安排小口径管道；先安排主要管道，再安排次要管道；在管道重叠布置时，应该高温管道在低温管道上。低温管道在支架上固定，要加经过防腐处理的垫木，不应与型钢制作的支吊架直接接触。

③ 穿过冷库建筑围护结构时，管道应尽量合并穿墙孔洞。

④ 库房内的管道应在梁板上，不应在内衬墙上设吊架，所有吊点都应在土建施工时预埋。

⑤ 高压排气管应固定牢靠，不得有震动现象，当其穿过砖墙时应设置套管，管道与套管之间留有 10mm 左右的空隙，并用石棉灰填实，以防震坏砖墙。

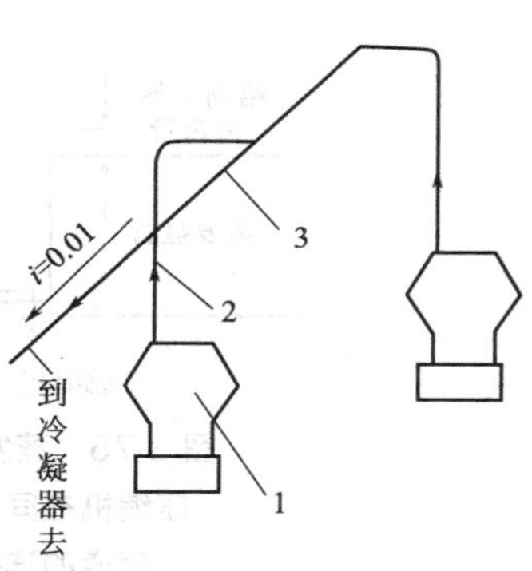

图 3-73　多台压缩机的排气管道连接方式

1—制冷压缩机；2—排气支管；3—排气主管

⑥ 保温管路排列在上，不保温管路排列在下，管道之间距离不得小于 300mm，管道之间以及管道与墙壁之间的距离应视管径大小及所在位置酌情确定。

⑦ 小口径管路应尽量支撑在大口径管路上方或吊挂在大口径管路下面，大口径管路靠墙安装，小口径管路排列在外面。

⑧ 当支管从主管的上侧引出时，在支管上靠近主管处安装阀门时，应安装在分支管的水平管段处。从液体主管接出支管时，支管应在主管的底部接出。从吸气主管接出支管时应从主气管上面接出，并且支气管中心线与主气流方向成 45°角。开三通时应做顺流三通，以保证气、液顺流。

⑨ 管路上安装仪表用的多控测点（如测温点、测压点）和流量孔板等应在管路安装时一起做好，这样可以避免管路固定后再开孔焊接，致使铁屑、溶渣落入管内。

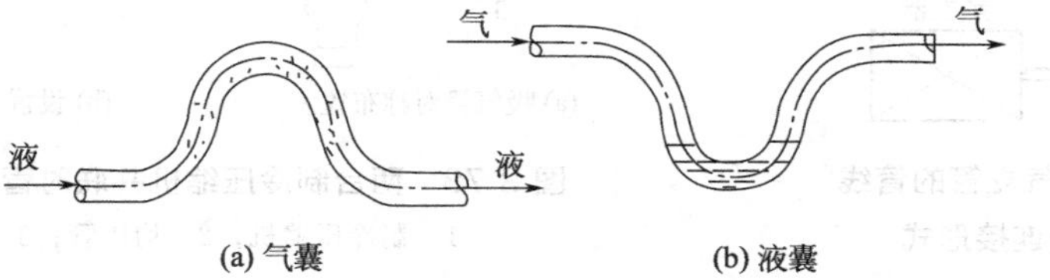

图 3-74　管道上的气囊和液囊

3.6.2.2　氟管道的布置

氟里昂制冷系统管道设计与氨系统基本相同，但由于氟里昂与润滑油是相溶的，所以其系统管道布置及安装除了应该考虑管道与设备之间、管道与管道之间要保持合理位置关系外，还要保证制冷剂在系统中顺利地循环流动，并处理好回油和制冷机之间的均油等问题。

（1）吸气管道　吸气管的布置应使压缩机在停机、运行或启动期间，防止液体制冷剂进入制冷压缩机；同时，也应保证系统中润滑油及时地返回压缩机又不会造成管道中过大的压力降。

① 为使润滑油能顺利地返回压缩机曲轴箱内，蒸发器的出口应设存油弯；吸气管的水平管段应有不小于 2/100 的坡度坡向压缩机。

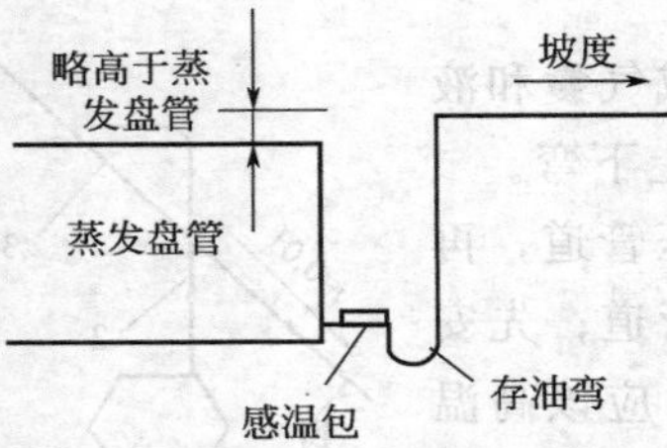

图 3-75 蒸发器和制冷压缩机在同一标高时管道的连接形式

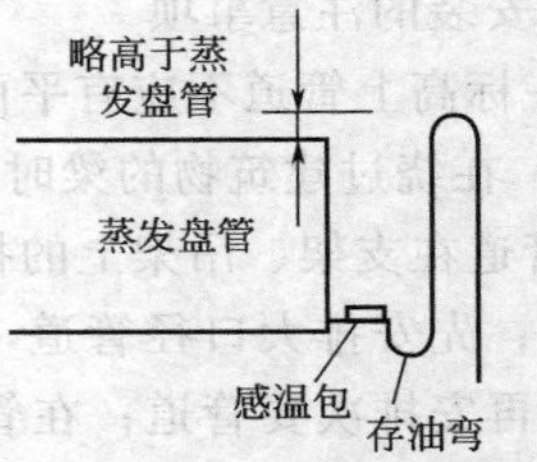

图 3-76 蒸发器位于制冷压缩机上方时管道的连接形式

② 蒸发器和制冷压缩机在同一标高时管道的连接形式如图 3-75 所示。

③ 蒸发器位于制冷压缩机上方时管道的连接形式如图 3-76 所示。

④ 上升吸气立管的管线较长时管道的连接形式如图 3-77 所示。

⑤ 制冷系统中采用两台制冷压缩机并联连接时，吸气管道应对称布置，或者在直联接管处，设“U”形存油弯，连接形式如图 3-78 所示。当一台制冷压缩机停止运行时，用以防止另一台制冷压缩机的油流进停止运行的制冷压缩机的吸气管道入口处。此外，曲轴箱油面上部与油面下部均应装设平衡管（均压管与均油管），且平衡管上应装设阀门。

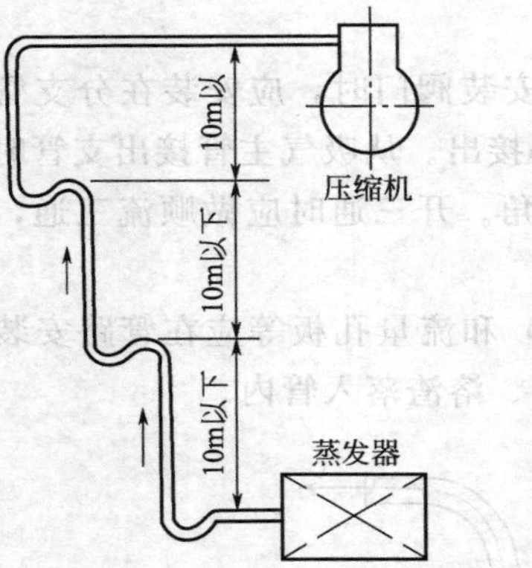

图 3-77 上升吸气立管的管线较长时管道的连接形式

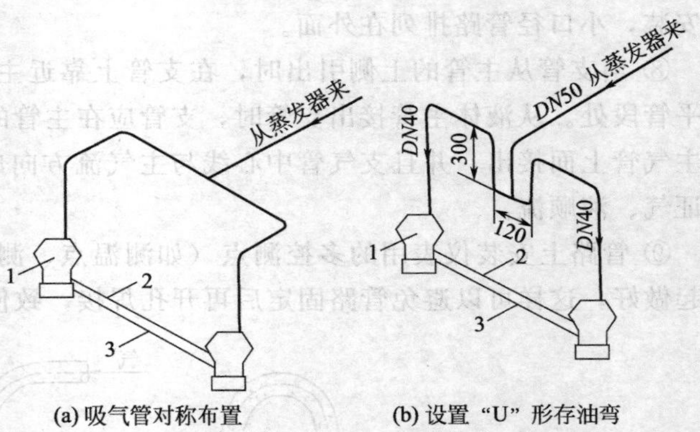

图 3-78 两台制冷压缩机并联时管道的连接形式

1—制冷压缩机；2—均压管；3—均油管

⑥ 制冷系统中有 3 台以上制冷压缩机并联连接时，应设置集管使气体能顺利流入其中。为使润滑油能有效流经吸气管道，并均匀地返回各台制冷机，集管应尽可能短些，同时各吸气支管应插到集管的底部，并使各吸气支管的端部有的 45°斜口，如图 3-79 所示。

⑦ 当制冷系统中满负荷与最低负荷相差较大时，可设上升双吸气立管，底部设存油弯，立管上部应高于上部水平管，如图 3-80 所示为两种连接形式。工作原理是：a. 双立管中 A 管为细管，按最低负荷选管径，A 管和 B 管的截面积之和应能满足全负荷时的要求，压力降既不可过大，并又能使回油速度处于规定范围之内。按此原则决定 B 管直径；b. 低负荷工作时，开始是双管都工作，但因流速低，不能把油带走，油流入存油弯内，并形成油束堵住 B 管，只有 A 管工作，管内流速增高，使低负荷回油得到保证；c. 当转入全负荷工作时，开始是由于只有 A 管工作流速很高，接着 B 管也逐渐有气体流过把存油弯的油带走，使 B 管通畅，以致 A 管和 B 管同时投入工作，存油弯的设计不可过大，如存油太多则会影响曲

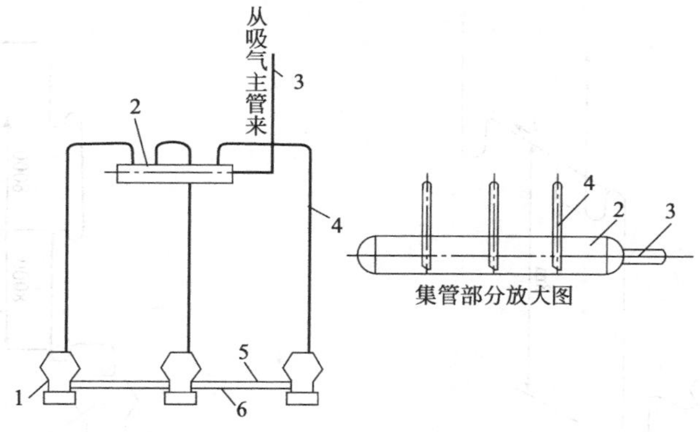

图 3-79 多台制冷压缩机并联时吸气管道的连接形式

1—制冷压缩机；2—集管；3—吸气总管；4—吸气支管；5—均压管；6—均油管

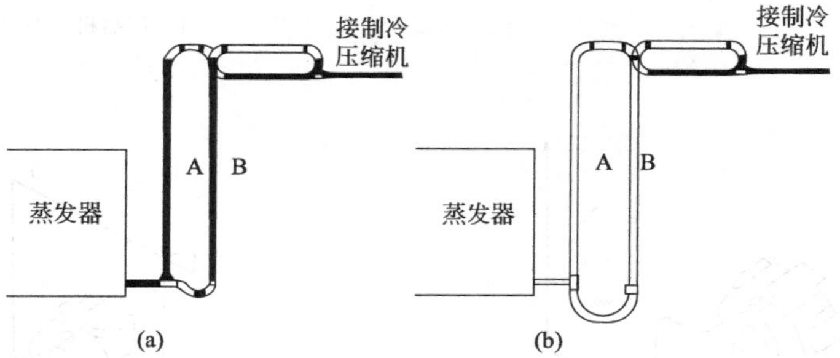

图 3-80 上升双吸气立管的两种连接形式

轴箱的油量，也会使消除存油的时间太长和瞬时回油太多，这些是很不利的；d. 为防止低负荷工作时内 A 管上升的油又滑入 B 管内，故在两立管与水平管连接处都做一个向上的弯头。

（2）排气管道 在制冷压缩机排气管道安装时，应按下列要求进行。

① 制冷系统排气管的水平管段应有不小 1/100 的坡度坡向冷凝器，防止润滑油返回制冷压缩机的顶部。

② 制冷系统的直立排气管在管长超过 2.5～3m 时，为防止管内壁的润滑油进入制冷压缩机顶部，应在排气管上设如图 3-81 所示的存油弯。

如直排气立管较长，除在靠近制冷压缩机处设一个存油弯外，每隔 8m 再设一个存油弯，以保证存留混合液体的容量。设有油分离器的排气管，可不设存油弯，系统停车后，排气立管的润滑油可流入油分离器内，如图 3-82 所示。

③ 两台或多台制冷压缩机并联时，其排气立管应按如图 3-83 所示的方式连接。防止运转中的制冷压缩机排出的润滑油流入停用的制冷压缩机中。

④ 排气总管在制冷压缩机上方时，制冷压缩机的排气管应从上面接入总管。防止排气总管中的润滑油倒流入停用的制冷压缩机中，其连接如图 3-84 所示。

（3）冷凝器至储液器的液体管道 冷凝器至储液器的液体是靠液体重力流入的。为保证从冷凝器排出液体时顺畅，冷凝器与储液器应保持一定的高差，其连接的管道要保持一定的坡度。

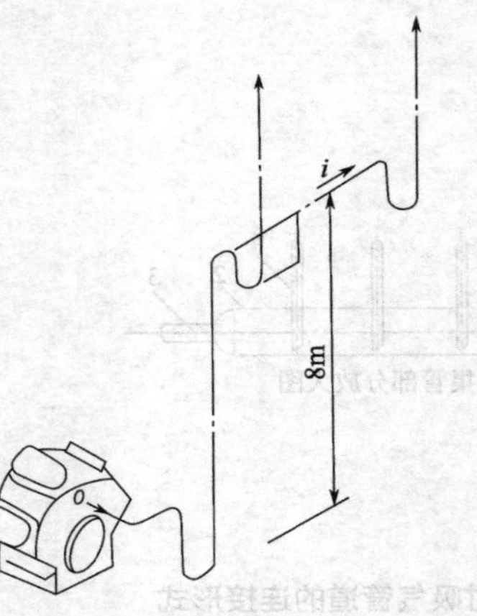

图 3-81　排气管至制冷压缩机的存油弯

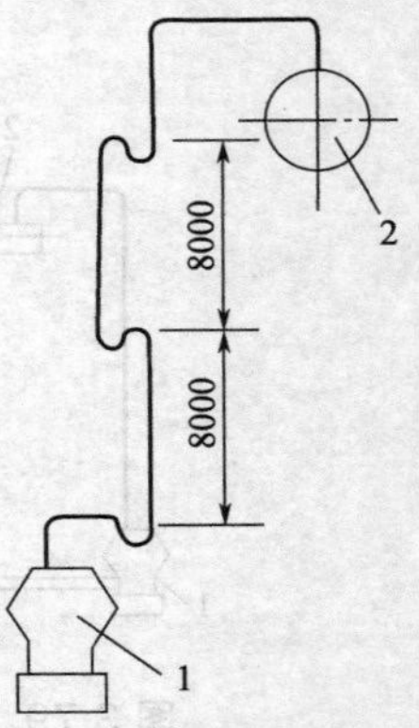

图 3-82　较长排气立管管道的连接形式

1—压缩机；2—冷凝器

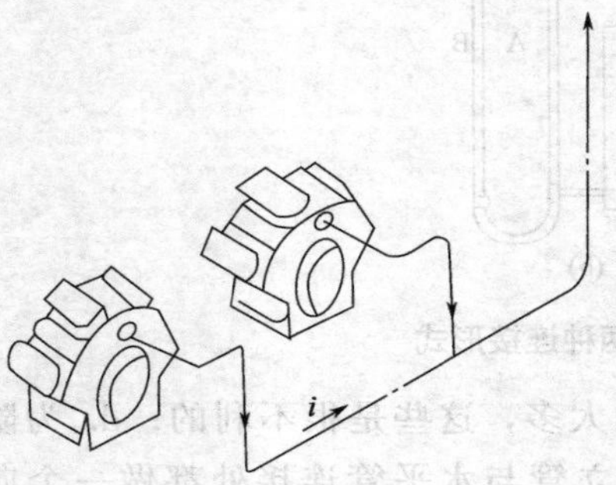

图 3-83　多台制冷压缩排气立管连接方式之一

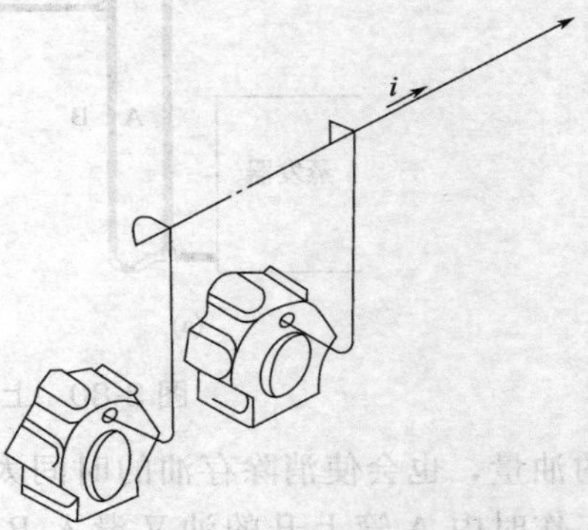

图 3-84　多台制冷压缩排气立管连接方式之二

管道内的液体流速不应超过 0.5m/s，水平管段的坡度为 1/50。坡向储液器，冷凝器至储液器间的阀门，应安装在距离冷凝器下部出口小于 200mm 的部位，其连接方式如图 3-85 所示。

(4) 冷凝器或储液器至蒸发器的液体管道　在此液体管道上，由于装有干燥器、过滤器、电磁阀等附件，产生膨胀阀前压力损失和供液到高处的静液柱损失，管外侵入的热量又会使制冷剂温度上升。如诸因素超过制冷剂的过冷度时，将会出现闪发气体，造成膨胀阀供液量不足，而降低制冷能力。因此，可在制冷系统中设置热交换器，使膨胀前的液体制冷剂得到一定的过冷。

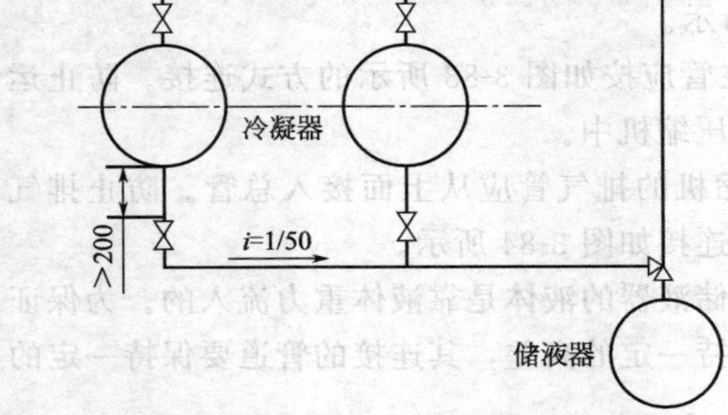

图 3-85　卧式冷凝器与储液器连接方式

在氟里昂制冷系统中设置的热交换器，是将从储液器引出的高压液体制冷剂与来自蒸发器的低压气体制冷剂进行热交换，使高压液体制冷剂得到过冷，同时在热交换过程中，使夹杂在低压气体制冷剂中的液滴吸收热量而气化，还可防止压缩机出现湿冲程。

① 当蒸发器位于冷凝器或储液器下面，且液体管路上不设电磁阀时，管路应呈倒“U”形液封，其高度不小于2000mm，其连接方式如图3-86所示。

② 多台蒸发器放在冷凝器或储液器上面，管道的连接方式如图3-87。

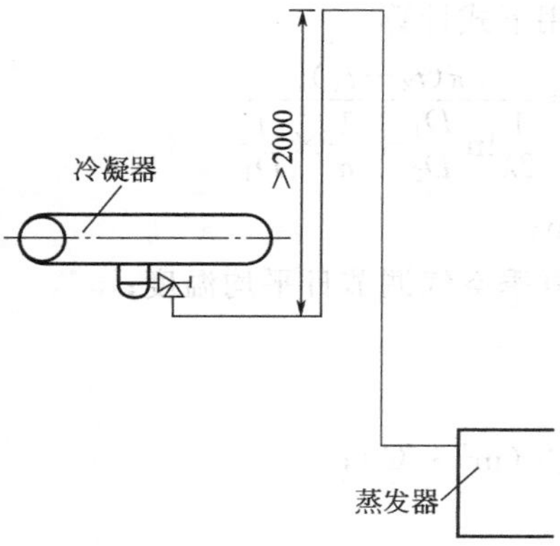

图3-86 蒸发器在冷凝器或储液器下方时的管道连接方式

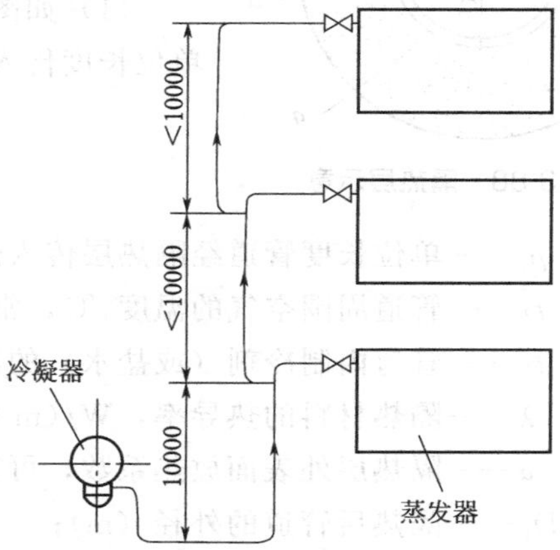

图3-87 蒸发器在冷凝器或储液器上方时的管道连接方式

3.6.3 管道的隔热

制冷系统中的低温管道都必须保温，以免造成过多的冷量耗损和回气过热；另外，低温管道若不进行隔热处理，管子外表面与周围空气接触后，其管壁表面就要凝水，管内工质温度越低，凝水越多，低于0℃就会结霜，甚至结冰。

3.6.3.1 管道常用保温材料和辅助材料

（1）常用保温材料　见表3-62。

表3-62 管道常用保温材料

材料名称	密度/(kg/m³)	热导率/[kW/(m·℃)]	比热容/[kJ/(kg·℃)]	规格
硬质聚氨酯	50～60	$(2.33\sim4.19)\times10^{-5}$	2.093	半圆瓦
聚苯乙烯	40～50	$(3.49\sim4.65)\times10^{-5}$	1.465	半圆筒瓦
岩棉管	100～110	$(3.26\sim5.23)\times10^{-5}$	0.754	圆筒
软木(板)	150～210	$(4.65\sim5.81)\times10^{-5}$	2.093	板材

（2）辅助材料　制冷管道的保温设施，不单纯是覆盖一层保温材料，而是由不同作用的几层材料共同组成的防腐保温、隔气结构。

① 防锈漆。需要保温的管道在敷设保温层之前，先清除表面的泥沙、铁锈、油脂等污物，然后涂一层防锈漆，以保护金属表面不受腐蚀。

② 铁丝、玻璃丝布、沥青胶。其作用是把保温材料固定到被保温的管道上。

③ 油毡、石油沥青、铁丝网、麻刀灰。这些辅助材料经过具体施工构成隔气层，起防潮隔气作用。

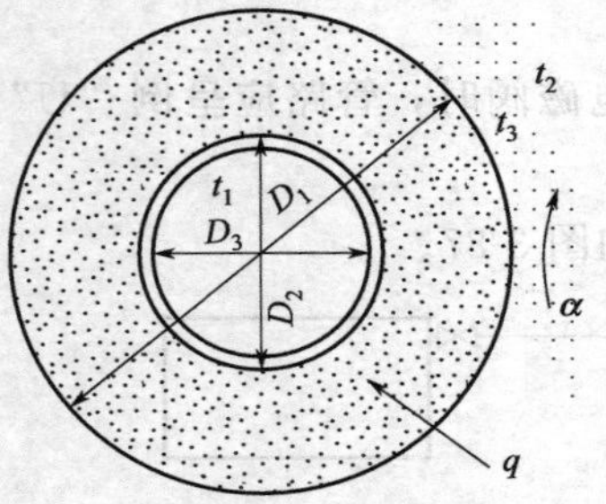

图 3-88 隔热层示意

3.6.3.2 管道隔热层厚度的确定

管道隔热层厚度的计算是以隔热层外表面不凝露为计算原则的，即计算求得的隔热层厚度能保证隔热层外表面的温度不低于当地条件下的空气露点温度，以防止管道外表面凝结水滴或结霜。

(1) 如图 3-88 所示，如果忽略管壁的热阻，通过保温管道单位长度传入的热量可用下式计算。

$$q_L=\frac{\pi(t_2-t_1)}{\frac{1}{2\lambda}\ln\frac{D_1}{D_2}+\frac{1}{\alpha}\times\frac{1}{D_1}} \tag{3-49}$$

式中 q_L——单位长度管道经隔热层传入热量，W/m；

t_2——管道周围空气的温度，℃，常温空间取夏季空气调节日平均温度；

t_1——管道内制冷剂（或盐水）的温度，℃；

λ——隔热材料的热导率，W/(m·℃)；

α——隔热层外表面放热系数，可采用 8.141/（m^2·℃）；

D_1——隔热后管道的外径（m）；

D_2——管道的外径，m。

(2) 根据通过保温管道每层单位长度传热量相等的原则，保温层厚度计算式如下。

$$q_L=\frac{\pi(t_2-t_1)}{\frac{1}{2\lambda}\ln\frac{D_1}{D_2}+\frac{1}{\alpha}\times\frac{1}{D_1}}=\frac{\pi(t_3-t_1)}{\frac{1}{2\lambda}\ln\frac{D_1}{D_2}}$$

得：

$$\frac{2\lambda}{\alpha}\times\left(\frac{t_2-t_1}{t_2-t_3}-1\right)=D_1\ln\frac{D_1}{D_2} \tag{3-50}$$

式中 t_3——隔热保温层外表面的温度，℃，一般按夏季空气调节日平均温度下的露点温度加 1～2℃，另外，环境温度、露点温度和隔热保温层外表面的温度，也可取表 3-63 的数据。

表 3-63 各地区环境温度、露点温度、隔热层外表面温度

地区	环境温度/℃	露点温度/℃	隔热层外表面温度/℃
西北干燥地区	30	21.5	23
北方地区	30	26.0	27.5
南方地区	35	29.5	31

隔热层的厚度为：

$$\delta=\frac{D_1-D_2}{2} \tag{3-51}$$

隔热层厚度也可采用近似计算法求解。在工程上为了方便设计，简化工作步骤，将计算结果制成计算图，如图 3-89 所示，用查图的方法求解管道隔热层厚度。

【例 3-5】 某制冷管道直径为 108mm，管内工作温度为−40℃，周围环境温度为 35℃，露点温度为 29.5℃，隔热材料的热导率为 0.058W/(m·℃)。试确定其隔热层厚度。

解： 根据已知条件查得：

$$\alpha_w=8.14\ \text{W/(m}^2\cdot℃),t_1=-40℃,t_2=35℃,$$

$$t_3=29.5℃+1.5℃=31℃,\lambda=0.058\text{W/(m}\cdot℃)$$

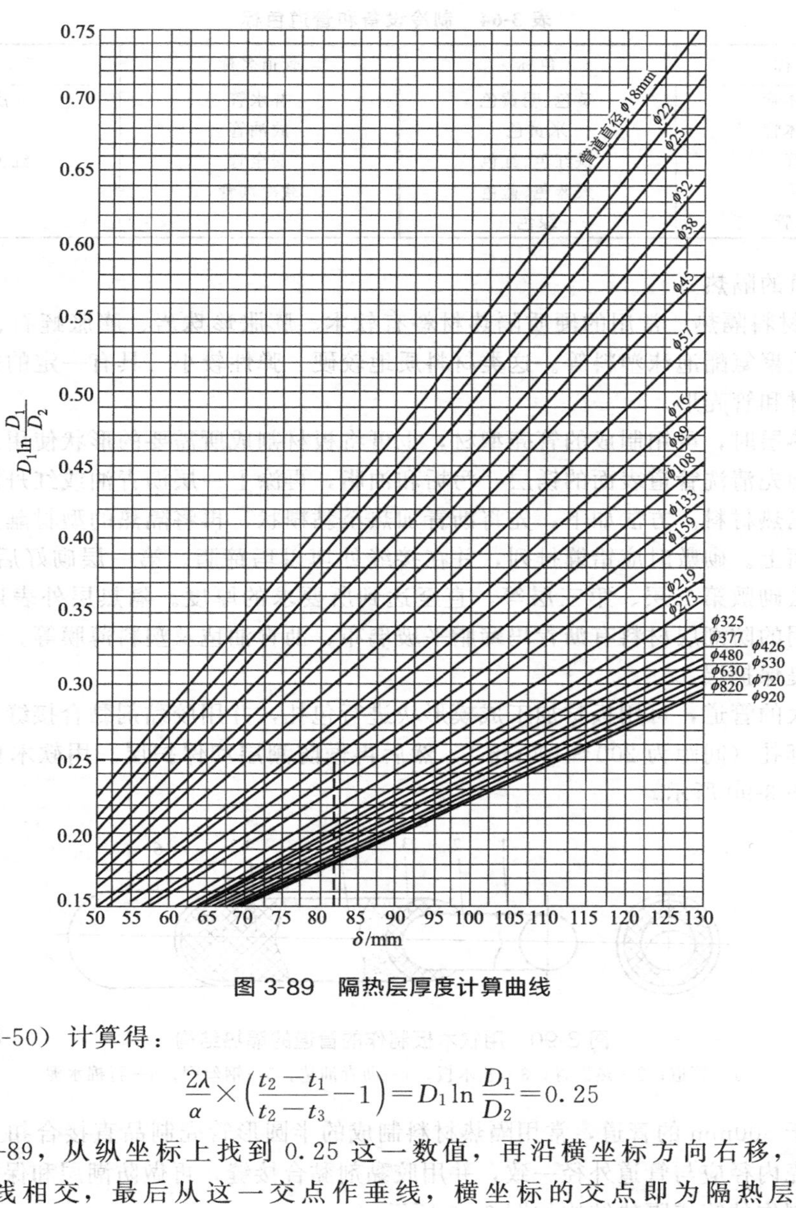

图 3-89 隔热层厚度计算曲线

由公式(3-50) 计算得：

$$\frac{2\lambda}{\alpha}\times\left(\frac{t_2-t_1}{t_2-t_3}-1\right)=D_1\ln\frac{D_1}{D_2}=0.25$$

利用图 3-89，从纵坐标上找到 0.25 这一数值，再沿横坐标方向右移，则与管径为 108mm 的斜线相交，最后从这一交点作垂线，横坐标的交点即为隔热层厚度，查得为 82mm。

3.6.3.3 管道隔热措施

(1) 管道的防腐 管道所处的环境大都是潮湿的空气，在低温情况下由于隔热层施工质量差或者在常年运行中发生局部损坏，空气中的水分就会凝附在设备和管道表面，如果不采取防腐措施，管道很快就会生锈腐蚀。工程中常用的防腐方法是在设备和管道表面涂刷漆料，使其表面形成漆膜，与腐蚀介质隔离，从而防止腐蚀现象的产生。

管道防腐工程应在系统严密性试验合格后进行。保温管道及暗装管道、镀锌管可不做防腐。对于非保温明装管道，镀锌管外刷调合漆两道，无缝钢管外表面在认真除锈后，外表面刷红丹防锈漆两道，调合漆两道，再根据管道类型在表面涂以色标漆与流向，制冷设备和管道的色标见表 3-64。非镀锌金属构件去锈后刷红丹漆两道，外刷调合漆两道。

表 3-64　制冷设备和管道色标

管道名称	色标	管道名称	色标
高压液体管	黄色、明黄色	补水管	浅绿色
低压液体管	米黄色	放油管	棕色
排气管	铁红色、红色	安全管	红色(细管)
吸气管	天蓝色、蓝色	载冷剂管	紫色
冷却水管	绿色		

(2) 管道的隔热

① 硬质材料隔热　常用的硬质隔热材料有软木、膨胀珍珠岩、膨胀蛭石、聚苯乙烯泡沫塑料、硬质聚氨酯泡沫塑料等。这类材料质地较硬、弹性较小，具有一定的抗压强度，一般制作成板材和管壳形。

敷设隔热层时，可用制成的管壳型材，也可将板材割成所需要的形状使用。在包扎隔热材料前，应预先清洗管道表面的锈层、污垢和油脂，再涂上一层沥青油或红丹漆，形成防锈层后再敷设隔热材料。方法如下：先将沥青加热至黏糊状，再将隔热的型材蘸上沥青并砌敷在管道的表面上。砌敷时应错缝排列，并在接缝处填以玛蹄脂。第一层砌好后涂以热沥青，再用同样方法砌敷第二层、第三层等，直至达到所要求的厚度。隔热层外表还需敷设防潮层，通常采用的防潮层材料有沥青玛蹄脂平玻璃布、沥青油毡及塑料薄膜等。最后还应在隔热层外面包裹保护层。

直径较大的管道，可用板材加工成模形块进行包扎，并用胶黏剂黏合接缝，再用镀锌钢丝网或钢带绑扎（间距为 200～400mm），然后再做防潮层和保护层。用软木板制作的管道隔热结构如图 3-90 所示。

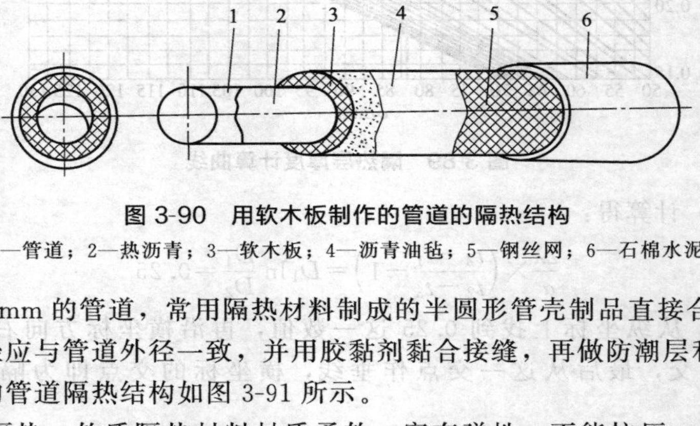

图 3-90　用软木板制作的管道的隔热结构

1—管道；2—热沥青；3—软木板；4—沥青油毡；5—钢丝网；6—石棉水泥

直径小于 300mm 的管道，常用隔热材料制成的半圆形管壳制品直接合扣上，外扎镀锌钢丝网，管壳内径应与管道外径一致，并用胶黏剂黏合接缝，再做防潮层和保护层。用膨胀珍珠岩管壳制作的管道隔热结构如图 3-91 所示。

② 软质材料隔热　软质隔热材料材质柔软，富有弹性，不能抗压，大多都做成卷材，如牛毛毡、羊毛毡、矿渣棉毡、玻璃棉毡和岩棉毡；也可做成管壳制品如岩棉管壳等。用隔热卷材施工时，应将毡状材料剪成 200～300mm 宽的带，以螺旋方式缠绕在管道上；也可

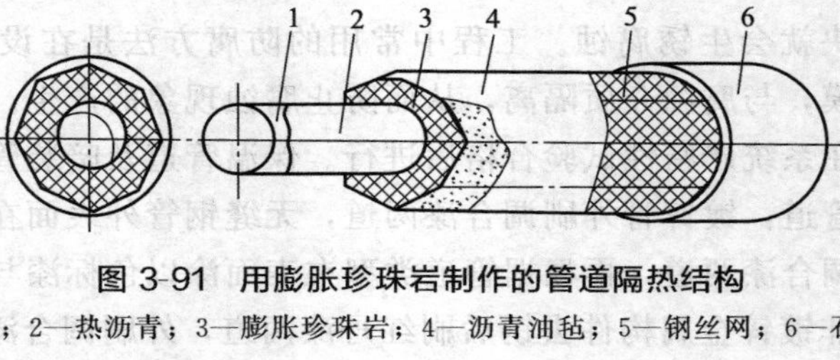

图 3-91　用膨胀珍珠岩制作的管道隔热结构

1—管道；2—热沥青；3—膨胀珍珠岩；4—沥青油毡；5—钢丝网；6—石棉水泥

以截取合适长度，以原幅宽平包。筒体设备两侧封头施工时，可在筒体外壁或毡状材料内侧涂一排宽100mm、间隔150mm的热沥青，以便贴紧固定。同时用镀铸钢丝网或钢带边缠、边压、边包扎。对于直径小于350mm的管道隔热，可选用棉毡管壳制品，管壳内径应与管道外径一致，张开管壳切口部直接套在管道上，施工方便。

管道隔热施工完毕后，再敷设防潮层。对于室外管道，可采用油毡、聚乙烯塑料布、复合铝等防潮片材，要求铺设平整，搭接宽度为40mm，搭口用沥青或粘贴剂贴牢，再在外面用钢丝或钢丝网捆扎，或者用油毡作为防潮层，再抹石棉水泥保护层；对于室外管道，可以采用聚乙烯塑料布直接缠绕在隔热材料表面作防潮层。用两层岩棉毡隔热管道的结构如图3-92所示。

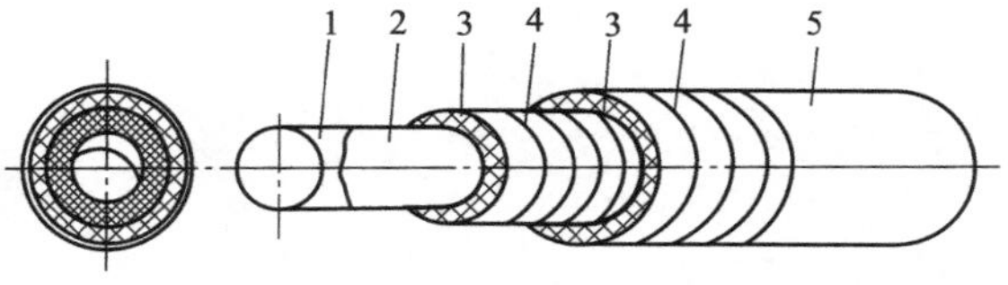

图3-92 用两层岩棉毡隔热管道的结构

1—管道；2—防锈漆；3—岩棉毡；4—捆扎钢丝；5—外缠塑料布

③ 浇注隔热　浇注法是将预制的管壳（施工的模具）涂抹黄油固定于需保温的管道外壁，定位后将常温下的发泡料注到壳体内，待保温体形成后，将管壳取下移位到下一管段，继续浇注，可以形成一个完整的、重量轻、多孔的泡沫保温体。

④ 喷涂隔热　喷涂法是将涂料用喷涂设备喷涂于管道的外壁，使其瞬间发泡，生成闭孔型泡沫塑料绝热层，这种方法没有接缝，冷损失少。

⑤ 隔热注意事项

a. 制冷系统管道要在试压试漏合格后，灌注制冷剂以前进行保温制作。

b. 在冷凝压力下工作的管道，一律不隔热。

c. 机房内在蒸发压力下的管道以及其他低于环境温度的管道，均需隔热。隔热层、防潮层、保护层的材料性能及施工技术要求应符合现行国家标准《设备及管道保冷设计导则》(GB/T 15586) 的有关规定。

d. 冷库中除冻结物冷藏间的供液管、回气管不做隔热层外，通过其他冷间的供液、回气、排液管均需隔热。

e. 严禁将需隔热的容器上的阀门、压力表及管件埋入隔热层内。自动阀门（止回阀、电磁阀）一律不包隔热层，必须露出两端法兰，安装浮球阀门式或电容式液位控制器的金属管，以及低温管路中过滤器的法兰均不做隔热，以便于维修。

f. 隔热层在通过隔墙和隔热墙时，必须连续而不能中断，隔热层应平整、密实，不得有裂缝、空隙和塌陷等缺陷，隔热层厚度的允许偏差为0～+5mm。

g. 隔热施工时，应严格按照设计要求施工，冲霜给水及排水管应该隔热，冲霜给水及排水管不宜穿过冷间，否则因热量散失，延长融霜时间。需隔热的管道，穿过墙体或楼板时其隔热层不得中断。

(3) 隔热外保护层的施工　保护层主要是保护绝热层不受机械损伤，设在室外的管道和设备不受雨、雪、风雹等的冲、刷、压、撞。不管使用何种保护层都应当使外表平整光滑、美观。常用的保护层有以下几种：

① 厚度为0.75mm的薄铝合金板；

② 金属丝网或玻璃丝布包扎后外涂一层水泥；

③ 玻璃钢外壳保护层或镀锌铁皮保护层。

第4章 气调冷库

气调冷库又称气调储藏库，是当今最先进的果蔬保鲜储藏冷库。它是在冷藏保鲜的基础上，增加气体成分调节，通过对储藏环境中温度、湿度、二氧化碳、氧气浓度和乙烯浓度等条件的控制，抑制果蔬呼吸作用，延缓其新陈代谢过程，更好地保持果蔬新鲜度和商品性，延长果蔬储藏期和销售货架期。通常气调储藏比普通冷藏可延长储藏期 2～3 倍。一座完整的气调库主要由库体结构、气调系统和制冷加湿系统三大部分组成，如图 4-1 所示。

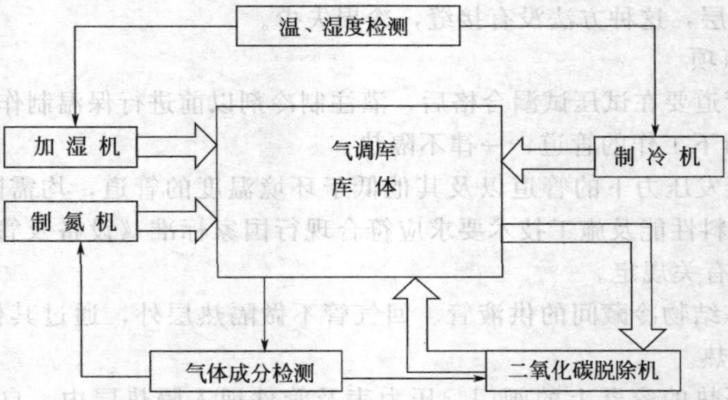

图 4-1 气调库的组成

4.1 气调冷库概述

气调储藏是调整食品环境气体成分的冷藏方法。它是由冷藏、减少环境中氧量、增加二氧化碳量组成的综合储藏方法。气调储藏的研究最早是从水果开始的，研究最多的是苹果。法国蒙利埃学院教授杰克爱丁·贝拉特首先研究了空气对水果成熟的影响。1821 年，法国蒙利埃学院杰克教授发表了研究成果，并获得了法国科学院物理奖。1860 年，英国人建立了一座气密性较高的储藏库，用铁板作冷库里衬进行密封，用冰进行库房的冷却，将苹果放在库房时，得到了较好的储藏效果。

严格地讲，气调储藏是在冷藏的条件下，将氧和二氧化碳的量控制在一定的指标内，并允许有较小的变动范围。我国的机械气调技术发展较晚。1978 年，北京建成一座 50t 的实验性气调冷库，后来又在广州、大连和秦皇岛等地建立了气调冷库；近几年在我国发展速度很快，许多水果、蔬菜的气调储藏在生产中已大量应用，如苹果和蒜薹等的气调储藏等。

4.1.1 气调储藏工艺

4.1.1.1 气调储藏保鲜的原理

气调储藏（Controlled Atmosphere）简称CA储藏，是指在特定的气体环境中的冷藏方法。正常大气中氧含量为20.9%，二氧化碳含量为0.03%，而气调储藏则是在低温储藏的基础上，调节空气中氧、二氧化碳的含量，即改变储藏环境的气体成分，降低氧的含量至2%～5%，提高二氧化碳的含量到0～5%，这样的储藏环境能保持果蔬在采摘时的新鲜度，减少损失，且保鲜期长，无污染；与冷藏相比，气调储藏保鲜技术更趋完善。

新鲜果蔬在采摘后，仍进行着旺盛的呼吸作用和蒸发作用，从空气中吸取氧气，分解消耗自身的营养物质，产生二氧化碳、水和热量。而呼吸期间的主要营养物质是糖，因此呼吸反应主要是糖的氧化反应：

$$C_6H_{12}O_6+6O_2 \longrightarrow 6CO_2+6H_2O+2722.38kJ \tag{4-1}$$

由于呼吸要消耗果蔬采摘后自身的营养物质，所以延长果蔬储藏期的关键是降低呼吸速率。储藏环境中气体成分的变化对采摘后的果蔬有着显著的影响：低氧含量能够有效地抑制呼吸作用，在一定程度上减少蒸发作用以及微生物生长；适当高浓度的二氧化碳可以减缓呼吸作用，对呼吸跃变型果蔬有推迟呼吸跃变启动的效应，从而延缓果蔬的后熟和变质。乙烯是一种果蔬催熟剂，能激发呼吸强度上升，加快果蔬成熟过程的发展和完成，控制或减少乙烯浓度对推迟果蔬后熟是十分有利的。降低温度也可以降低果蔬呼吸速率，并可抑制蒸发作用和微生物的生长，而对某些冷害敏感的果蔬来说，即使其储藏温度处于最低的安全温度，其呼吸速率仍然很高。

综上所述，在冷藏的基础上，进一步提高储藏环境的相对湿度，并人为地造成某种特定的气体成分，在维持果蔬正常生命活动的前提下，有效地抑制呼吸、蒸发、微生物和酶的作用，延缓其生理代谢，推迟后熟衰老进程和防止变质腐败，使果蔬更长久地保持新鲜和优质的食用状态。

气调储藏具有以下特点。

① 保鲜效果好　水果在长期的气调储藏中能始终保持其刚采摘时的优良品质。

② 保鲜期长，货架期长　在保证同等质量的前提下，至少为冷藏的两倍。

③ 储藏损失小　据实验测定，在把好入库质量关的前提下，苹果、梨的损失率一般不会超过1%。

④ 无污染　气调储藏采用物理方法，不用化学或生物制剂处理，卫生、安全、可靠。

4.1.1.2 气体成分的调节方法

（1）自然降氧法　在密闭的储藏环境中，利用果蔬本身呼吸作用的耗氧能力，逐渐减少空气中的氧，使其达到要求的含量（5%）范围，然后加以调节，并控制在需要的范围内。这种方法的优点是操作简便，成本低。但由于储藏初期果蔬呼吸强度较高，产生的二氧化碳较多，所以开始时可放入消石灰或利用塑料薄膜和硅窗对气体的渗透性，来吸收或排除过高含量的二氧化碳，消除它对果蔬的生理毒害。同时由于呼吸强度高，储藏环境中的温度也高，如果不注意消毒防腐，就难免引起微生物对果蔬的侵害。

(2) 人工改变空气组成法　人工改变空气组成的方法通常有两种：一种是利用催化燃烧装置降低储藏环境中的空气含氧量，用二氧化碳脱除装置，降低空气中的二氧化碳含量；另一种是用制氮机（或氮气源）直接对储藏室充入氮气，把含氧量高的空气排出，以造成低氧环境。由于果蔬在储藏期间的呼吸作用，储藏室内的气体组成将不断变化，其总趋势是氧的含量逐渐减少，二氧化碳含量逐渐增加，一旦储藏间缺氧，果蔬的呼吸作用就会停止，导致果蔬死亡、腐烂。这就需要在储藏过程中进行调节，如通过充入新鲜空气来提高氧含量。这种方法效果很好，操作也较方便。这两种快速降氧方法，已被普遍采用。

(3) 混合法或半自然降氧法　实践证明，采用快速降氧法把空气的氧含量从 21%降到 10%比较容易，而从 10%降到 5%就需耗费较大的能量，大约是前者的两倍。为了节约能源，降低成本，开始时可用快速降氧法把氧含量迅速降到 10%左右，然后依靠果蔬自身的呼吸作用来消除氧气，直到降至规定的空气组成范围后，再根据气体成分的变化而进行调节控制。

4.1.2 气调方式

4.1.2.1 塑料薄膜帐气调

塑料薄膜帐气调是利用塑料薄膜对氧气和二氧化碳有不同的渗透性和对水透过率低的原理，来抑制果蔬在储藏过程中的呼吸作用和水蒸发作用的储藏方法，如图 4-2 所示为苹果包装简图。

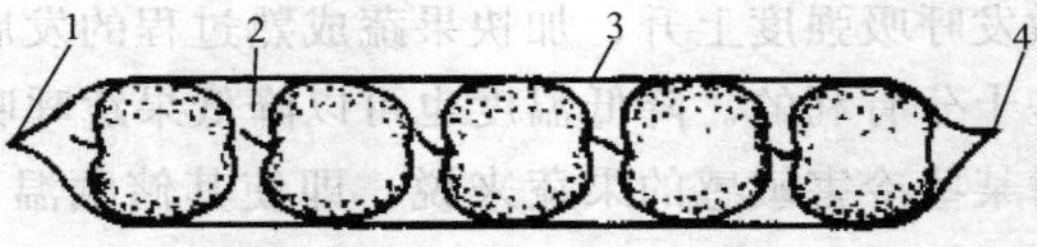

(a) 装满

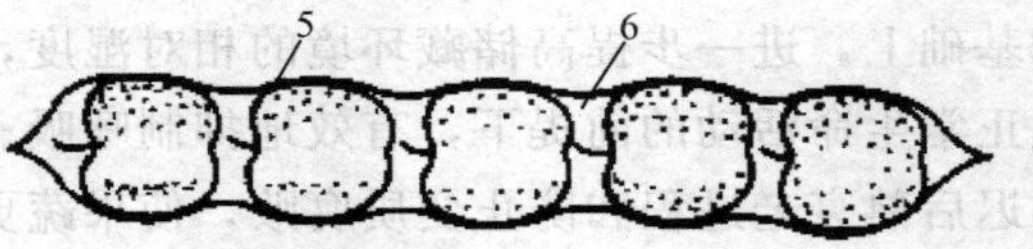

(b) 储藏之后

图 4-2　苹果包装简图

1—底部封接；2—空气（大气压力）；3—聚乙烯薄膜；4—热封；
5—贴在水果上的塑料薄膜；6—减压气体

塑料薄膜一般选用 0.12mm 厚的无毒聚氯乙烯薄膜或 0.075～0.2mm 厚的聚乙烯塑料薄膜。由于塑料薄膜对气体具有选择性渗透，可使袋内的气体成分自然地形成气调储藏状态，从而推迟果蔬营养物质的消耗和延缓衰老。对于需要快速降氧气的塑料帐，封帐后可用机械降氧气机快速实现气调条件。但由于果蔬的呼吸作用仍然存在，果蔬呼吸时要消耗帐内的氧气，同时释放出二氧化碳。在围护结构充分气密的条件下，果蔬的呼吸作用可以不断地降低帐内的氧气浓度并升高帐内的二氧化碳浓度，因此应定期用专门仪器进行气体检测，以便及时调整气体成分的配比。

4.1.2.2 硅窗气调

硅窗气调是用一种厚而大的聚乙烯袋子，袋上烫接选择透气性极好的由硅橡胶织物膜做成气窗（简称硅窗），它有可储藏几百千克水果的各种规格。如图 4-3 所示是硅窗包装袋放在底板上的简图。

硅橡胶织物膜是由聚甲基硅氧烷作为基料，涂覆于织物上而成。它对氧气和二氧化碳有良好的透气性和适当的透气比，不但可以自动排出储藏账内的二氧化碳、乙烯和其他有害气体，防止储藏果蔬中毒，而且还有适当的氧气透过率，避免果蔬发生无氧呼吸。选用合适的硅窗面积制作的塑料帐，其气体成分可自动恒定在氧气含量为3%～5%，二氧化碳含量为3%～5%。

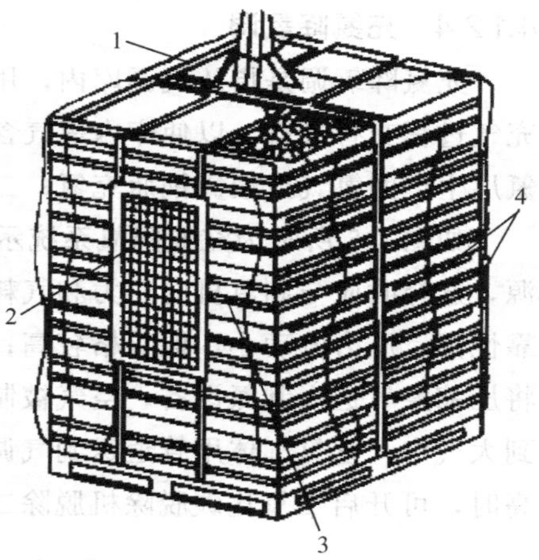

图 4-3 硅窗包装袋放在底板上的简图

1—聚乙烯袋；2—硅气窗；3—平衡孔；4—箱子

利用硅窗气调可在普通的冷库中将果蔬进行气调储藏，无需特殊设备；与密封气调库相比，管理工作显得十分方便，使销售也增加了灵活性。硅窗面积的确定，可用下列公式进行计算：

$$\frac{A}{m}=\frac{r_{CO_2}}{q_{CO_2}p_{CO_2}} 或 \frac{A}{m}=\frac{r_{O_2}}{q_{O_2}(0.21-p_{CO_2})} \tag{4-2}$$

式中 A——硅窗面积，m^2；

m——果蔬质量，kg；

r_{CO_2}——标准大气压下（101325Pa）果蔬呼出二氧化碳的强度，L/kg；

r_{O_2}——标准大气压下（101325Pa）果蔬呼出氧的强度，L/kg；

q_{CO_2}——标准大气压下（101325Pa）硅膜渗透二氧化碳的能力，L/m^2；

q_{O_2}——标准大气压下（101325Pa）硅膜渗透氧的能力，L/m^2；

p_{CO_2}——帐内二氧化碳的分压,%。

在实际使用中，r_{CO_2} 和 r_{O_2} 难以精确测定，因此需在特定的储藏条件下，进行不同硅窗面积的实验筛选，以得到最佳的硅窗面积。

4.1.2.3 催化燃烧快速降氧气调

这种气调方式采用催化燃烧降氧机，以工业汽油、石油液化气等燃料，与从储藏环境中（库内）抽出的高氧气体混合，进行催化燃烧反应。反应后无氧气体再返回气调库内，如此循环，直到把库内气体的含氧量降到要求值。但是，这种燃烧降氧的方法及果蔬的呼吸作用，会使库内二氧化碳浓度升高，这时可以配合采用二氧化碳脱除机降低二氧化碳含量，以免造成果蔬中毒。燃烧降氧系统示意如图 4-4 所示。

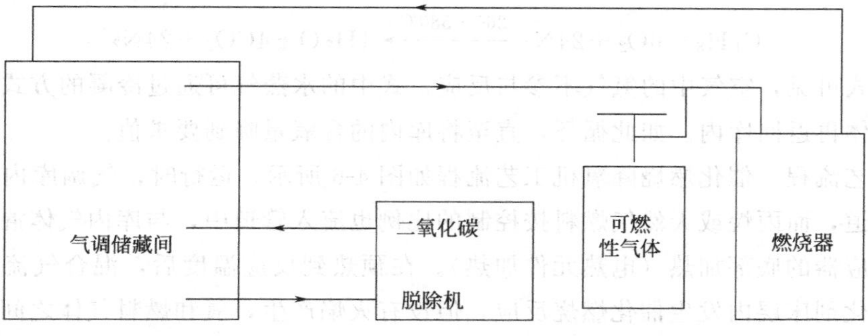

图 4-4 燃烧降氧系统示意

4.1.2.4 充氮降氧调

充氮降氧调是指从气调库内，用真空泵抽除富氧的空气，然后充入氮气。这样的抽气、充气过程交替进行，以使库内氧气含量降到要求值。所用氮气可以有两个来源：一是利用制氮厂生产的氮气或液氮钢瓶充氮；二是用制氮机充氮，其中后者一般用于大型的气调库。

如图4-5所示为充氮降氧系统示意。其中空气压缩机（简称空压机）是制氮机的原料气源，选择时应与制氮机的压力和气耗相匹配。空压机分为螺杆式和活塞式两种。前者工作可靠性高，压力波动小，但价格较高；后者有一定的压力波动，但价格较低。工作时，空压机将压缩空气送入制氮设备，空气被制氮设备分离为富氮气体和富氧气体，富氧气体直接排放到大气中，富氮气体用管道送到气调库用于降氧。在储藏过程中，如果库内二氧化碳浓度过高时，可开启二氧化碳脱除机脱除二氧化碳。

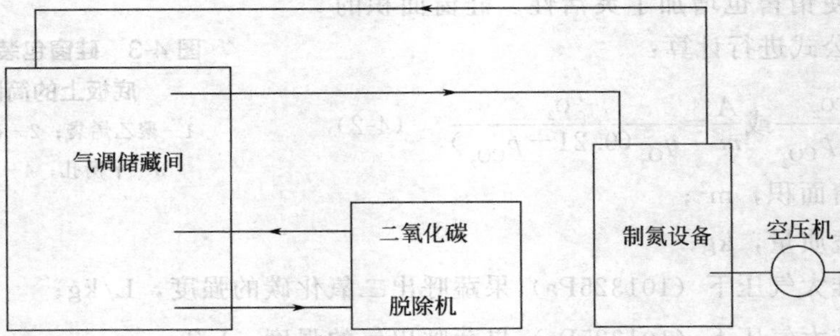

图4-5 充氮降氧系统示意

4.1.2.5 减压气调

利用真空泵将储藏环境中的一部分气体抽出，同时将外界空气减压加湿后输入，储藏期间抽气、输气装置连续运行，保证果蔬储藏的低压环境。该方式是靠降低气体密度来产生低氧环境的，只要控制好储藏环境的真空度，就可以得到不同的低氧含量，但减压储藏对设施的密闭和强度要求较高。

4.1.3 气调设备

4.1.3.1 催化燃烧降氧机

（1）工作原理 催化燃烧降氧机是利用催化燃烧反应，降低库内空气中的含氧量，达到降氧的目的。以液化石油气为例的反应式如下：

$$C_4H_8+6O_2+24N_2 \xrightarrow{260\sim580℃} 4H_2O+4CO_2+24N_2$$

从反应式可见，空气中的氮气不参与反应，式中的水蒸气可通过冷凝的方式排除，反应后的无氧气体再返回库内。如此循环，直至将库内的含氧量降到要求值。

（2）工艺流程 催化燃烧降氧机工艺流程如图4-6所示，运行时，气调库内的气体通过风机进入管道，而丙烷或天然气燃料按控制的比例也流入管道中，与库内气体混合后，进入催化燃烧反应器的底部加热（电热元件加热）。在预热到反应温度后，混合气流通过催化剂床层，在催化剂床层内发生催化燃烧反应，但没有火焰产生，氧和燃料气体之间只是放热反应，在催化燃烧反应时，库内气体中的氧气与燃料中的碳氢化合物反应生成二氧化碳、水蒸

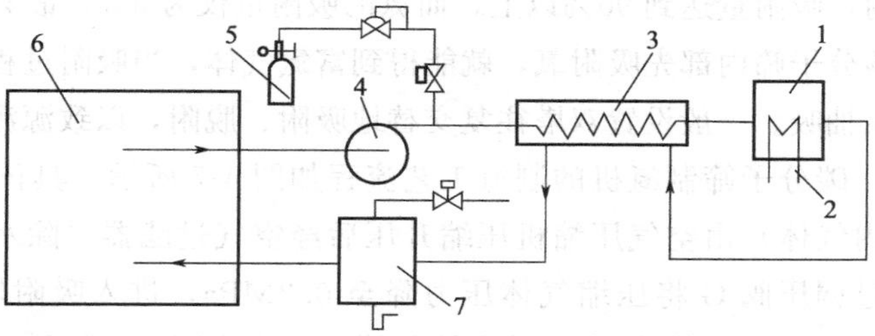

图 4-6 催化燃烧降氧机工艺流程

1—催化燃烧反应器；2—电热元件；3—换热器；4—风机；5—可燃性气体；
6—气调保鲜库；7—水冷式冷却器

气和氮气。燃烧后的高温气体通过换热器与燃烧前的混合气体进行换热而被冷却，再进入水冷式冷却器，冷却后被送回到库内。一般气调库内气体含氧量降至给定值的 5%～10%时，催化燃烧降氧机即停止工作。

（3）选型计算　催化燃烧降氧机一般以降氧量作为选型参数，选型计算步骤如下。

① 求出库内实际空气所占体积

$$V_q = V_j - V_h \tag{4-3}$$

式中　V_q——实际空气所占体积，m^3；

V_j——库内净体积，m^3；

V_h——货物所占体积，m^3。

② 降氧机实际运行时，从库内抽出气体的氧含量是逐渐降低的。刚开始抽出气体的组成可以认为是氧 21%、氮 78%，随着降氧机不断从库内抽出含氧量较高的气体，送回不含氧的气体，库内气体含氧量不断下降，直至所要求的氧含量（如 5%）为止。由此可见，降氧过程为不稳定过程。为了简化计算，可采用算术平均法进行：

$$q_{vo} = \frac{V_q \times \frac{5\% + 21\%}{2}}{\tau} \tag{4-4}$$

式中　q_{vo}——降氧机的降氧量，m^3/h；

5%，21%——终了、初始气体含氧量；

τ——允许降氧时间，h。

对于降氧机，实际运行时的降氧能力与抽出的库内气体含氧量有关，气体含氧量高，降氧机降氧能力越大；反之亦然。选型时可按其最小值确定。

由于催化燃烧降氧机工作时，需使用可燃气体，其易燃易爆性给运输、保管和使用带来不安全因素，并且在工作过程中，燃烧前后的气体既要加热又要冷却，能源和水资源消耗较大，因此正在逐渐被淘汰。

4.1.3.2 碳分子筛制氮机

（1）工作原理　碳分子筛制氮机是利用碳分子筛的吸附分离作用制取氮气的机器。碳分子筛具有超微孔的结晶结构。从平衡吸附角度看，碳分子筛对氧、氮有相近的吸附量，碳分子筛对氧、氮的吸附分离，实质上是利用气体分子在其中的扩散速度的差异来实现的。如在短时间内，直径较小的氧分子扩散速度比直径较大的氮分子扩散速度快 400 多倍，数分钟后，氧分子被分子筛大量吸附，吸附量达到 90%以上，而氮的吸附量仅为 5%。故只要选择最佳的吸附时间进行切换，使碳分子筛内部先吸附氧，就能得到富氮气体，当吸附过程达到平衡时，则进行脱附，即用真空泵抽吸。一般设置双塔往复交替地吸附、脱附，以致源源不断地产出氮气。

(2) 工艺流程　碳分子筛制氮机的制氮工艺流程如图 4-7 所示。具体的工艺过程为：常压空气（大气或库内气体）由空气压缩机压缩升压后经空气过滤器（除水、除油、除尘）进入储气罐，然后通过调压阀 G 将压缩气体压力降至 0.3MPa，进入吸附塔 A 或 B 进行吸附分离，产生的富氮气体经塔顶排出进入缓冲储气罐送入气调库。同时，另一吸附塔 B 或 A 由真空泵减压脱附，即氧气被脱附下来，然后排放到大气中。如此 A、B 两塔交替工作，可连续获取富氮气体供给气调库而实现降氧。

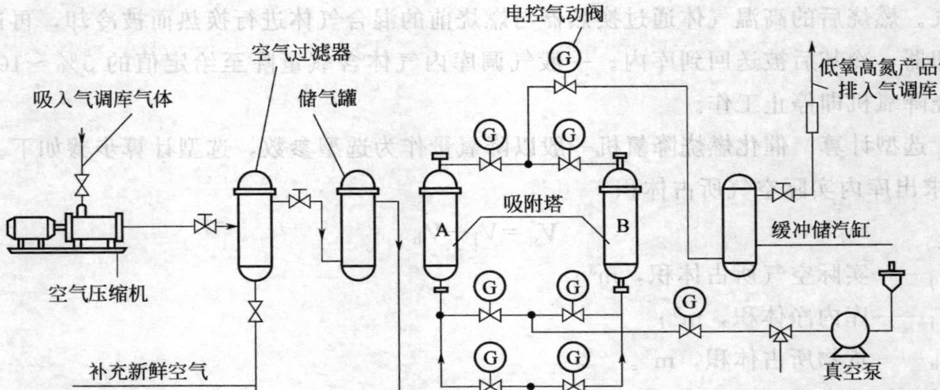

图 4-7　碳分子筛制氮机的制氮工艺流程

(3) 选型计算　一般碳分子筛制氮机的产气量，是以空气为原料气设计的，气调储藏使用中，只有开始的瞬间原料气含氧量为 21%，随着制氮机运转，进入的气体含氧量逐渐下降，产品气含氧量也相应下降，如果保持产品气的含氧量不变，产气量就会逐渐增大。为简化计算，原料气中含氧量按 21%不变值考虑。不同型号的分子筛制氮机，产出气的氮气含量不同，一般在 95%～99%，果蔬气调系统所用的制氮机，氮气含量在 95%即可。

设备选型时，所需制氮机的产气量可按下式计算：

$$V_N=\frac{V_q(21\%-\varphi_1+\varphi_2)}{\tau} \tag{4-5}$$

式中　V_N——所需制氮机产气量，m^3/h；

V_q——气调库内实际气体所占体积，m^3；

21%——初始空气含氧量；

φ_1——终了空气含氧量，%，通常取 5%；

φ_2——产品气的含氧量，%，取 5%；

τ——制氮机的开机时间，h，常取 24～48h。

表 4-1 为 PSA 碳分子筛制氮机的主要技术性能指标，表 4-2 为空气压缩机参数，供选型时参考。

表 4-1 PSA 碳分子筛制氮机的主要技术性能指标

设备型号		氮气浓度/%				原料空气/(m³/min)	装机容量/W	占地面积(长×宽×高)/m
		99.99	99.9	99.5	99			
PSA-2	氮气产量			1	2	0.1	200	0.85×0.31×1.1
PSA-5			3	5	6	0.3	200	0.87×0.43×1.8
PSA-10		3.3	6	10	12	0.5	290	1.4×1.0×2.0
PSA-15		5	9	15	18	0.8	290	1.4×1.2×2.0
PSA-20		6.6	12	20	24	1.0	400	1.6×1.2×2.2
PSA-30		10	18	30	36	1.5	520	1.6×1.4×2.2
PSA-50		17	30	50	60	2.5	1280	2.8×1.0×2.4
PSA-80		24	48	80	96	4.0	1380	3.2×1.2×2.5
PSA-100		33	60	100	120	5.0	2340	3.4×1.2×2.5
PSA-150		50	90	150	180	7.5	2790	4.0×1.5×2.5
PSA-200		66	120	200	240	10.0	4290	4.5×1.8×2.5

注：氮气产量单位为 m³/h。

表 4-2 空气压缩机参数

制氮机型号	全无油活塞式空气压缩机			螺杆式空气压缩机		
	额定排气量/(m³/min)	出口压力/MPa	额定功率/kW	额定排气量/(m³/min)	出口压力/MPa	额定功率/kW
PSA-2	0.2	1.0	2.2			
PSA-5	0.6	1.0	5.5			
PSA-10	0.8	1.0	7.5	1.1	0.8	7.5
PSA-20	1.6	1.0	15	2.3	0.8	15
PSA-30	2.5	1.0	22	2.3	0.8	15
PSA-60				3.6	0.8	22
PSA-100				6.2	0.8	37
PSA-150				9.1	0.8	55
PSA-200				11.8	0.8	75

4.1.3.3 中空纤维膜制氮机

（1）工作原理　利用气体对中空纤维膜的渗透系数不同，进行气体分离。不同种类的气体透过膜时，渗透速率有差异，把渗透系数大的气体称为“快气”，渗透系数小的气体称为“慢气”。当压缩空气从一端进入中空纤维管内时，氧气（快气）很快从管内透过管壁，而氮气（慢气）穿过中空纤维管，由另一端输出，如图 4-8 所示。中空纤维膜分离器是由耐压的钢壳和中空纤维管束组成的，其中中空纤维管壁即为起分离作用的膜，其结构如图 4-9 所示。

碳分子筛制氮机是 20 世纪 70 年代末开发成功的，其基本原理是用表面积极大的碳分子筛将氧吸附并排出高浓度的氮。中空纤维膜分离制氮机是在 80 年代出现的，其核心部件是由上百万根像头发丝一样细的中空纤维并列缠绕而成的膜组，表 4-3 是碳分子筛制氮机和中空纤维膜制氮机的优缺点对比。

（2）工艺流程　图 4-10 所示为中空纤维膜制氮机的工艺流程。其具体工作流程为：大气或库内气体由空压机压缩后升压，变为压缩空气被送入高效过滤器进行除水、除油、除杂质，以免中空纤维管堵塞影响分离效果；然后通过电加热器加热，以保证膜具有良好渗透系

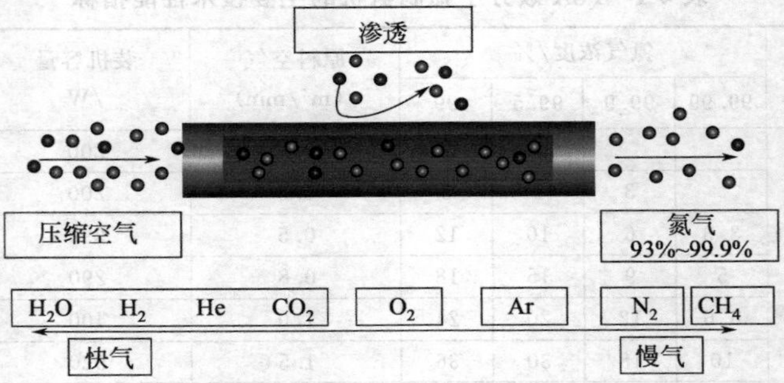

图 4-8　中空纤维氢膜分离原理

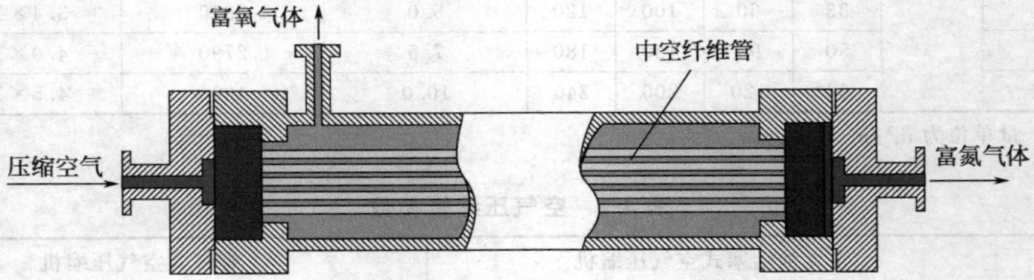

图 4-9　中空纤维膜分离器简图

表 4-3　两种制氮机的优缺点对比

序　　号	碳分子筛制氮机	中空纤维膜制氮机
1	价格较低	价格较高
2	配套设备投资较小	配套设备投资较大
3	工艺流程相对复杂	工艺流程相对简单
4	运转稳定性好	运转稳定性很好
5	单位产气能耗较低	单位产气能耗稍高
6	占地面积较大	占地面积较小
7	噪声较大	噪声较小
8	可兼有脱除乙烯的作用	没有脱除乙烯的作用
9	更换分子筛较便宜	更换膜组件较贵

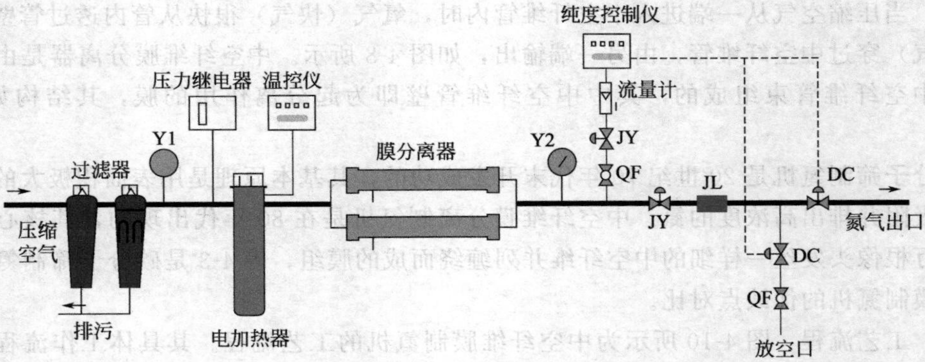

图 4-10　中空纤维膜制氮机的工艺流程

数和分离系数所要求的温度，防止进入分离器的水分凝结影响分离效果，加热温度可以自动控制；由加热器出来的压缩空气进入中空纤维膜分离器，可得到富氮气体。富氮气体经过冷却降温后，可返回气调库。

(3) 选型计算 中空纤维膜制氮机选型计算与碳分子筛制氮机一样。其主要技术指标见表4-4。

表4-4 几种中空纤维制氮机主要技术指标

型号		97%氮气产量/(m^3/h)	质量/kg	功率/kW	外形尺寸(长×宽×高)/m
Swan系列	75	58	300	22	2.45×0.8×1.35
	105	84	350	30	3.60×0.8×1.35
	120	86	370	37	2.45×0.8×1.35
	150	110	400	45	2.45×0.8×1.60
	180	140	550	55	3.60×0.8×1.60
	210	170	600	75	3.60×0.8×1.60
	320	255	750	90	3.60×0.8×1.90
Fighter系列	100	9	182	5.5	0.4×0.7×1.4
	150	14.5	225	7.5	0.4×0.7×1.9
	200	18	198	11	0.4×0.7×1.4
	300	27	242	15	0.4×0.7×1.9
BRAVO	45	31	120	15	0.4×0.75×1.6
	60	43	255	18.5	0.4×0.7×1.9
ALLEGRO	5	3.5	200	200	1.2×0.7×1.07

4.1.3.4 二氧化碳脱除机

气调储藏过程中，由于果蔬呼吸作用会使库内的二氧化碳含量升高，适量的二氧化碳浓度对果蔬储藏有保护作用，但浓度过高会对果蔬产生伤害，造成储藏损失。所以，需脱除过量的二氧化碳，调节和控制好二氧化碳浓度，对果蔬保鲜十分重要。

二氧化碳脱除的方法有很多种，如使用消石灰吸收、水吸收、乙醇胺溶液吸收、氢氧化钠溶液吸收、碳酸钾溶液吸收以及二氧化碳脱除机脱除（吸附）。这里仅介绍使用二氧化碳脱除机。

(1) 工作原理 二氧化碳脱除机一般利用活性炭作为吸附剂，活性炭具有多孔结构，吸附表面大，由于二氧化碳分子与吸附剂表面分子之间的吸引力，把二氧化碳分子吸附在吸附剂表面。吸附剂吸附一定量的二氧化碳气体后，会达到饱和，失去吸附能力，就需进行解吸（再生）。气调储藏二氧化碳脱除机所用活性炭，是一种经特殊浸渍处理过的活性炭，可以用空气在一般环境温度下再生，而且再生后滞留在多孔结构空隙中的氧气很少。为加快二氧化碳脱除速度，进行连续吸附，二氧化碳脱除机设有两个吸附罐。

(2) 工艺流程 二氧化碳脱除机工艺流程如图4-11所示。具体工艺过程为：风机8抽出库内气体，经阀门6进入吸附罐B，气体中的二氧化碳被活性炭吸附，然后二氧化碳含量低的气体经阀门3、10返回库房内。同时，风机5抽引库外新鲜空气通过阀门2送入吸附罐A，进行再生，完成脱附过程。通过阀门间切换，吸附罐A、B交替进行吸附、脱附过程。

(3) 选型计算 二氧化碳脱除机的选型，应根据储藏果蔬的呼吸强度、库内实际空气所占体积、库内要求的二氧化碳含量等，来确定脱除机的脱除能力。其脱除能力可按下式进行

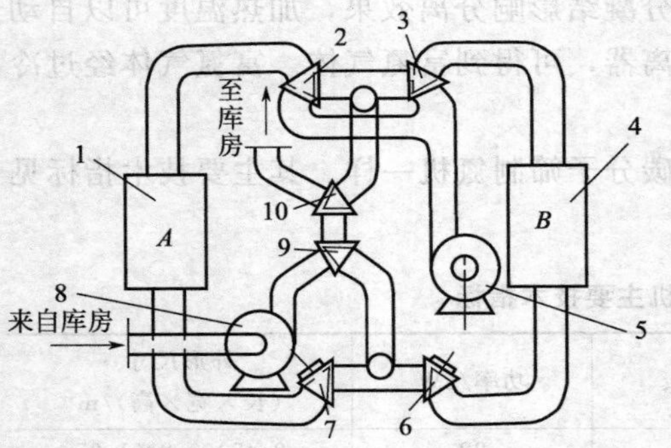

图 4-11 二氧化碳脱除机工艺流程

1，4—活性炭吸附罐 A、B；5，8—风机；2，3，6，7，9，10—阀门

计算：

$$V_{CO_2}=\frac{V(C_1-C_2)}{\tau}+gc \qquad (4\text{-}6)$$

式中 V_{CO_2}——二氧化碳脱除能力，m^3/h；

V——库内实际空气所占的体积，m^3；

C_1——脱除前气体的二氧化碳含量，%；

C_2——脱除后气体的二氧化碳含量，%；

τ——脱除机工作时间，h；

g——库内储藏果蔬的数量，kg；

c——单位质量果蔬在单位时间内排出的二氧化碳的量，L/（h·kg），见表 4-5。

也可按经验数据进行选用，一般 300t 容量以下的气调库，用一台 TXF-100A 型脱除机即可。

4.1.3.5 乙烯脱除机

气调库内的乙烯主要是通过果蔬本身新陈代谢产生的，而且乙烯是一种能促进呼吸、加

表 4-5 部分果蔬排出的二氧化碳量

名称	温度/℃	CO_2 排出量/[L/(h·kg)]
苹果	0 4.4 15.6 29.4	3～4 5～8 20～30 30～70
梨	0 15.6	3～4 40～50
桃	1.7 15.6 26.7	7～9 30～40 70～100
橘子	1.7 15.6 26.7	2 3 15
土豆	0 10 21.1	2～5 4～8 10～16
洋葱	0 10 21.1	3～5 8～9 14～49
香蕉	10.2 20 21.1	15 38 42
草莓	0 4.44 15.6	15～17 22～35 49～68

快后熟的植物激素，对采后储藏的果蔬具有催熟作用。所以要严格控制果蔬气调库内的乙烯含量，尤其是储藏那些对乙烯特别敏感的果蔬（如猕猴桃、柿子等）的气调库，更要彻底脱除乙烯。

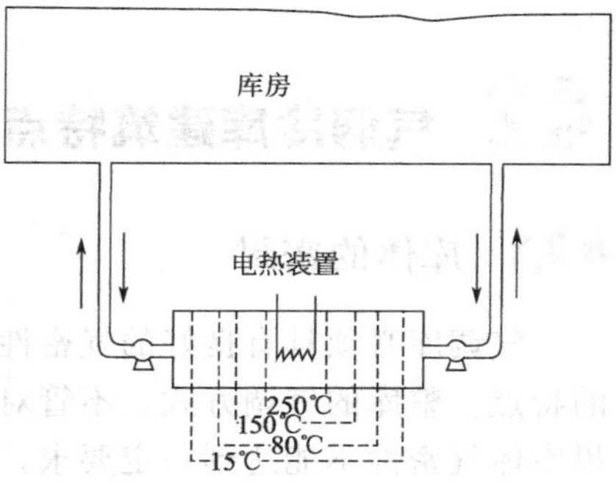

图 4-12　空气氧化法乙烯脱除装置原理示意

乙烯脱除的方法过去多采用化学法——高锰酸钾氧化法。这种方法脱除乙烯虽然简单，但脱除效率低，还需经常更换载体，且高锰酸钾对皮肤和物体有很强的腐蚀作用，不便于现代化气调库的作业。随着气调技术的发展，近年来已研制生产出一种新型的高效脱除乙烯装置——空气氧化法乙烯脱除装置，其原理如图 4-12 所示。它是根据乙烯在高温和催化剂的作用下，与氧气发生反应，生成水和二氧化碳的原理制成的，反应式如下。

$$H_2C=CH_2+3O_2\xrightarrow[\text{高温}]{\text{催化剂}}2CO_2+2H_2O$$

在空气氧化法除乙烯装置中，其核心部分是特殊催化剂和变温场电热装置。所用的催化剂为含有氧化钙、氧化钡、氧化锶的特殊活性银。变温场电热装置可以产生一个从外向内温度逐渐升高的变温度场：即由 15℃→80℃→150℃→250℃，从而使除乙烯装置的气体进出口温度不高于 15℃，但是反应中心的氧化温度可达 250℃，这样既能达到较理想的反应效果，又不给库房增加明显的热负荷。这种乙烯脱除装置一般采用闭环系统。空气氧化法除乙烯装置与高锰酸钾氧化法除乙烯装置比较，前者投资费用要高得多，但脱除乙烯的效率很高。有资料介绍通过空气氧化法除乙烯装置，可将猕猴桃库内的乙烯含量降低到 0.02×10^{-6} 以下，同时这种装置还兼有脱除其他挥发性有害气体和消毒杀菌的作用。

4.1.3.6　减压气调设备

减压储藏的研究起步较晚，始于 1957 年。作为一种特殊的气调储藏方式，只有低氧效应，没有像常规气调储藏中能保持适量二氧化碳的效果，存在着经济、技术和结构安全等多方面问题，所以未得到很好的推广应用。如图 4-13 所示为减压气调储藏库的工艺流程。

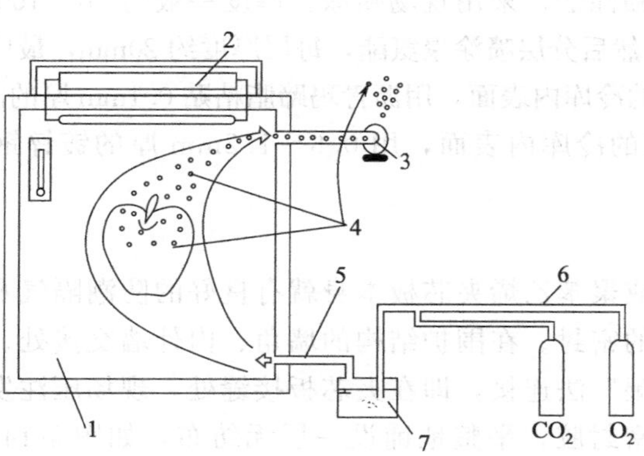

图 4-13　减压气调储藏库的工艺流程

1—气调保鲜库；2—库房用冷却装置；3—真空泵；4—抽除的乙烯气体；

5—补充一定的水分；6—补充一定量的氧；7—加湿器

4.2 气调冷库建筑特点

4.2.1 库体的密封

气调库必须具有良好的气密性，这是气调库建筑结构区别于普通果蔬冷库的一个最重要的特点。整库的气调方式，不管对土建式气调库还是装配式气调库都有一个气密性要求，如果库体气密性不能达到一定要求，则库内就无法维持低 O_2、高 CO_2 的气调成分，也就达不到气调储藏保鲜的目的。

气调库的气密程度直接反映了气调库设计、施工的质量。气调库施工质量验收的一个重要方面是气密性试验，目前广泛应用的是压力测试法。压力测试法又有正压法和负压法之分，通常采用正压法，以避免采用负压法测试导致气密层脱落。迄今，国际上对气调库气密性测试还未形成统一的标准，但采用正压测试法，统计“半降压时间”，是国内外常用的气密性试验标准和结果的表示方式。所谓半降压时间是指从计时起，试验压力下降到起始压力的一半时所需要的时间。世界各国现有的气密标准中，最高的要求是：试验压力为 294Pa，半压降时间等于或超过 30min 为合格，否则为不合格，此标准只有意大利等少数国家的部分厂商采用。现在国内行业中一般认为库内正压 $25mmH_2O$（$1mmH_2O=9.81Pa$），半压降时间不少于 30min 可视为合格。气调库要达到上述气密性要求，在施工时需要增加一道设置气密层工序，并且具体操作时需注意一些细节问题。

为了保证库内气体成分调节速度快、波动幅度小，以便提高储藏质量、降低储藏成本，最重要的是必须保证气调库具有良好的气密性。这是气调库建筑结构区别于普通果蔬冷库的一个最重要的特点。普通冷库对气密性几乎没有特殊要求，而气密性对于气调库来说至关重要。这是因为需要在气调库内形成所要求的气体成分，并在果蔬储藏期间较长时间地维持设定的指标，减免库内外气体的渗气交换，因此气调库必须具有良好的气密性。

4.2.1.1 土建式气调库

对于土建式气调库，除满足隔热、隔气、防潮要求外，还应采取特殊的密封措施，保证库体气密性。通常有以下一些方法。

① 聚氨酯泡沫塑料喷涂法，采用现场喷涂，厚度一般为 50～100mm，施工前先在墙面上涂一层聚氨酯防水涂膜，然后分层喷涂聚氨酯，每层厚度约 20mm，最后在内表面涂刷密封胶。

② 在传统方法施工的冷库内表面，用沥青玛蹄脂粘贴 0.1mm 厚的波纹形铝箔作为气密层。

③ 在传统方法施工的冷库内表面，用 0.8～1.2mm 厚的镀锌钢板气焊成一个整体，固定在内表面作为气密层。

4.2.1.2 装配式气调库

由于所用的聚氨酯或聚苯乙烯夹芯板本身就有良好的防潮隔气及隔热功能，所以关键在于处理好夹芯板接缝处的密封。在围护结构的墙角、内外墙交接处、墙与顶板交接处，夹芯板的连接型式应采用“湿”法连接，即在夹芯板接缝处，现场压注发泡填充密实，然后在库房内侧的接缝表面涂上密封胶，平整地铺设一层无纺布，如图 4-14 所示，使库体的围护结构连成一个没有间断的气密隔热整体。

此外，应尽量选择单块面积大的夹芯板，尤其是顶板，以减少接缝，并尽量减少在板上穿孔吊装、固定。可将吊点设置在板接缝上，以减少漏气点。

4.2.2 其他的要求

4.2.2.1 气调地坪

为了保证气密性，地坪隔热层上除设置防潮隔气层之外，还要单独设置气密层。常用的做法是连续铺设 0.1mm 厚的 PVC 塑料薄膜。该层薄膜应完好无损，铺设平整，不允许出现皱褶和起膨，搭接宽度不得少于 100mm，并保证搭接处的密封质量。隔热层上方的气密层应做水泥砂浆保护层。在墙体与地坪的交接处，应将地坪的气密层，在地板的墙角处沿墙板向上延伸一定的高度，与墙体的气密层搭接好，如图 4-15 所示。地坪墙角处的气密措施不易处理好，可待地坪做好后，用沥青膏之类的软质密封材料灌缝。

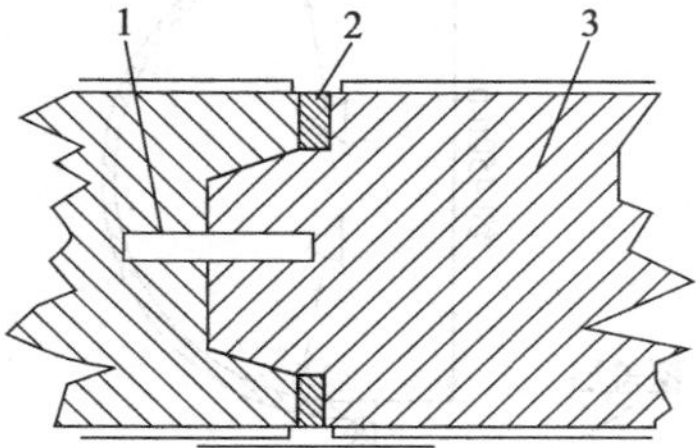

图 4-14 嵌入工夹芯板的连接方法

1—嵌入板；2—现场发泡气密材料；3—隔热层

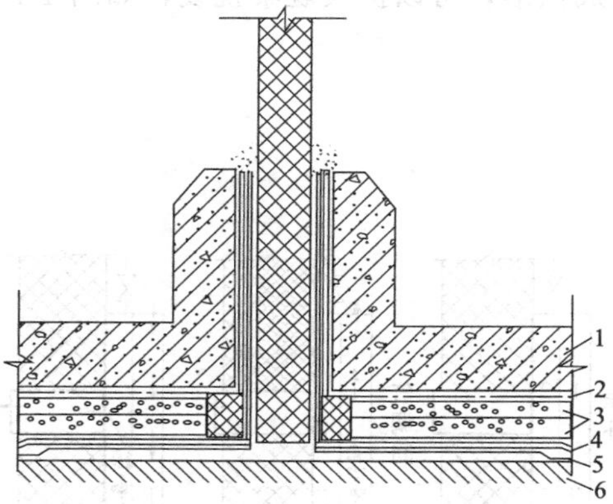

图 4-15 气调库地坪气密层示意

1—面层；2，4—气密层；3—隔热层；5—防潮层；6—基础板（地坪）

4.2.2.2 气调库门

气调库门不同于一般冷库门，除隔热之外，还要有一定的气密性。常用做法是在门上安装压紧装置，将门紧紧扣在门框上，依靠门扇上被压紧的密封条来保证门缝处不漏气。此外，气密门的下半部专门开了一个透明的多功能活动窗，透过活动窗可以看到摆放在库门口处的温度计和货物样品，打开活动窗即可取出样品进行质量检验；管理人员也可从窗口进入库内检查货物质量和检修库内设备（注意：不可贸然入内，要戴氧气面罩）；如库内氧气浓度过低，也可打开活动窗放进空气加氧。

4.2.2.3 气体平衡袋

由于气调库的气密性较好，在气调库正常运行过程中，库内温度波动会引起压力的变化，当压力改变到一定值时，必须采取措施使之与库外压力平衡，防止破坏库体结构。因此在每间库房均设置一个恒压安全阀。为了减少安全阀与库外的气体交换次数，每个库房设一个气体平衡袋，从而可对库内小范围的温度波动引起的压力变化起到调节作用。平衡袋通常装在库顶上面，通过管道与库内相通。平衡袋是用柔性的气密材料做成的。当围护结构两侧出现 200Pa 以内的压差时，就可通过平衡袋来消除压差，库内为正压时，库内的气体就充入平衡袋中；库内为负压时，平衡袋中的气体就充入库内。因此，也可以通过观察平衡袋的鼓瘪来判断库内的压力状态。

4.2.2.4 压力安全装置

围护结构两侧的压差大于 200Pa 时，超出了平衡袋的调压范围，此时可通过压力安全装置来消除压差。气调库常用水封式安全装置，如图 4-16 所示。水封式安全装置由内外腔组成，外腔与大气相通，内腔与库内相通。使用时，往内外腔注入一定量的不会冻结的液体或水，将内外腔隔断。当库内外压差大于内外腔的液位差时，库外的空气通过安全装置充入库内或库内的气体通过安全装置向外排泄。

4.2.2.5 观察窗

观察窗可以用来观察储藏的产品情况，观察冷风机的运行情况，可在蒸发器的出风口处安装一个塑料风标，有助于确定气流通过盘管的程度。还可以观察冷风机冲霜周期的长短和冲霜效果，当维修人员进入库内检修时，还可用作安全监护。这样通过观察窗可随时观察库内货物的储藏状况和库内设备的运行状况，不必经常开启库门进库检查。观察窗一般用聚丙烯制作成拱形，可以扩大观察视线，如图 4-17 所示。

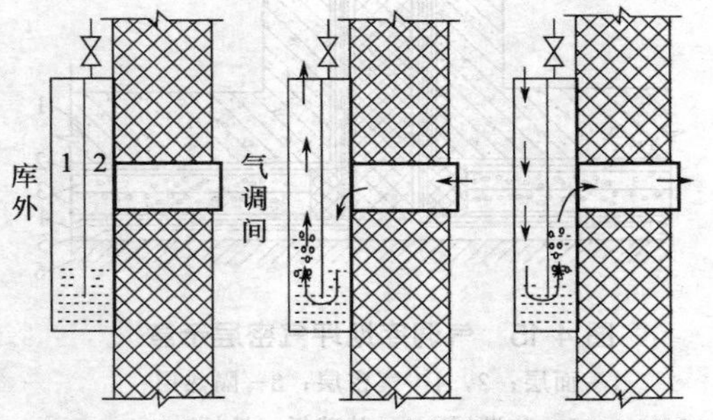

图 4-16 气调库压力安全装置（水封式）

1—外腔；2—内腔

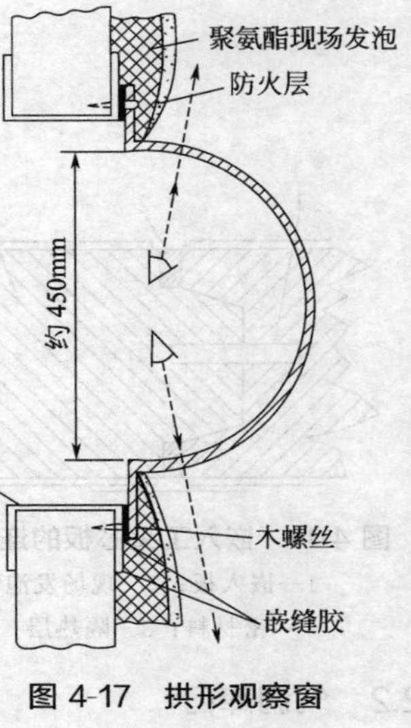

图 4-17 拱形观察窗

4.2.2.6 技术走廊

技术走廊通常设在穿堂的上方，是管理人员进行观察检查、设备维护和系统操作的场所。观察窗、安全装置均设在技术走廊两边的墙板上，各种工艺管道、阀门、电器电线等都集中安装在技术走廊上。采用分散式制冷和气调的，可将制冷和气调设备直接装在技术走廊上，既简化了管路系统，节约了材料，又省掉了机房的建筑投资。因此，对于气调库来说，设置技术走廊是非常必要的。对于穿堂不太宽的装配气调库，只需用“三明治”板将穿堂隔成上、下两部分，上部即可为技术走廊。如果要将制冷和气调设备都装在技术走廊上，应加固技术走廊的地坪，使其能承担相应的载荷。

4.2.2.7 包装挑选间

这是与气调库配套的建筑。在入库和出库期间，大量的果蔬要在这里进行挑选、检验、分级、整理、装箱。如果没有与储藏量相适应的包装挑选间，果蔬在露天装卸堆放，难免日晒雨淋，造成质量损失。此外，出库时若逢雨雪天气则无法出货，难以做到在任何气候条件下生产。因此，对于气调库来说，包装挑选间是必不可少的。

第5章 制冰与储冰设计

冰在食品保鲜中用途非常广泛，食品冷加工生产中需要用冰，渔轮出海捕鱼需要用冰，鲜货长途运输需要用冰，医疗、科研、生活服务等部门也常需要用冰。

制冰的方法很多，大体上可分为盐水制冰和快速制冰两种。盐水制冰又可分为吹风桶式制冰和无风桶式制冰，从而使产品有白冰和透明冰之分。快速制冰的方法较多，且冰的形状多种多样，有片冰、板冰、管冰、块冰等，产品大都是透明冰。

5.1 制冰间设计

5.1.1 盐水制冰

盐水制冰属间接冷却制冰，是用盐水（常用氯化钠或氯化钙）作为载冷剂，把水的热能转移给制冷剂，使水结冰。这种制冰装置已有几十年的历史，虽然占地面积大，需要配置大、中型制冷系统和专用建筑，操作劳动强度大，还需要专业制冷和制冰人员操作，容易产生腐蚀和对环境不利，但由于其日产量大、冰质坚实、运输损耗少等特点，再加上透明冰工艺还可作为艺术用冰的独到之处，所以在制冰市场上，盐水制冰（也称为桶冰或块冰）仍占有较大的份额。

5.1.1.1 盐水制冰的主要设备

（1）制冰池　制冰池体是用 6～8mm 厚的钢板制成，多为长方形，主要作用是盛放盐水、蒸发器和冰桶。一般是将蒸发器布置在制冰池纵向的一侧，用钢板隔离，构成盐水循环流道。池体四周及池底均设有隔热层，以减少冷量损失。为防止地坪冻结，可在池底设通风管道或做地垄墙架空。同时，在隔热层的下面或外面相应做防潮层，池上面盖有 50～60mm 厚的木盖。池体要求严密不漏水。制冰池如图 5-1 所示。

（2）蒸发器　常用的蒸发器有螺旋管式、V 形管式、立管式等。根据制冰池的大小和结构，蒸发器在制冰池中有集中布置和分散布置等方式。

（3）冰桶及冰桶托架的布置　冰桶是制冰的容器，一般用 1.25～2.00mm 厚的钢板焊

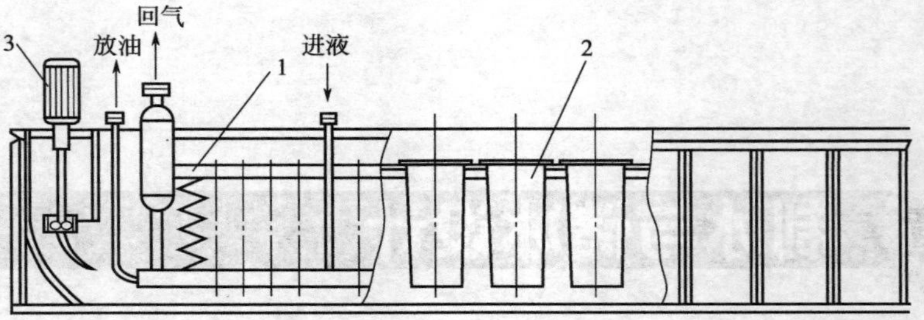

图 5-1 制冰池

1—蒸发器；2—冰桶；3—搅拌器

接或铆接而成，为缩短结冰时间，将冰桶横断面制成矩形，上断面较下断面稍大，内部平整光滑，利于出冰。为防止冰桶生锈，应在桶上涂有红丹漆。冰桶上口和下部设有加强筋，较大容积的冰桶在宽壁面上沿高度方向压制一条加强槽。根据水产行业有关标准，冰桶按冰块质量定为 125kg、100kg、50kg 三种规格，其尺寸和形状见表 5-1 及图 5-2。

表 5-1 冰桶基本尺寸及冻结时间

型号	L/mm	B/mm	l/mm	b/mm	H/mm	冰块高度/mm	冻结时间/h
ZBT-50	400	200	375	175	985	800	20
ZBT-100	500	250	225	225	1180	1000	34
ZBT-125	550	275	250	250	1190	1190	38

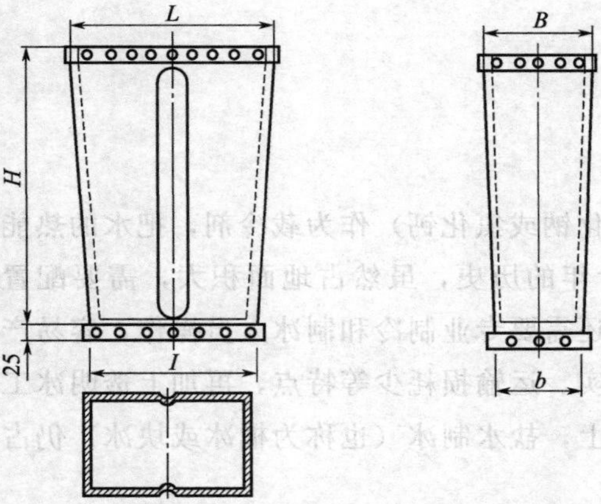

图 5-2 冰桶的形状

冰桶托架是冰桶放置在制冰池中所用的支架。每个冰桶托架所容纳的冰桶数一般在 10～20 个。冰桶架用 75～100mm 厚的扁钢或钢板制成，如图 5-3 所示。

(4) 搅拌器 盐水制冰设备中的搅拌器有立式和卧式两类，如图 5-4 和图 5-5 所示。卧式搅拌器伸进制冰池内，由安装在制冰池一端上部的电动机通过皮带轮带动工作，因而传动轴与制冰池壁面的密封性要求高，安装维修麻烦，但卧式搅拌器工作时阻力较小；立式搅拌器的电动机安装在制冰池一端上部，不存在传动轴与制冰池壁面的密封问题，维修较方便，但立式搅拌器工作时阻力较大。

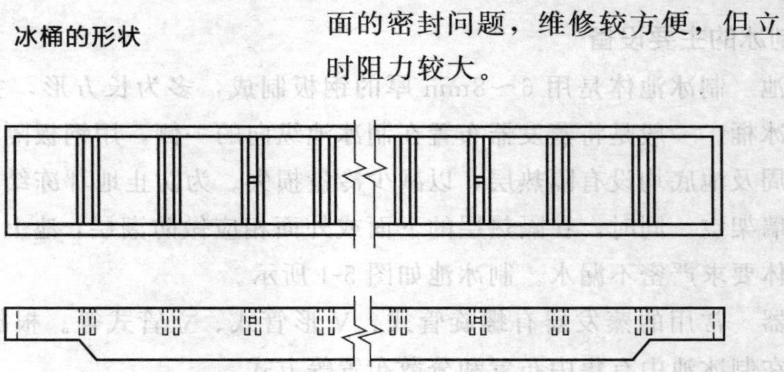

图 5-3 冰桶架

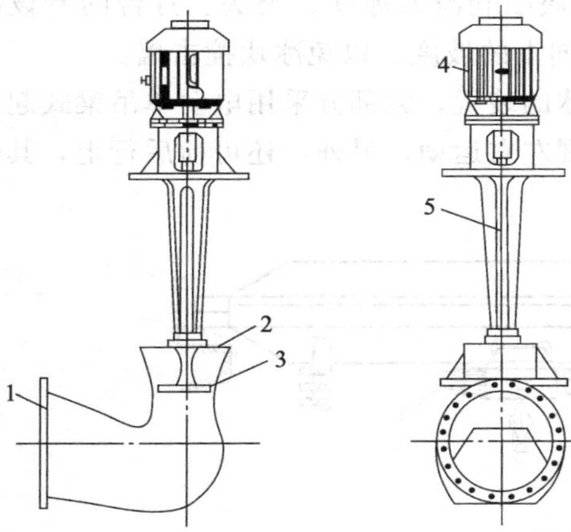

图 5-4 立式搅拌器

1—出水口；2—进水口；3—叶轮；4—电动机；5—传动轴

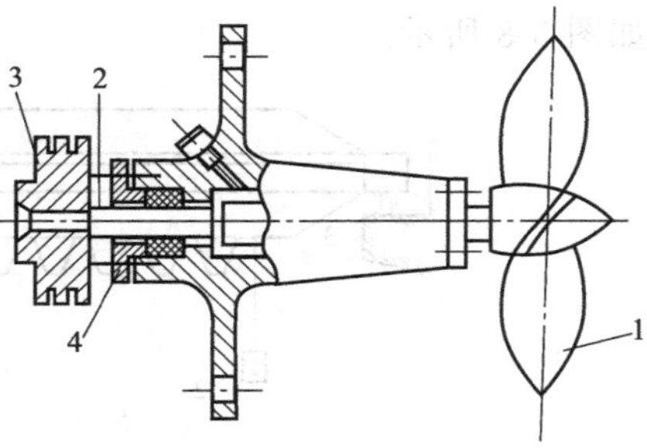

图 5-5 卧式搅拌器

1—叶轮；2—传动轴；3—带轮；4—填料压盖

(5) 融冰池 用来将冰桶和冰脱开的装置。用钢板或混凝土制成，尺寸应比冰桶架稍大一些。池内的水应有较高的温度，一般可用冷凝器的冷却水，用以冰块脱模。池底垫有两条防止冰桶与池底发生撞击的木条，还应设进水和放水管，以便补充新鲜水及排除低温水。

(6) 倒冰架 用来将冰从冰桶中倒出来的装置。一般用木材或钢板制成，为“L”形。应布置在脱冰池附近，底面高度既要保证倒冰的倾斜度要求，又要使加水操作方便，如图 5-6 所示。

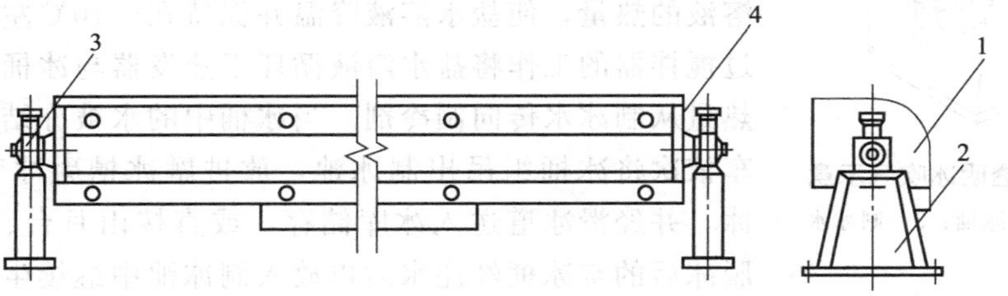

图 5-6 倒冰架

1—冰桶；2—基架；3—滑动轴承；4—倒冰架

(7) 冰桶注水器 它是把自来水或预冷后的制冰水加注到冰桶的装置。冰桶注水器由与冰桶数相应的旋转水嘴、定量水箱组成，以确保向各个冰桶中同时等量加水，如图 5-7 所示。

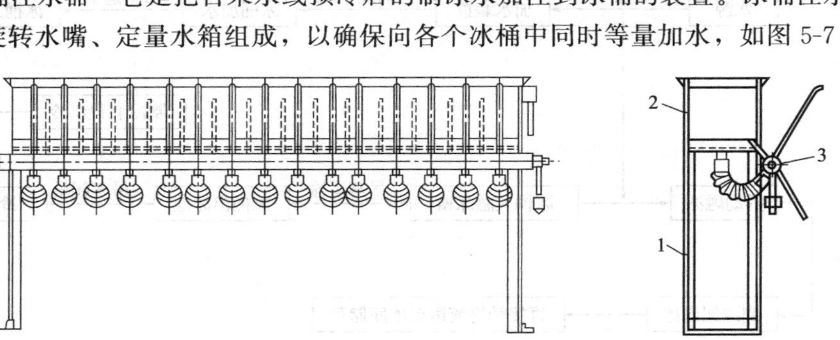

图 5-7 冰桶注水器

1—支架；2—水箱；3—旋转水嘴

(8) 滑冰道　滑冰道是将冰桶中倒卸出来的冰块顺利滑入冰库、码头、月台的专设冰道。滑冰道应有2%～4%的坡度，靠近墙处应有稍向上的坡度，以免冰块撞击墙。

(9) 起重机　起重机也称吊冰行车，是用来吊冰的装置，大部分采用电动单吊梁式起重机。它利用涡轮箱实现上下运动，利用电动葫芦实现左右运动，另外，还可前后行走，其外形如图5-8所示。

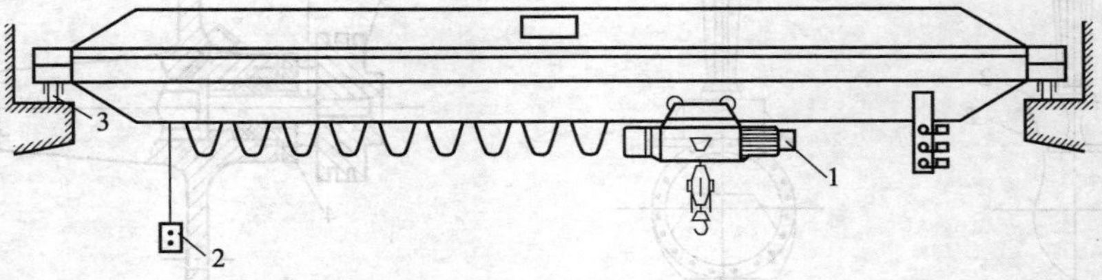

图5-8　电动单梁起重机

1—电动葫芦；2—操纵机；3—轨道

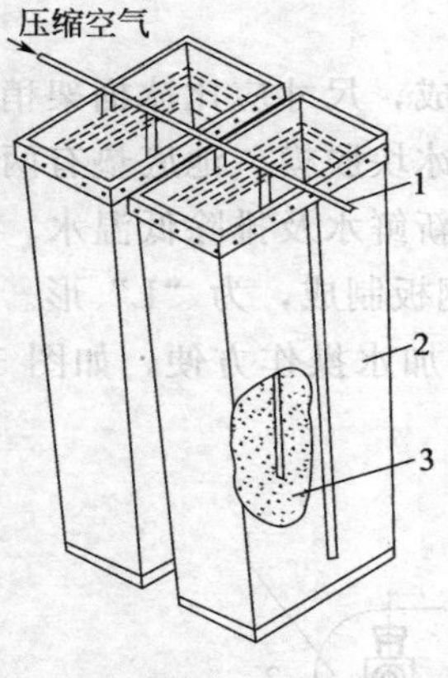

图5-9　制取透明冰吹气示意

1—吹气管；2—冰桶；3—制冰水

(10) 吹气装置　吹气装置是用于制取透明冰的专用设备，主要包括罗茨风机、空气罐及送气管道。在制取透明冰时，罗茨风机将压缩后的高压气体存储在空气罐里，通过送气管道送入冰桶中，以排出制冰水中溶入的空气，达到制取透明冰的目的。制取透明冰吹气示意如图5-9所示。

5.1.1.2　盐水制冰工艺流程

在盐水制冰设备中，制冷剂在蒸发器内吸收制冰池中盐水溶液的热量，使盐水溶液降温并保持在−10℃左右的温度。通过搅拌器的工作将盐水溶液循环于蒸发器与冰桶之间，以加速热量从制冰水传向制冷剂。当冰桶中的水被冻结后，由桥式吊车依次将冰桶组吊出制冰池，放进融冰槽融冰和倒冰架上脱冰，并经滑冰道送入冰库储存，或直接由月台、码头等装走。脱冰后的空冰桶经注水后再放入制冰池中继续生产。因此盐水制冰成套设备包括了制冷循环部分和制冰设备部分。盐水制冰的简要工艺流程框图如图5-10所示，盐水制冰工艺流程如图5-11所示。

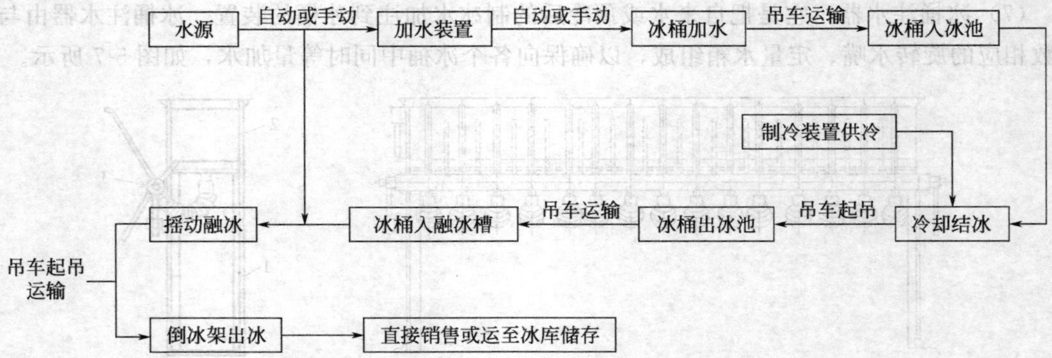

图5-10　盐水制冰的简要工艺流程框图

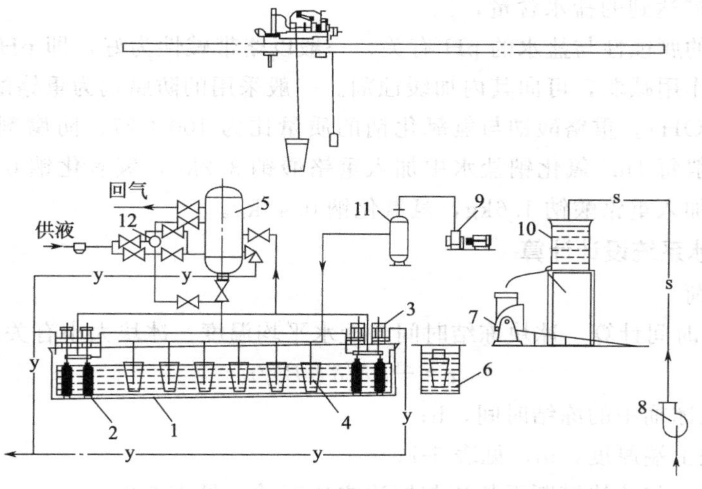

图 5-11 盐水制冰的工艺流程

1—制冰池；2—蒸发器；3—搅拌器；4—冰桶；5—制冷剂气液分离器；6—融冰池；7—倒冰架；8—离心式清水泵；9—罗茨风机；10—冰桶加水器；11—空气罐；12—浮球阀

5.1.1.3 盐水的配制

(1) 盐水温度和制冷剂的蒸发温度　盐水温度的高低应根据制冰工艺和制冰生产的经济性综合分析确定。盐水温度低，制冰速度快，但在脱冰过程中，冰块易爆裂，对于淡水冰来说，当盐水温度低于−12℃时就会产生爆裂现象，而且降低盐水温度，相应制冷装置的蒸发温度也降低，制冷压缩机运转效率下降，能耗增加。因此，实际中盐水温度应保持在−12～−10℃较为合适。

制冷剂的蒸发温度不仅与盐水温度有关，而且还会影响到所采用盐的种类和所需的盐水浓度，以及制冷装置运转的经济性，一般可采用蒸发温度比盐水温度低5℃左右。当盐水温度为−12～−10℃时，蒸发温度取为−17～−15℃。

(2) 盐水的浓度和防腐　盐水制冰中盐水主要有氯化钠溶液和氯化钙溶液。盐水的凝固温度一般比制冷剂的蒸发温度低5℃左右，氯化钠溶液最低凝固温度是−21.2℃，氯化钙溶液最低凝固温度为−55℃。按一般制冰要求，当盐水温度为−12～−10℃时，蒸发温度为−17～−15℃，则盐水的凝固温度为−22～−20℃。相应的盐水浓度，由于氯化钠溶液仅适用于凝固温度为−20℃的情况，其密度为1169kg/m³ (15℃时)，对应溶液浓度为22.4%；氯化钙溶液密度为1194～1202kg/m³ (15℃时)，对应溶液浓度21.3%～22.1%。

配制盐水时加盐量可按下式计算：

$$G_s = V_s \rho_s \xi_s \tag{5-1}$$

$$V_s = V - (V_1 + V_2) \tag{5-2}$$

式中　G_s——总加盐量，kg；

V_s——盐水的容积，m³；

V——制冰池容积，m³；

V_1——冰桶的容积，m³；

V_2——制冰池内蒸发器容积，m³；

ρ_s——盐水的密度，kg/m³；

ξ_s——要求达到的盐水含量，%。

盐水对金属的腐蚀性与盐水的 pH 有关，一般以略带碱性为好，即 pH 值在 7～9 之间，为使盐水的腐蚀作用减弱，可向其内加缓蚀剂。一般采用的防腐剂为重铬酸钠（$Na_2Gr_2O_7$）和氢氧化钠（NaOH）。重铬酸钠与氢氧化钠的质量比为 100 ∶ 27。防腐剂的加入量还与盐的种类有关，一般每 $1m^3$ 氯化钠盐水中加入重铬酸钠 3.2kg，氢氧化钠 0.86kg；每 1 立方米氯化钙盐水中加入重铬酸钠 1.6kg，氢氧化钠 0.43kg。

5.1.1.4 盐水制冰系统设计计算

（1）制冰负荷

① 冰块冻结时间计算　冰块冻结时间与盐水平均温度、冰块大小有关，可按下式计算。

$$\tau=-A\delta(\delta+B)/t_y \tag{5-3}$$

式中 τ——水在冰桶中的冻结时间，h；

δ——冰块上端厚度，m，见表 5-1；

A，B——系数，与冰块横断面长边与短边之比有关，见表 5-2；

t_y——制冰池内盐水温度，℃，一般情况下取－10℃。

表 5-2　A、B 值

冰块横断面长边与短边之比	1	1.5	2	2.5
A	3120	4060	4540	4830
B	0.063	0.030	0.026	0.024

② 冰桶数量　制冰池中需要同时进行冻结的冰桶数量可按下式计算：

$$N=\frac{G(\tau+\tau_g)\times 1000}{24m}=\frac{41.5G(\tau+\tau_g)}{m} \tag{5-4}$$

式中 N——冰桶数量，个；

G——制冰池生产能力，t/(24h)；

τ_g——由制冰池提冰、脱冰、注水、再放入制冰池所需时间，一般可取 0.1～0.15h；

m——每块冰的质量，kg。

③ 盐水制冰冷负荷计算　盐水制冰冷负荷是盐水制冰热量的汇总，其计算公式为：

$$Q=(Q_1+Q_2+Q_3+Q_4+Q_5)\times 1.15 \tag{5-5}$$

式中 Q——盐水制冰冷负荷，W；

Q_1——制冰池传热量，W；

Q_2——水冷却和冻结的热量，W；

Q_3——冰桶热量，W；

Q_4——脱冰时的融化损失，W；

Q_5——盐水搅拌器的热量，W；

1.15——冷桥及其他冷损失系数。

a. 制冰池传热量

$$Q_1=\sum AK(t-t_y) \tag{5-6}$$

式中 A——制冰池底、壁、顶面的面积，m^2；

K——制冰池的传热系数，W/(m^2·℃)，池底、池壁采用 K=0.58W/(m^2·℃)，池顶采用 K=2.33W/(m^2·℃)；

t——制冰间空气温度，℃，一般取 15～20℃。

b. 水冷却和冻结的热量

$$Q_2=1000G[c_1(t_s-0)+L+c_2(0-t_b)]\times\frac{0.2778}{24}=\frac{277.8G(c_1t_s+\gamma-c_2t_b)}{24} \tag{5-7}$$

式中 c_1，c_2——水和冰的比热容，$c_1=4.187\text{kJ/(kg·℃)}$，$c_2=2.093\text{kJ/(kg·℃)}$；

t_s——制冰用水的温度，℃；

γ——水的凝固潜热，$\gamma=334.94\text{kJ/(kg·℃)}$；

t_b——冰的终温，℃，一般较盐水温度高 2℃。

c. 冰桶的热量

$$Q_3=1000Gg_d(t_s-t_y)c\times\frac{0.2778}{24m}=\frac{277.8Gg_d(t_s-t_y)c}{24m} \tag{5-8}$$

式中 c——钢的比热容，kJ/(kg·℃)。

d. 脱冰时的融化损失

$$Q_4=\frac{917A_b\delta Q_2}{m} \tag{5-9}$$

式中 917——冰的密度，g/cm^3；

δ——冰块融化层厚度，m，一般取 0.002。

e. 盐水搅拌器热量

$$Q_5=1000P \tag{5-10}$$

式中 P——搅拌器功率，kW。

(2) 设备选型计算

① 盐水蒸发器的传热面积

$$A=\frac{Q}{K\Delta t_m}=\frac{Q}{q} \tag{5-11}$$

式中 Q——蒸发器负荷，W；

A——蒸发器面积，m^2；

K——蒸发器传热系数，$\text{W/(m}^2\text{·℃)}$；

Δt_m——制冷剂与盐水之间的对数平均温差，℃；

q——蒸发器单位面积负荷，W/m^2。

② 搅拌器

a. 搅拌器流量

$$q_v=v_yf \tag{5-12}$$

式中 q_v——盐水搅拌器流量，$\text{m}^3\text{/s}$；

v_y——盐水流速，蒸发器管间不小于 0.7m/s，冰桶之间取 0.5m/s；

f——蒸发器部分或冰桶之间盐水流经的净断面积，m^2。

b. 搅拌器轴功率

$$P_z=\frac{q_v\Delta p}{\eta\times10^3} \tag{5-13}$$

式中 P_z——搅拌器轴功率，kW；

Δp——蒸发器侧和冰桶侧对盐水的流动阻力，Pa；

η——搅拌器效率，一般采用 0.5～0.6。

5.1.1.5 制冰间设计

制冰间的制冰设备、管道及制冷设备布置时，应符合制冷工艺流程要求。布置管线尽量短，安装、操作、维修方便，并且使制冰间靠近水源及储冰间，保证制冰流程短，冰的运输方便。如图 5-12 所示为制冰设备在制冰间的布置情况。

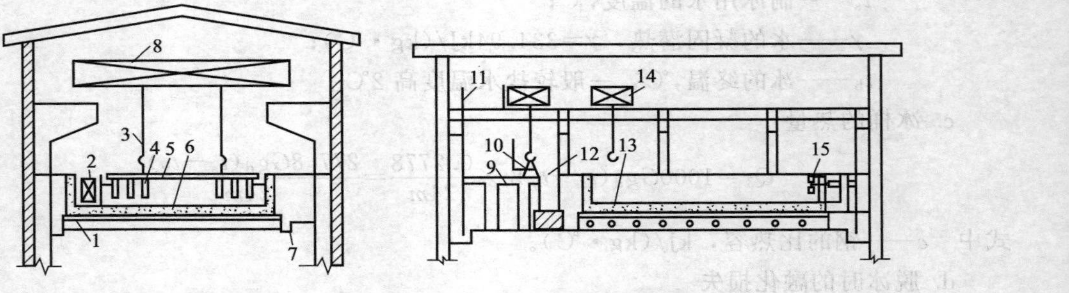

(a) 制冰间横断面　　(b) 制冰间纵剖图

图 5-12 制冰设备在制冰间的布置情况

1—通风管；2—蒸发器；3—起吊钩；4—冰桶；5—冰桶架；6，13—制冰池；7—排水沟；8，14—吊车；9—滑冰台；10—倒冰台；11—加水器；12—融冰池；15—搅拌器

(1) 制冰间的长度

$$L = l_1 + l_2 + l_3 + l_4 + l_5 \tag{5-14}$$

式中 L——制冰间的长度，m；

l_1——盐水池的长度，m；

l_2——脱冰池的宽度，m；

l_3——倒冰架的宽度，m；

l_4——滑冰道的长度，约为冰桶高度的 3 倍，m；

l_5——盐水池距墙的距离，m，大于等于 1m。

(2) 制冰间的宽度

$$B = nb + (n-1)b_1 + 2b_2 \tag{5-15}$$

式中 B——制冰间的宽度，m；

n——横向盐水池的数目，个；

b——一个盐水池的宽度，m；

b_1——相邻盐水池间的距离，m；

b_2——盐水池距墙的距离，m。

(3) 制冰间净高度的确定　制冰间净高度应等于制冰池高度、制冰池出冰桶所需的高度以及安装吊车所需的高度三者之和，具有计算公式如下。

$$H = h_1 + h_2 + h_3 \tag{5-16}$$

式中 H——制冰间的高度，m；

h_1——盐水池的高度，m；

h_2——由盐水池提取冰桶的必需高度，一般可取冰桶高度的 1.5 倍，m；

h_3——制冰间起重机所需要的高度，m。

5.1.2 快速制冰

5.1.2.1 管冰机

管冰机的结构如图 5-13 所示，它由蒸发器、气液分离器、水泵、旋转刀片等组成。蒸发器的形状与立式冷凝器相似，有一个直立的圆筒形钢制外壳，两端有封板，封板之间焊有多根直径为 50mm 的无缝钢管，即制冰管。

制冷剂在制冰圆筒内管壁之间蒸发吸热，制冰水从上部经分流器沿管子内壁呈薄膜状往下流动，通过管壁外面的制冷剂冷却，冻结成冰。开始时为冰壳，不断制冷，冰壳层逐渐加厚成为冰管。冰层达到需要的厚度后，停止供水，蒸发器停止供液，通入热氨气将蒸发器内的氨液排入低压储液器，并开始用热氨脱冰，使管壁外的冰层融化。冰管脱离管壁后，由于自重往下降落，此时在制冰机下部的旋转刀片作用下，往下落的冰管被切成一定长度的小冰管。冰管全部下落后，将氨液从低压储液器压回蒸发器，对蒸发器重新供液，蒸发器重新开始制冰。

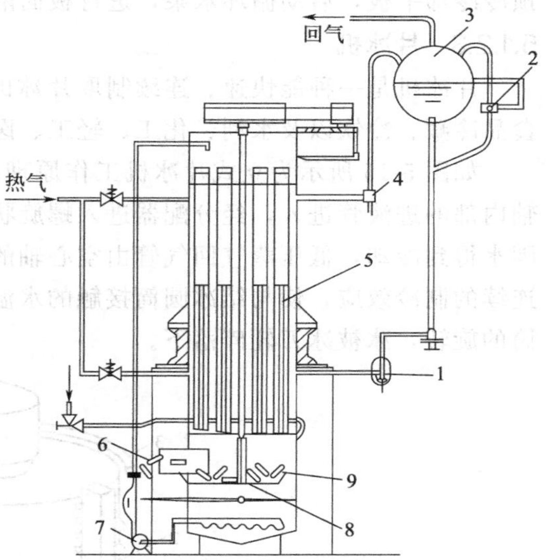

图 5-13 管冰机的结构

1—疏液阀；2—浮球阀；3—气液分离器；4—回气电磁阀；5—制冰筒；6—出冰口；7—水泵；8—冰篮子；9—管冰

5.1.2.2 板冰机

板冰机有多种形式，这里介绍冷却平板垂直放置双面淋水式板冰机的制冰过程。其由冷却平板、制冷系统、淋水系统、脱冰系统和自动控制系统组成，如图 5-14 所示。

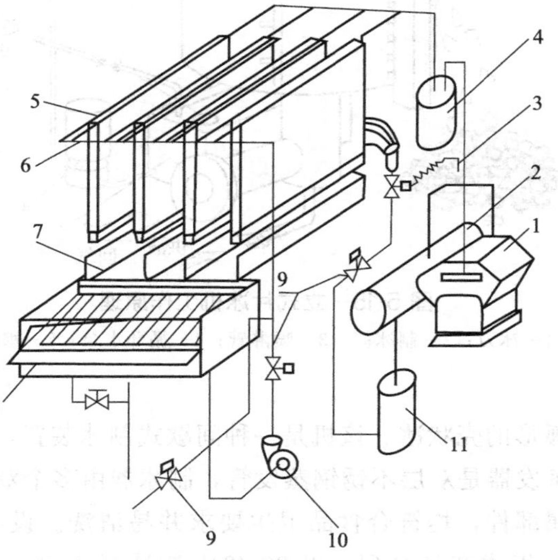

图 5-14 立式板冰机示意

1—压缩机；2—冷凝器；3—热力膨胀阀；4—气液分离器；5—冷却平板；6—淋水管；7—水槽；8—存水池；9—电磁阀；10—水泵；11—储液器

制冰时，制冷剂通过电磁阀、热力膨胀阀进入冷却平板内吸热蒸发，使平板表面冷却，开循环水泵，通过平板两侧多孔淋水管向冷却平板表面淋水，水沿平板表面流下结冰，未结冰的水落到平板下方的受水（冰）槽，流回存水池。存水池由浮球阀控制水位。当结冰过程结束时，淋水停止。这时，把高压气体管接通，高温制冷剂气体进入冷却平板，平板与板冰层界面温度升至 0℃以上，板冰在接近 18℃的温差作用下迅速爆裂成小板冰块，并脱落至受冰槽，滑过出冰栅，经过出冰口离开板冰机，完成一个制冰过程。接着再重新启动制冷机，预冷冷却平板，启动循环水泵，进行板面淋水制冰，如此周而复始进行板冰生产。

5.1.2.3 片冰机

片冰机是一种能快速、连续制取片冰的机械设备，它广泛适用于水产渔业上鱼类保鲜、食品冷藏、冷饮以及水利、化工、轻工、医药等需要用冰的部门。

如图 5-15 所示为立式片冰机工作原理。工作时，低温、低压液体制冷剂从制冰机空心轴内部的进液管进入，经分配器进入螺旋状的圆筒蒸发器。制冷剂在蒸发器中吸热气化使周围水得到冷却，低压蒸气回气管由空心轴的夹层回气至制冷压缩机。如此不断地循环，产生连续的制冷效应，使与结冰圆筒接触的水温急剧下降凝结成冰，并附在圆筒表面上，随着圆筒的旋转，冰被冰刀轧碎落下。

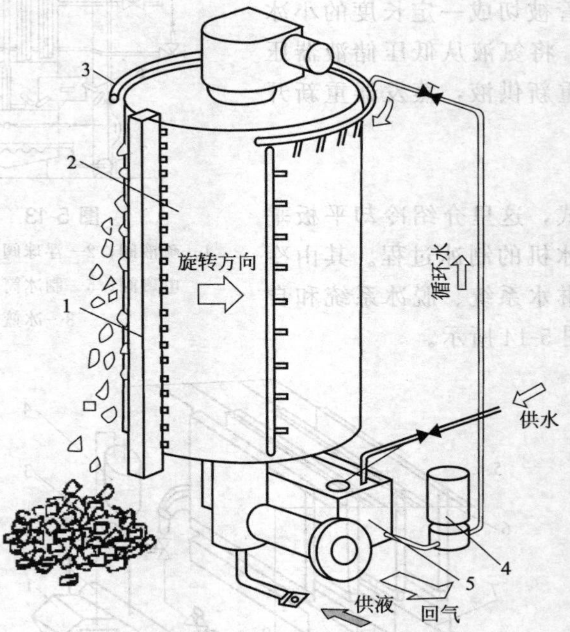

图 5-15　立式片冰机工作原理

1—冰刀；2—制冰筒；3—喷淋管；4—循环水泵；5—水箱

5.1.2.4 壳冰机

壳冰机所制的冰是弧形的壳状冰。该机是一种间歇式制冰装置，其工作原理和管冰机基本相同，但没有切冰器，蒸发器是双层不锈钢蒸发管，制冰器由多个双层圆锥管组成。设备中所有与水接触的塑料和金属部件，均符合食品卫生要求并易清洗。设备还以 5t/24h 的制冰器为单元，采用模块式结构，组成产品系列，以 20t/24h 制冰量为界，小于或等于该制冰量的设备，为整体式制冰机，现场连接电源和水路即可投入使用，大于 20t/24h 制冰量的设备，为分体式制冰机，制冷管道和水电均需现场连接安装。整体式壳冰机系统简图如图 5-16 所示。

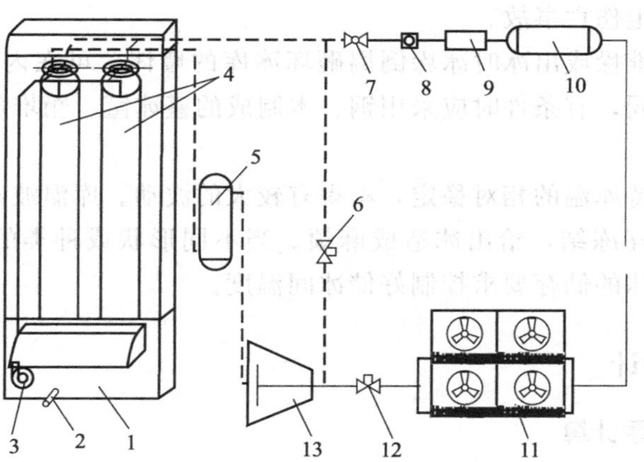

图 5-16 整体式壳冰机系统简图

1—壳体；2—进水管；3—水泵；4—制冰器；5—气液分离器；6，12—电磁阀；7—节流阀；8—视液镜；9—干燥过滤器；10—储液器；11—冷凝器；13—制冷压缩机

管冰、板冰、片冰和壳冰设备，除了机电一体化的制冰机之外，往往还配套储冰系统。储冰系统中，制冰机生产的冰直接进入冰库。冰库中可配置冰耙系统，通过称重、螺旋输送或气力输送系统，把设定需要量的冰直接送至用冰点。这一系列的过程完全是由 PLC 或电脑控制自动完成的。如图 5-17 所示为快速制冰系统应用示意。

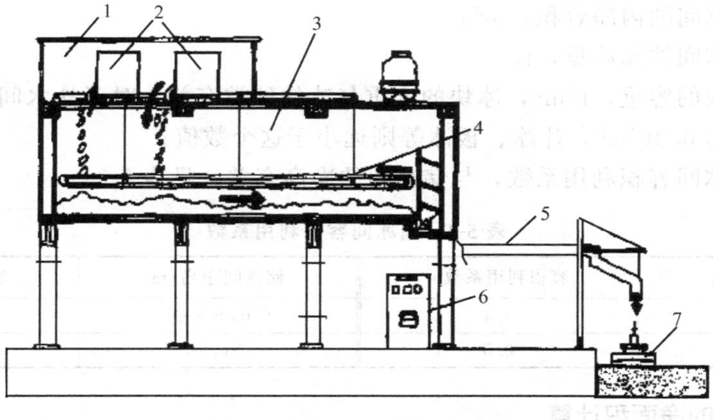

图 5-17 快速制冰系统应用示意

1—制冰室；2—制冰机；3—储冰库；4—冰耙；5—输送管道；6—控制中心；7—船

5.2 储冰间的设计

用于储藏冰的场所称为储冰间，储冰间又称冰库，储冰间是一种特殊的低温建筑物，其建筑结构要求隔热、保温和防潮、隔气。

5.2.1 储冰间设计原则

（1）由于冰块的温度低且表面光滑，人工作业十分不方便，应尽量使用机械作业，以减少冰的损失和防止发生伤亡事故。

(2) 为防止冰块堆垛或出冰时冰垛倒塌砸坏冰库的墙体，可在内墙面设置钢、木护栅，其高度与冰垛高度相同，有条件时应采用钢、木制成的盛冰筐、箱堆放，可保持堆垛时的稳定性和防止冰垛倒塌。

(3) 储存中应保持库温的相对稳定，不得有较大的波动。库温波动较大，易使冰块表面融冻加剧而使冰块相互冻结，给出冰造成麻烦。当不同形状或种类的冰混放在同一储冰间时，应以融化点低的冰的储存要求控制好储冰间温度。

5.2.2 储冰间的设计

5.2.2.1 储冰间的容量计算

储冰间的容量根据储冰量计算确定，储冰量根据冰的生产和使用情况来定，通常分短期储存和长期储存两种情况。短期储存一般为2～3天或一个星期的产冰量，长期储存一般为15～20天的产冰量。根据具体情况有时为30～40天的产冰量。片冰、板冰、管冰等是直接蒸发冷却制冰，基本上是随时制冰随时使用，不作长期储存，设计时可根据具体情况进行确定。

5.2.2.2 储冰间的内净容积计算

$$V=\frac{G}{rn} \tag{5-17}$$

式中 V——储冰间的内净容积，m^3；

G——储冰间的储冰量，t；

r——冰块的容重，t/m^3，冰块的容重与冰的种类有关，对于盐水间接冷却所制的冰块为$0.8t/m^3$，片冰、板冰等则远小于这个数值；

n——储冰间容积利用系数，与储冰间的净高有关，见表5-3。

表5-3 储冰间容积利用系数

储冰间净高/m	容积利用系数 n	储冰间净高/m	容积利用系数 n
≤4.20	0.4	5.01～6.00	0.6
4.21～5.00	0.5	>6.00	0.65

5.2.2.3 储冰间的净面积计算

$$F=LB=\frac{V}{H} \tag{5-18}$$

式中 F——储冰间的净面积，m^2；

L——储冰间的长度，m；

B——储冰间的宽度，m；

H——储冰间的净高，m，储冰间的净高随冰的码垛方式和储冰间容量的大小不同而不同，通常在储冰间净高一般取5～10m。

5.2.3 储冰间的设计要求

5.2.3.1 储冰间的温度

盐水制冰的储冰间温度可取－4℃。对储存片冰、管冰的冰间温度可取－15℃，其制冷设备宜采用空气冷却器。

5.2.3.2 储冰间的建筑要求

（1）储冰间地面标高　储冰间和制冰间同层相邻布置时，进冰洞应与制冰间的滑冰台直接相通，储冰间地面的标高应低于滑冰台。进冰洞口下表面应是向内倾斜的斜面，水平高度不小于 20mm。进冰和出冰共用一个洞口时，储冰间地面标高与进冰洞口下表面最低点标高取平，储冰间和制冰间不是相邻布置，进出冰均采用机械设备时，储冰间地面标高不受其他关系限制。

（2）储冰间的建筑净高

① 人工堆码冰垛时，单层库的净高宜采用 4.2～6m，多层库的净高宜采用 4.8～5.4m。

② 行车堆码时，建筑净高应不小于 12m。

（3）储冰间地面排水　对于不常年使用的储冰间，在间歇时不一定维持使用时的温度，这时，排管的化霜水和冰屑的融化水必须及时排除，不应采用下水管排水的方法，可将地面设计成有排水坡度，使水经门口排出。坡度不大于 1/100。

（4）储冰间出冰　由储冰间出冰应用单独的出口，尽量避免与其他冷间共用穿堂、过道，更不应与其交叉穿过。

5.2.3.3 储冰间堆冰高度

冰的堆装高度根据使用情况和堆冰条件具体确定。

（1）人工堆装以不超过 2.0～2.4m 为宜。

（2）地面机械提升以不超过 4.4m 为宜。

（3）吊车提升以不超过 6.0m 为宜。

（4）冰堆上表面到顶管下表面，应留净空间 1.2m，以便操作。

5.2.3.4 储冰间的冷却设备

（1）储冰间的建筑净高在 6m 以下时，可不设墙排管，其顶排管可布满储冰间顶板。

（2）储冰间的建筑净高在 6m 或高于 6m 时，应设墙排管和顶排管，墙排管的设置高度应在堆冰高度以上。

（3）储冰间的墙排管和顶排管不得采用翅片管。

5.2.3.5 储冰间墙壁的防护

由于冰块很滑，而且每块的质量较大，在库内搬运和堆码过程中容易碰在墙壁上，为防止冰块撞击墙面使冷库建筑受到损坏，在储冰间内墙壁上应设置防护壁，常用的防护壁是在木龙骨架上用竹片钉成栅状的护板，护壁高度以堆冰高度为准。

第6章 冷库给排水

冷库用水的范围很广，用水量也较大，如冷凝器的冷却用水，一些加工过程如鱼虾清洗、肉类屠宰、制冰用水及生活、消防用水等。因此，冷库给排水工程的设计合理与否。将直接关系到制冷系统的正常运行、常年运转费用以及产品质量等重大问题。

6.1 一般要求

6.1.1 水源的选择

(1) 地下水源　地下水指深井水或浅井水，水质较清，不易受污染，细菌含量少，水温较低，且常年变化较小。但由于打井和取水设备价格较贵，故它的初次投资较高，且水中无机盐的浓度较高，应进行软化处理后使用。水质和水量也因地而异。

(2) 地表水源　地表水源包括江河水、湖泊、水库蓄水及海水等。它们水源丰富，取水费用较低，且矿化度和硬度较低。但受地面多种因素的影响，易受环境污染，浑浊度和细菌含量高，一般需经过净水设备处理后方可使用，且水温变化幅度大，水质的季节性变化强。

(3) 城市自来水　城市自来水可以直接使用，基建投资很少，缺点是要得到自来水主管部门的允许才能大量使用，而且水价较高，经常性费用大。

水源的选择应符合冷库用水对水温、水量、水质等要求，根据用水对象、给水方式、取水的可行性等，结合当地的气象、水文、地质条件，经过详细的技术经济比较而确定。

6.1.2 水质要求

生活用水、制冰原料水和水产品冻结过程中加水等水质关系到人体健康，其水质应符合现行国家标准《生活饮用水卫生标准》(GB 5749—2006) 的规定，见表6-1。

表 6-1 水质常规指标及限值

指标	限值
1. 微生物指标[①]	
总大肠菌群/(MPN/100mL)或(CFU/100mL)	不得检出
耐热大肠菌群/(MPN/100mL)或(CFU/100mL)	不得检出
大肠埃希菌/(MPN/100mL)或(CFU/100mL)	不得检出
菌落总数/(CFU/mL)	100
2. 毒理指标	
砷/(mg/L)	0.01
镉/(mg/L)	0.005
铬(六价)/(mg/L)	0.05
铅/(mg/L)	0.01
汞/(mg/L)	0.001
硒/(mg/L)	0.01
氰化物/(mg/L)	0.05
氟化物/(mg/L)	1.0
硝酸盐(以N计)/(mg/L)	10 地下水源限制时为20
三氯甲烷/(mg/L)	0.06
四氯化碳/(mg/L)	0.002
溴酸盐(使用臭氧时)/(mg/L)	0.01
甲醛(使用臭氧时)/(mg/L)	0.9
亚氯酸盐(使用二氧化氯消毒时)/(mg/L)	0.7
氯酸盐(使用复合二氧化氯消毒时)/(mg/L)	0.7
3. 感官性状和一般化学指标	
色度(铂钴色度单位)	15
浑浊度(NTU-散射浊度单位)	1 水源与净水技术条件限制时为3
臭和味	无异臭、异味
肉眼可见物	无
pH值	不小于6.5且不大于8.5
铝/(mg/L)	0.2
铁/(mg/L)	0.3
锰/(mg/L)	0.1
铜/(mg/L)	1.0
锌/(mg/L)	1.0
氯化物/(mg/L)	250
硫酸盐/(mg/L)	250
溶解性总固体/(mg/L)	1000

续表

指标	限值
总硬度(以 $CaCO_3$ 计)/(mg/L)	450
耗氧量(COD_{Mn}法,以 O_2 计)/(mg/L)	3 水源限制,原水耗氧量>6mg/L 时为 5
挥发酚类(以苯酚计)/(mg/L)	0.002
阴离子合成洗涤剂/(mg/L)	0.3
4. 放射性指标②	指导值
总 α 放射性/(Bq/L)	0.5
总 β 放射性/(Bq/L)	1

① MPN 表示最可能数;CFU 表示菌落形成单位。当水样检出总大肠菌群时,应进一步检验大肠埃希菌或耐热大肠菌群;水样未检出总大肠菌群,不必检验大肠埃希菌或耐热大肠菌群。

② 放射性指标超过指导值,应进行核素分析和评价,判定能否饮用。

压缩机、冷凝器等冷却用水,从防腐蚀、防水垢方面提出了要求,见表 6-2。冲霜用水也可参照执行。

表 6-2 冷却水的水质要求

设备名称	碳酸盐硬度/(mg/L)	pH 值	浑浊度/(mg/L)
立式壳管式、淋浇式冷凝器	6～10	6.5～8.5	150
卧式壳管式、蒸发式冷凝器	5～7	6.5～8.5	50
氨压缩机等制冷设备	5～7	6.5～8.5	50

注:1. 洪水期浑浊度可适当放宽。

2. 当地无淡水时,立式冷凝器可采用海水为冷却水,但应有相应的防腐蚀、防堵塞措施。

6.1.3 水温要求

冷库用水的水温应符合下列规定。

(1) 蒸发式冷凝器除外,冷凝器的冷却水进、出口平均温度应比冷凝温度低 5～7℃。

(2) 冲霜水的水温不应低于 10℃,不宜高于 25℃。

(3) 冷凝器进水温度最高允许值:立式壳管式为 32℃,卧式壳管式为 29℃,淋浇式为 32℃。

6.1.4 水压要求

水压用以保证水的正常输送,并满足不同用水设备和场所的不同要求。对冷风机冲霜水管,冲霜水调节站(分配站)前要有不小于 50kPa 的压头;氨压缩机冷却水进口处要求有 100～150kPa 的压头;冷却塔进水口根据塔的大小应有 30～50kPa 的压头。

6.1.5 水量计算

(1) 冷凝器冷却水量

① 冷凝器采用直流水(一次用水)冷却时,其用水量按下式计算。

$$Q_1=\frac{3.6\Phi_1}{1000c\Delta t} \tag{6-1}$$

式中 Q_1——冷却用水量，m^3/h；

Φ_1——冷凝器的热负荷，W；

c——冷却水的比热容，$c=4.1868$ [kJ/(kg·℃)]；

1000——冷却水的密度，kg/m^3；

Δt——冷凝器冷却水进、出水温差，℃。

② 冷凝器采用循环给水的补充水量，宜按冷却塔循环水量的 2%～3%计算。

(2) 冲霜水量　冷风机冲霜水量按产品要求确定，也可按单位冷却面积用水量计算。一般情况下，其单位面积用水量为 0.035～0.04$m^3/(m^2 \cdot h)$，冲霜淋水延续时间按每次 15～20min 计算。

(3) 制冷压缩机汽缸冷却水量　制冷压缩机汽缸冷却水量一般可按产品样本上规定的值确定。在粗略估算时，每千瓦制冷量需冷却用水 13～22kg。

(4) 制冰用水量　制冰用水量按每吨冰用水 1.1～1.5m^3 计算。

(5) 其他生产用水量　可按定额进行计算：屠宰猪清洗 0.2～0.25m^3/头；水产品清洗 3～3.5m^3/t；冲洗地面 0.006$m^3/(m^2 \cdot$次)；融冰用水 0.93m^3/t。

(6) 生活用水量　生活用水量宜按 25～35 L/(人·班)，用水时间 8h，小时变化系数为 2.5～3.0 计算。洗浴用量按 40～60L/(人·班) 计算，延续供水时间为 1h。

(7) 消防用水量　消防用水量应按现行国家标准《建筑设计防火规范》(GB 50016) 及《建筑灭火器配置设计规范》(GB 50140) 设置消防给水和灭火设施。

6.2 冷库给排水设计

6.2.1 冷却水给水方式

(1) 直流给水　直流给水是冷却水经一次使用后即排入下水道或农用灌溉系统，如图 6-1 所示。该给水方式设备简单，一次投资和经常运转费用较少。一般在水源的水量充足、水温适宜、排水方便的地区可优先考虑采用。

(2) 循环给水　循环给水是将用过的冷却水经冷却降温后再循环使用，只需补充少量水。适用于水源水量较少、水温较高的地区，但它需要增设水冷却设备，相应增加了冷却设施投资和管理工作，如图 6-2 和图 6-3 所示。

6.2.2 冲霜给水

(1) 冲霜水调节站　当需用水冲霜的冷间为两间及以上时，应设水调节站，通过阀门对冲霜水进行控制、分配。调节站设在便于操作的地方，最好设在正温区。如设在负温区的则要有良好的隔热措施。

(2) 冲霜给水管　冲霜给水管应防止冻堵，在设计时要有相应措施。调节站至库房冷风机之间的水平给水管，在进库房前的坡向为逆流向，再以顺流向坡向冷风机，如

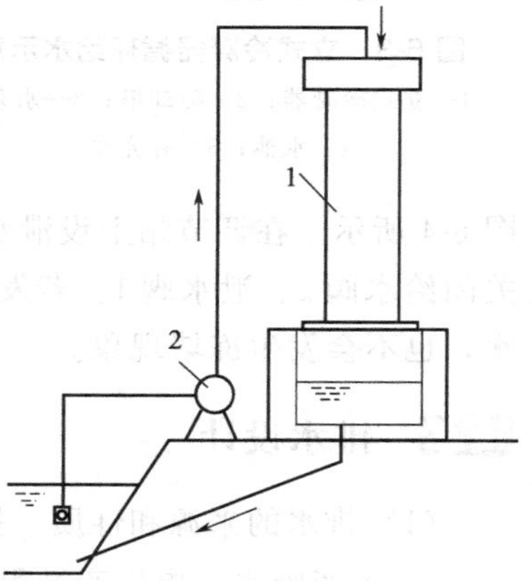

图 6-1　直流给水示意

1—立式冷凝器；2—水泵

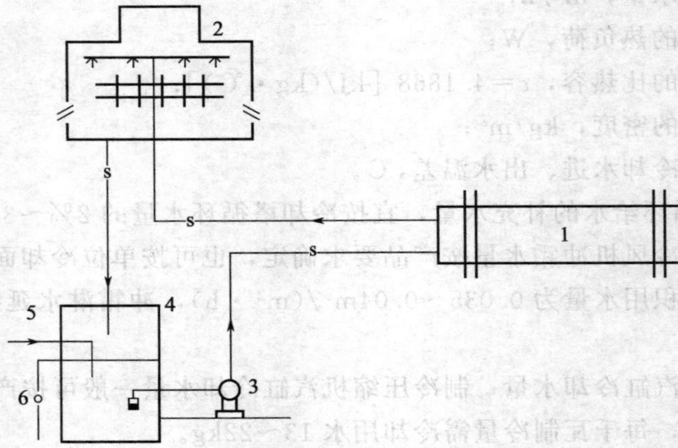

图 6-2　卧式冷凝器循环给水示意

1—卧式冷凝器；2—冷却塔；3—水泵；4—水池；5—补充水；6—溢流管

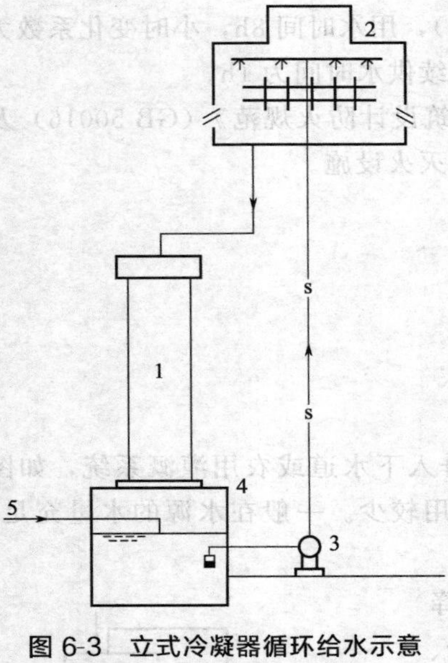

图 6-3　立式冷凝器循环给水示意

1—立式冷凝器；2—冷却塔；3—水泵；4—水池；5—补充水

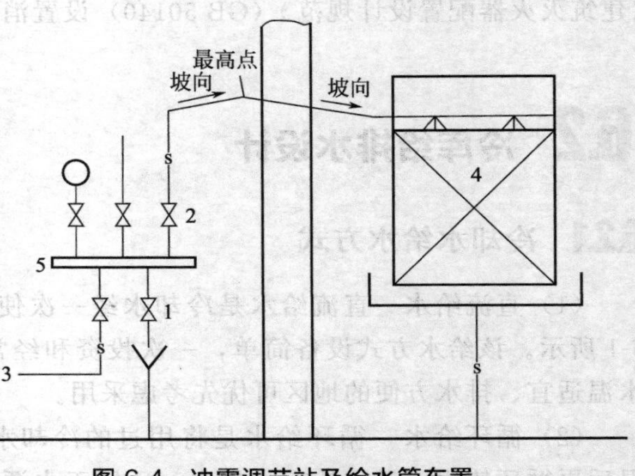

图 6-4　冲霜调节站及给水管布置

1—泄水阀；2—给水阀；3—冲霜给水；4—冷风机；5—调节站

图 6-4 所示。在调节站上设泄水阀。冲霜结束时，应打开泄水阀 1，待给水管中水泄尽后再关闭给水阀 2、泄水阀 1。若发生误操作先关闭给水阀 2，再关闭泄水阀 1 或不开泄水阀 1 泄水，也不会发生冻堵现象。

6.2.3　排水设计

（1）排水的来源和性质　排水的来源可分为生产废水、生活污水及雨、雪水三类。

① 生产废水　指生产过程中产生的废水，来自制冷机房和加工间等处。机房冷却水在生产过程中水质仅受到轻微污染或只是水温升高，不经处理可直接排放。而理鱼、屠宰污水等水质污染较严重，需经处理后方可排放。

② 生活污水　人们日常生活中所产生的废水，包括厕所、浴室、厨房、洗衣房等处排出的水。其特点是含有较多的有机物和大量的细菌，具有适应微生物生长繁殖的条件。

③ 雨、雪水　指雨水和冰雪融化水。这类水比较清洁，但有时流量大，若不及时排除，将积水为害。

上述废水，均应及时、妥善地处理排放，以免污染水体，妨碍环境卫生。

（2）排水的设置原则

① 库区排水常将污水、雨水系统分开，雨水一般采用地面明沟直接排放。

② 屠宰车间内污水在排入局部处理设施以前的管段多采用宽而浅的明沟，上加铸铁箅子盖，以便随时清除沉渣，避免淤积。

③ 融霜排水管的坡度不小于 2%，在通过保鲜库、穿堂等处时应考虑防止结霜措施。

④ 室外排水一般采用混凝土管，其管顶埋设深度一般不宜小于 0.7m，如在严寒地区其管顶应在冰冻线以下 0.4～0.6m。由于冷库污水中含固形物、油脂较多，为防止淤塞，管道设计流速宜大于 0.8m/s，最小管径不小于 200mm，并采用 5%的坡度。检查井的间距不宜大于 15m。

第7章 设计实例

7.1 氨制冷系统设计简介

一个单层500t生产性冷库，采用砖墙、钢筋混凝土梁、柱和板建成。隔热层外墙和阁楼采用聚氨酯现场发泡，冻结间内墙贴软木，地坪采用炉渣并装设水泥通风管。整个制冷系统设计计算如下。

7.1.1 设计条件

（1）气象

① 夏季室外计算温度　$t_w=+32$℃。

② 相对湿度　$\phi_w=64\%$。

（2）水温　按循环冷却水系统考虑，冷凝器进水温度为30℃，出水温度为32℃。

（3）生产能力

① 冻结能力　20t/d，采用一次冻结。

② 冷藏容量　冻结物冷藏间冷藏容量为500t。

（4）制冷系统

① 冷凝温度：$t_k=35$℃。蒸发温度：$t_0=-33$℃。

② 采用氨直接蒸发制冷系统。冻结物冷藏间温度为－18℃；冻结间温度为－23℃。

（5）冷库的平面布置　冷库的平面布置如图7-1所示。

7.1.2 设计计算

7.1.2.1 库容量计算

（1）No.1库

① 库房净面积　$A=20\times7.86=157.2\text{m}^2$。

② 库房净高　$H=5\text{m}$。

③ 公称容积　$V=157.2\times5=786\ (\text{m}^3)$。

④ 货物计算密度　$\rho=400\text{kg/m}^3$。

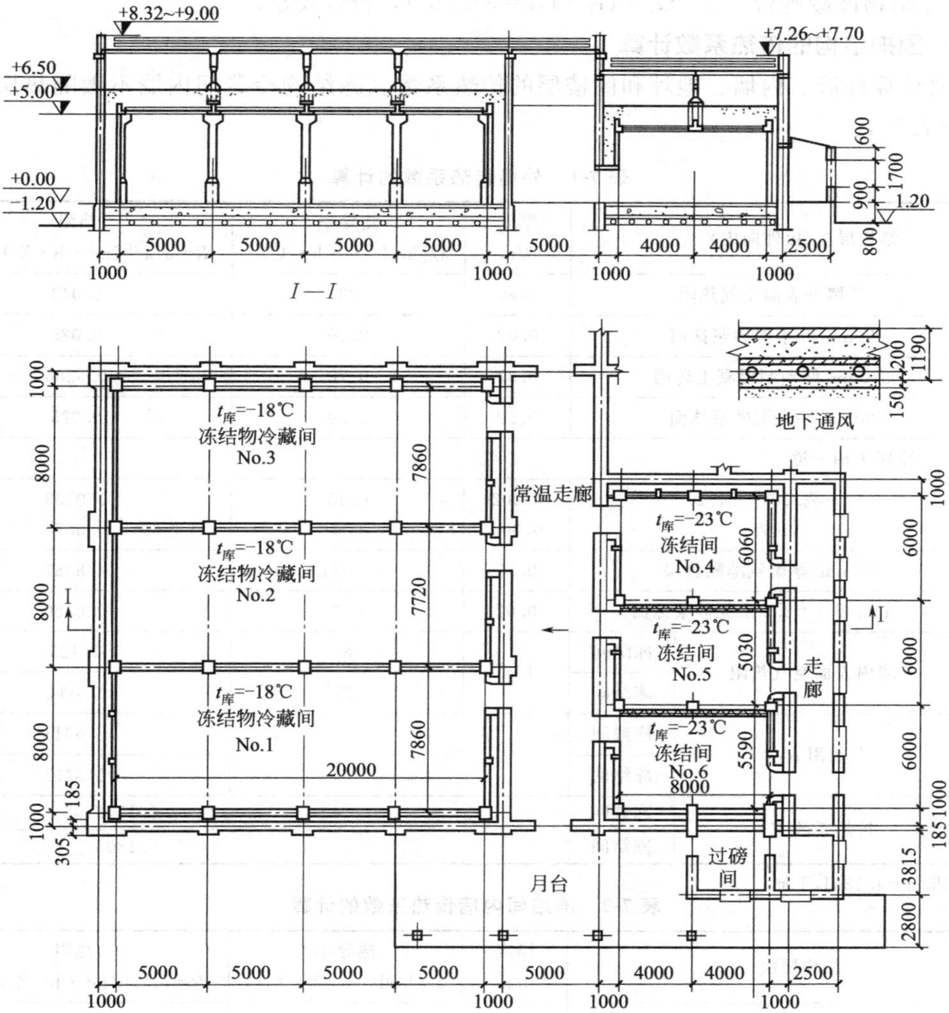

图 7-1 冷库的平面布置

⑤ 容积利用系数　$\eta=0.55$。

⑥ 冷藏吨位　$G_1=\dfrac{786\times400\times0.55}{1000}=172.92$（t）。

（2）No. 2 库

① 库房净面积　$A=20\times7.72=154.4$（m^2）。

② 库房净高　$H=5$m。

③ 公称容积　$V=154.4.\times5=772$（m^3）。

④ 货物计算密度　$\rho=400kg/m^3$。

⑤ 容积利用系数　$\eta=0.55$。

⑥ 冷藏吨位　$G_2=\dfrac{772\times400\times0.55}{1000}=169.84$（t）。

（3）No. 3 库

① No. 3 库冷藏吨位　同 No. 1 库，为 $G_3=172.92$t。

② 冻结物冷藏吨位　$G=G_1+G_2+G_3=515.68\text{t}$，符合要求。

7.1.2.2　围护结构的传热系数计算

主要计算外墙、内墙、地坪和阁楼层的传热系数（冻结物冷藏间内墙不做隔热层），见表 7-1～表 7-4。

表 7-1　外墙传热系数的计算

	结构层次（由外向内）		厚度 δ/m	热导率 λ/[kcal/(m·h·℃)]	热阻 $R=\delta/\lambda$/[(m²·h·℃)/kcal]
1	外墙外表面空气热阻		$1/\alpha_w$	23	0.043
2	20mm 厚水泥砂浆抹面		0.02	0.80	0.025
3	370mm 厚预制混凝土砖墙		0.37	0.70	0.5286
4	20mm 厚水泥砂浆抹面		0.02	0.80	0.025
5	冷底子油一道				
6	一毡二油　油毡		0.002	0.15	0.0133
	沥青		0.003	0.4	0.0075
7	150mm 厚聚氨酯隔热层		0.15	0.031	4.8387
8	20mm 厚 1∶2.5 水泥砂浆抹面		0.02	0.8	0.0250
9	外墙内表面空气热阻	冻藏间	$1/\alpha_n$	8	0.125
		冻结间		29	0.034
	总热阻 R_0	冻藏间	—		5.6311
		冻结间			5.5401
10	传热系数 K	冻藏间	—		0.1776
		冻结间			0.1805

注：1kcal=4.18kJ，下同。

表 7-2　冻结间内墙传热系数的计算

	结构层次	厚度 δ/m	热导率 λ/[kcal/(m·h·℃)]	热阻 $R=\delta/\lambda$/[(m²·h·℃)/kcal]
1	内墙外表面空气热阻	$1/\alpha_w$	29	0.034
2	20mm 厚水泥砂浆抹面	0.02	0.80	0.025
3	120mm 厚混合砂浆切砖墙	0.12	0.70	0.1714
4	20mm 厚水泥砂浆抹面	0.02	0.80	0.025
5	冷底子油一道			
6	一毡二油　油毡	0.02	0.15	0.0133
	沥青	0.03	0.40	0.0075
7	80mm 厚聚氨酯隔热层	0.08	0.031	2.580
8	一毡二油　油毡	0.002	0.002	0.0133
	沥青	0.003	0.003	0.0075
9	20m 厚 1∶2.5 水泥砂浆抹面	0.02	0.80	0.0250
10	内墙内表面空气热阻	$1/\alpha_n$	29	0.034
	总热阻 R_0	—		2.936
	传热系数 K	—		0.3406

表 7-3 地坪传热系数的计算

结构层次(由下向上)			厚度 δ/m	热导率 λ/[kcal/(m·h·℃)]	热阻 $R=\delta/\lambda$/[(m²·h·℃)/kcal]
1	60mm 厚细石钢筋混凝土层		0.06	1.35	0.0444
2	15mm 厚水泥砂浆抹面层		0.015	0.8	0.0187
3	一毡二油 油毡		0.002	0.15	0.0133
	沥青		0.003	0.4	0.0075
4	20mm 厚水泥砂浆抹面层		0.02	0.8	0.025
5	50mm 厚炉渣预制块		0.05	0.35	0.1428
6	540mm 厚炉渣层		0.54	0.28	1.9285
7	15mm 厚水泥砂浆保护层		0.015	0.80	0.0187
8	二毡三油 油毡		0.004	0.15	0.0266
	沥青		0.006	0.4	0.0150
9	20mm 厚水泥砂浆保护层		0.02	0.8	0.0250
10	530mm 厚单层红砖干铺		0.053	0.7	0.0757
11	400mm 厚干砂垫层		0.400	0.5	0.800
12	150mm 厚 3∶7 灰土垫层		0.15	0.345	0.4347
13	100mm 厚碎石灌 50 号水泥砂浆		0.10	0.6	0.1666
14	内表面空气热阻	冻藏间	$1/\alpha_n$	8	0.125
		冻结间		29	0.034
	总热阻 R_0	冻藏间	—		3.8675
		冻结间			3.7765
	传热系数 K	冻藏间	—		0.2586
		冻结间			0.2648

表 7-4 屋顶阁楼传热系数的计算

结构层次(由外向内)			厚度 δ/m	热导率 λ/[kcal/(m·h·℃)]	热阻 $R=\delta/\lambda$/[(m²·h·℃)/kcal]
1	外表面空气热阻		$1/\alpha_w$	12	0.083
2	40mm 厚预制混凝土板		0.04	1.1	0.0363
3	空气间层		0.02	—	0.23
4	二毡三油 油毡		0.004	0.15	0.0266
	沥青		0.006	0.4	0.015
5	20mm 厚水泥砂浆找平层		0.02	0.8	0.025
6	30mm 厚钢筋混凝土屋盖		0.03	1.35	0.0222
7	空气间层		1.5	—	0.24
8	150mm 厚聚氨酯隔热层		0.15	0.031	4.8387
9	250mm 厚钢筋混凝土板		0.25	1.35	0.1851
10	内表面空气热阻	冻藏间	$1/\alpha_n$	8	0.125
		冻结间		29	0.034
	总热阻 R_0	冻藏间	—		5.8269
		冻结间			5.7359
	传热系数 K	冻藏间	—		0.1716
		冻结间			0.1743

7.1.2.3 围护结构的传热面积

冷库围护结构的传热面积计算见表 7-5。

表 7-5 冷库围护结构的传热面积

计算部位		传热面积			计算部位		传热面积		
		长/m	高/m	面积/m²			长/m	高/m	面积/m²
No. 1	东墙	9.185	7.490	68.795	No. 4	东墙	7.420	6.290	46.672
	南墙	22.370	7.490	167.551		南墙	8.000	6.290	50.320
	西墙	9.185	7.490	69.795		西墙	7.420	6.290	46.672
	北墙	20.000	7.490	149.800		北墙	10.370	6.290	65.227
	屋顶、阁楼、地坪	20.000	7.860	157.200		屋顶、阁楼、地坪	8.000	6.060	48.480
No. 2	东墙	8.000	7.490	59.920	No. 5	东墙	6.000	6.290	37.740
	西墙	8.000	7.490	59.920		西墙	6.000	6.290	37.740
	屋顶、阁楼、地坪	20.000	7.420	154.400		北墙	8.000	6.290	50.320
						屋顶、阁楼、地坪	8.000	5.650	45.200
No. 3	东墙	9.185	7.490	68.795	No. 6	东墙	6.950	6.290	43.716
	西墙	9.185	7.490	68.795		南墙	10.370	6.290	65.227
	北墙	22.370	7.490	167.551		西墙	6.950	6.290	43.716
	屋顶、阁楼、地坪	20.000	7.860	157.200		屋顶、阁楼、地坪	8.000	5.590	44.720

7.1.2.4 冷库热负荷的计算

（1）冷库围护结构的热流量的计算见表 7-6。

表 7-6 冷库围护结构的热负荷 Q_1 的计算

冷间序号	墙体方向	K	α	A	t_w	t_n	$Q_1=K_wA_w\alpha(t_w-t_n)$
No. 1	东墙	0.1776	1.05	68.795	32	−18	641.44
	南墙	0.1776	1.05	167.55	32	−18	1562.24
	西墙	0.1776	1.05	68.795	32	−18	641.44
	阁楼层	0.1716	1.2	157.2	32	−18	1618.53
	地坪	0.2586	0.7	157.2	32	−18	1422.82
	此间合计						5886.47
No. 2	东墙	0.1776	1.05	59.82	32	−18	557.76
	西墙	0.1776	1.05	59.82	32	−18	557.76
	阁楼层	0.1716	1.2	154.4	32	−18	1589.70
	地坪	0.2586	0.7	154.4	32	−18	1397.47
	此间合计						4102.70
No. 3	东墙	0.1776	1.05	68.795	32	−18	641.44
	西墙	0.1776	1.05	68.795	32	−18	641.44
	北墙	0.1776	1.05	167.55	32	−18	1562.24
	阁楼层	0.1716	1.2	157.2	32	−18	1618.53
	地坪	0.2586	0.7	157.2	32	−18	1422.82
	此间合计						5886.47
No. 4	东墙	0.1805	1.05	46.671	32	−23	486.49
	南墙	0.3406	1	50.32	32	−23	942.64
	西墙	0.1805	1.05	46.67	32	−23	486.48
	北墙	0.1805	1.05	65.227	32	−23	679.92
	阁楼层	0.1743	1.2	48.48	32	−23	557.70
	地坪	0.2648	0.7	48.48	32	−23	494.24
	此间合计						3647.49

续表

冷间序号	墙体方向	K	α	A	t_w	t_n	$Q_1=K_wA_w\alpha(t_w-t_n)$
No. 5	东墙	0.1805	1.05	37.74	32	−23	393.40
	南墙	0.3406	1	50.32	32	−23	942.64
	西墙	0.1805	1.05	37.74	32	−23	393.40
	北墙	0.3406	1	50.32	32	−23	942.64
	阁楼层	0.1743	1.2	45.2	32	−23	519.97
	地坪	0.2648	0.7	48.48	32	−23	494.24
	此间合计						3686.30
No. 6	东墙	0.1805	1.05	43.715	32	−23	455.68
	南墙	0.1805	1.05	65.227	32	−23	679.92
	西墙	0.1805	1.05	43.715	32	−23	455.68
	北墙	0.3406	1	50.32	32	−23	942.64
	阁楼层	0.1743	1.2	44.72	32	−23	514.45
	地坪	0.2648	0.7	44.72	32	−23	455.91
	此间合计						3504.28

注：公式 $Q_1=K_wA_w\alpha(t_w-t_n)$ 中，Q_1 为围护结构热流量，W；K 为围扩结构的传热系数，W/(m^2·℃)；A 为围护结构的传热面积，m^2；α 为围护结构两侧温差修正系数；t_w 为围护结构外侧的计算温度，℃；t_n 为围护结构内侧的计算温度，℃。

(2) 货物的热流量　该库有 3 间冻结间，每间冻结能力为 6.5t/日，共 19.5t/日。3 间冻结物冷藏间按比例摊分，每间进货量为 6.5t/日。假设冻结的食品为猪肉。

① 冻结间　食品在冻结前的温度按 31℃计算，经过 20h 后的温度为−15℃。食品的冻结加工量为 6.5t/日。食品在冻结前后的焓值查附表可得：$h_1=305.9$kJ/kg，$h_2=12.2$kJ/kg。

$$Q_2=Q_{2a}=\frac{1}{3.6}\times\frac{G'(h_1-h_2)}{\tau}=\frac{1}{3.6}\times\frac{6500\times(305-12.2)}{20}=26514.58(\text{W})$$

② 冻结物冷藏间　进货量为 19.5t/日，食品入库前的温度为−15℃，经冷藏 24h 后达−18℃。食品前后的焓值查附表得：$h_1=12.2$kJ/kg，$h_2=4.6$kJ/kg。

$$Q_2=Q_{2a}=\frac{1}{3.6}\times\frac{G'(h_1-h_2)}{\tau}=\frac{1}{3.6}\times\frac{19500\times(12.2-4.6)}{24}=1715.3(\text{W})$$

(3) 通风换气的热流量　冻结物冷藏间、冻结间不需要换气的库房，因而没有通风换气的耗冷量。

(4) 电动机运转热流量　冻结物冷藏间采用光滑顶排管，故无电动机运转热流量

4～6 号冻结间电动机的运行热流量相同：冷风机使用的电动机有 3 台，每台功率为 2.2kW，$P_d=2.2$kW，$\xi=1$，$b=1$。

$$Q_4=1000\sum P_d\xi b=1000\times2.2\times3=6600(\text{W})$$

(5) 操作热流量

① 1 号冻结物冷藏间　库房面积 $A_d=157.2\text{m}^2$。照明耗冷量为：每平方米地板面积照明热量 $Q_d=2.3\text{W/m}^2$。$V_n=786\text{m}^3$，$n'_k=1$，$n_k=2.3$，$h_w=66.989$kJ/kg，$h_n=-16.077$kJ/kg，$M=0.5$，$\rho_n=1.39\text{kg/m}^3$，$n_r=3$，$Q_r=410$W。

$$Q_5=Q_dA_d+\frac{1}{3.6}\times\frac{n'_kn_kV_n(h_w-h_n)M\rho_n}{24}+\frac{3}{24}n_rQ_r$$

$$=2.3\times157.2+\frac{1}{3.6}\times\frac{1\times2.3\times786(66.989+16.077)\times0.5\times1.39}{24}+\frac{3}{24}\times3\times410$$

$$=1723.50(\text{W})$$

② 2 号冻结物冷藏间　库房面积 $A_d=154.4\text{m}^2$，$V_n=772\text{m}^3$，其余各量与上相同。

$$Q_5=Q_dA_d+\frac{1}{3.6}\times\frac{n'_kn_kV_n(h_w-h_n)M\rho_n}{24}+\frac{3}{24}n_rQ_r$$

$$=2.3\times154.4+\frac{1}{3.6}\times\frac{1\times2.3\times772(66.989+16.077)\times0.5\times1.39}{24}+\frac{3}{24}\times3\times410$$

$$=1695.54(\text{W})$$

③ 3 号冻结物冷藏间　与 1 号冻结物冷藏间相同，均为 1723.50W。冻结间不计操作热流量。

（6）总热负荷

① 冷间冷却设备负荷计算

$$Q_s=Q_1+pQ_2+Q_3+Q_4+Q_5$$

其中，冻结物冷藏间 $p=1$；冻结间 $p=1.3$，见表 7-7。

表 7-7　冷却设备负荷　　单位：W

序号	冷间名称	Q_1	pQ_2	Q_3	Q_4	Q_5	Q_s
1	No. 1 冻结物冷藏间	5886.47	1715.3	—	—	1723.5	9325.27
2	No. 2 冻结物冷藏间	4102.7	1715.3	—	—	1695.54	7513.54
3	No. 3 冻结物冷藏间	5886.47	1715.3	—	—	1723.5	9325.27
4	No. 4 冻结间	3647.49	1.3×26514.58	—	6600	—	44716.44
5	No. 5 冻结间	3686.3	1.3×26514.58	—	6600	—	44755.25
6	No. 6 冻结间	3504.28	1.3×26514.58	—	6600	—	44573.23
			总计				160209

② 机械负荷计算

$$Q_j=(n_1\sum Q_1+n_2\sum Q_2+n_3\sum Q_3+n_4\sum Q_4+n_5\sum Q_5)R$$

其中，$n_1=1$；冻结物冷藏间 $n_2=0.5$，冻结间 $n_2=1$；$n_4=0.5$；$n_5=0.5$；$R=1.07$，见表 7-8。

表 7-8　机器负荷　　单位：W

序号	冷间名称	n_1Q_1	n_2Q_2	n_3Q_3	n_4Q_4	n_5Q_5	Q_j
1	No. 1 冻结物冷藏间	5886.47	0.5×1715.3	—	—	0.5×1723.5	8137.21
2	No. 2 冻结物冷藏间	4102.7	0.5×1715.3	—	—	0.5×1695.54	6213.62
3	No. 3 冻结物冷藏间	5886.47	0.5×1715.3	—	—	0.5×1723.5	8137.21
4	No. 4 冻结间	3647.49	1×26514.58	—	0.5×6600	—	35804.41
5	No. 5 冻结间	3686.3	1×26514.58	—	0.5×6600	—	35845.94
6	No. 6 冻结间	3504.28	1×26514.58	—	0.5×6600	—	35651.18
			总计				129789.61

7.1.2.5　制冷压缩机的选择计算

冷库的热负荷计算以后，便可按机器总负荷 Q_j 进行制冷压缩机的选择。按这个冷库的设计条件，确定冷凝温度、氨液冷凝后的再冷温度以及制冷压缩机循环的级数，然后进行计算。

（1）冷凝温度　考虑循环水进入冷凝器的温度为 30℃，出水温度为 32℃，所以冷凝温度为：

$$t_k=\frac{t_1+t_2}{2}+\Delta t=\frac{(30+32)}{2}+4=35(℃)$$

(2) 氨液的再冷温度　氨液自冷凝器流入高压储液器，在供至膨胀阀之前可以经行再冷却：一是冷凝器在室外，高压储液器在室内，氨流进高压储液器和供至膨胀阀的过程中，受环境的温度影响会自然降温，冷凝温度降低 3～5℃；二是氨液通过中间冷却器的蛇形盘管进行冷却，氨液再冷却温度较中间冷却器温度高 3～5℃。

(3) 制冷循环的压缩级数　这个冷库要求冷藏间的温度为－18℃，冻结间温度为－23℃，如果蒸发温度与库房温度的温差为 10℃，则蒸发温度为－28℃和－33℃。

当冷凝温度为 35℃时，相应的冷凝压力为 $p_k=1350.38$kPa。

当蒸发温度为－28℃时，相应的蒸发压力为 $p_0=131.54$kPa 。

当蒸发温度为－33℃时，相应的蒸发压力为 $p_0=103.02$kPa 。

按冷凝压力和蒸发压力的比值考虑，则：

$$\frac{p_k}{p_0}=\frac{1350.38}{131.54}=10.27>8$$

$$\frac{p_k}{p_0}=\frac{1350.38}{103.02}=13.12>8$$

压力比均大于 8，应采用双机压缩制冷循环。

制冷系统采用双级压缩循环，冷凝温度 $t_k=35$℃，蒸发温度 $t_0=-33$℃，采用双级压缩，其高低压级容积比采用 1/3；查书中相应图得中间温度 $t_{zj}=-2.5$℃，此时中间压力 $p_{zj}=390.765$kPa，中间冷却器蛇形盘管出液温度 $t_c=-2.5+5=2.5$ (℃)。

按照允许吸气温度来计算制冷压缩的制冷量，制冷压缩机循环图如图 7-2 所示。查得低压级吸气温度 $t'_1=-21$℃；吸气比体积 $v'_1=1.18\text{m}^3/\text{kg}$，$v_3=0.316\text{m}^3/\text{kg}$；压缩机输气系数 $\lambda_d=0.78$，$\lambda_g=0.80$。按压力和温度条件，查得图中各相应状态点的参数值，见表 7-9：

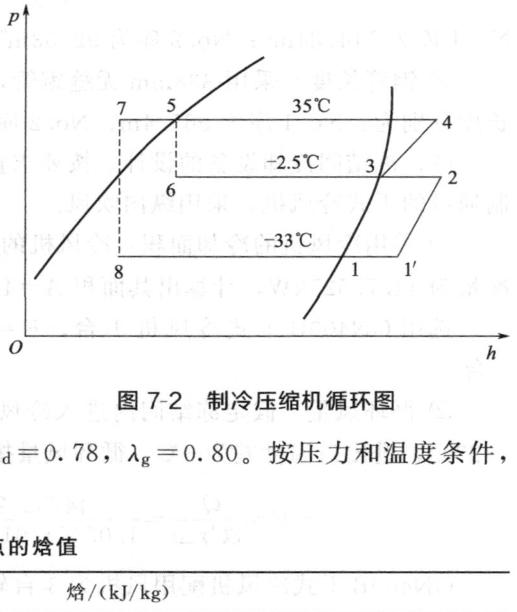

图 7-2　制冷压缩机循环图

表 7-9　各状态点的焓值

压力/kPa			焓/(kJ/kg)						
p_k	p_{zj}	p_0	h_1	h'_1	h_2	h_3	h_4	h_5	h_7
1350.38	390.76	103.2	1718.46	1742	1822	1758.4	1950	662.67	511.45

① 低压级理论输气量

$$V_d=\frac{3.6v'_1Q_j}{\lambda_d(h_1-h_7)}=\frac{3.6\times1.18\times129789.61}{0.78\times(1718.46-511.45)}=585.6(\text{m}^3/\text{h})$$

选用 S8-12.5 型单机双级压缩机 2 台，$V_d=2\times424=848\text{m}^3/\text{h}>585.6\text{m}^3/\text{h}$，符合要求。

② 高压级理论输气量

a. 高压级氨循环量：

$$G_g=\frac{G_d(h_2-h_7)}{h_3-h_5}=\frac{Q_j(h_2-h_7)}{(h_1-h_7)(h_3-h_5)}=0.1287\text{kg/s}$$

b. 高压级理论输气量：

$$V_g=\frac{3600G_g v_3}{\lambda_g}=183\text{m}^3/\text{h}$$

所选用的 S8-12.5 型单机双级压缩机的高压级的理论输气量：$V_g=2\times141=282\text{m}^3/\text{h}>183\text{m}^3/\text{h}$，符合要求。

7.1.2.6 冷却设备的选型计算

该冷库有－18℃的冷藏间和－23℃的冻结间各三间，为了简化系统，采用一个－33℃的蒸发温度，并采用氨泵循环供液方式。冷却设备的进液采用上进下出的方式。当制冷压缩机停止运行时，部分氨液存在冷却设备内。冷却间和冻结间分别设置液体分调节站与操作台，在操作台上调节各库的供液量。

（1）冷藏间冷却设备的设计　该冷库为生产性冷库，储存冻肉的时间较短，考虑采用光滑管制的双层顶排管，有利于保持库内较高的相对湿度，管径采用 ϕ38mm 无缝钢管，在库内集中布置。平时用人工扫霜，清库时采用人工扫霜和热氨冲霜相结合的除霜方法。

① 冷却面积　计算公式：$A=\frac{\Phi_s}{K\Delta t}$，其中，$K$ 取 8.12W/(m²·℃)，Δt 取 10℃，则 No.1 库为 114.84m²；No.2 库为 92.53m²；No.3 库为 114.84m²。

② 钢管长度　采用 ϕ38mm 无缝钢管，每米长的面积 0.119m²，计算出各冷藏库的钢管长度分别为：No.1 库为 965.4m；No.2 库为 777.56m；No.3 库为 965.4m。

（2）冻结间冷却设备的设计　按要求食品的冻结时间为 20h，冻结间的冷却设备选用强制通风的干式冷风机，采用纵向吹风。

① 需用冷风机的冷却面积　冷风机的单位热负荷 q_F 取 116W/m²，No.5 库冻结间的耗冷量为 44.75525kW，计算出其面积 $A=44755.25/116=385.82$（m²）。

选用 GN400B 干式冷风机 1 台，$F=412\text{m}^2>385.82\text{m}^2$；No.4 库和 No.6 库各选用 2 台。

② 循环风量　假定冻结间内进入冷风机的空气温度为－20℃，出冷风机的空气温度为－23℃，进出口温度差为 3℃，循环风量按下式计算：

$$V=\frac{Q_0}{\xi C\gamma\Delta t}=\frac{44755.25\times3.6}{1.05\times1.016\times1.39\times3}=36218.247(\text{m}^3/\text{h})$$

GN400B 干式冷风机配用风机为 3 台轴流风机，每台风量为 15700 m³/h 时，总风量＝$3\times15700\text{m}^3/\text{h}=47100\text{m}^3/\text{h}>36218.247\text{m}^3/\text{h}$。

7.1.2.7 辅助设备的选择计算

（1）冷凝器　冷凝热负荷：

$$Q_k=G_g(h_4-h_5)=164.8\text{kW}$$

采用立式冷凝器，考虑单位热负荷 $q_F=2.9$ kW/ m² 时，冷凝面积为：

$$F=\frac{Q_k}{q_F}=56.8\text{m}^2$$

选用 LNA-50 型冷凝器 2 台。

(2) 中间冷却器

① 中间冷却器直径

$$d=0.0188\sqrt{\frac{\lambda_g V_g}{\omega}}=0.0188\sqrt{\frac{0.8\times 282}{0.5}}=0.4(\text{m})$$

② 蛇形盘管冷却面积

$$A=\frac{\phi_{zj}}{K\Delta t}=\frac{G_d(h_5-h_7)}{500\times 16.1}=1.91(\text{m}^2)$$

选用 ZLA-2 型中冷器 1 台。

(3) 油分离器

$$d=0.0188\sqrt{\frac{\lambda_g V_g}{\omega}}=0.0188\sqrt{\frac{0.8\times 282}{0.8}}=0.32(\text{m})$$

选用直径为 325mm 油分离器一个。

(4) 空气分离器　选用 KFA-32 型空气分离器 1 台。

(5) 集油器　选用桶身直径 159mm 的集油器 1 台。

(6) 高压储液器　氨液的总循环量 $G=0.1287\text{kg/s}=463.3\text{kg/h}$，冷凝温度下的氨液比体积 $v=0.001702\text{m}^3/\text{kg}$，容量系数 φ 取为 1.2，充满度 β 取为 0.7，则按式计算得：

$$V=\frac{\varphi}{\beta}vG=1.35\text{m}^3$$

选用 ZA-2.0 型的储液桶一个。

(7) 氨泵　冷藏间的冷却设备为顶排管，它是靠空气自然对流进行热交换的，氨泵的流量以氨的循环量的 4 倍计算。

冷藏间的制冷总负荷为 26.16408kW。

单位制冷量：$h_1-h_8=1718.46-511.45=1207.01(\text{kJ/kg})$。

氨的循环量：$G_d=26.16408\times 3600/1207.01=78.03(\text{kg/h})$。

查得-33℃时的比体积为 $0.0014676\text{m}^3/\text{kg}$。

需用的氨泵流量：$V_1=4\times 78.03\times 0.0014676=0.458\ (\text{m}^3/\text{h})$。

冻结间的冷却设备为冷风机，它是以强制通风对流进行热交换的，氨泵的流量以氨的循环量的 5 倍计算。

冻结间的制冷总负荷为 134.0449kW。

单位制冷量：$h_1-h_8=1207.01\text{kJ/kg}$。

氨的循环量：$G_d=134.0449\times 3600/1207.01=399.8\ (\text{kg/h})$。

需用的氨泵流量：$V_2=5\times 399.8\times 0.0014676=2.99\ (\text{m}^3/\text{h})$。

氨泵的总的流量：$V=V_1+V_1=3.45\text{m}^3/\text{h}$。

选用选用 YAB2-5 型氨泵 2 台，每台流量为 $2\text{m}^3/\text{h}$ 。

氨泵的扬程计算略。

(8) 低压循环桶　本设计采用立式低压循环储液桶，进液方式为下进上出，其需用容积计算如下。

① 计算冷却设备的容积　按制冷设备容积的 40%、回气管容积的 60%和液管容积的总和除以 70%计算冷却设备的容积。

冷却排管的容积：排管的总长为 2708.36m，管子尺寸为 ϕ38mm×2.5mm，每米管长的容积为：

$$1\times\frac{\pi d^2}{4}=3.14\times0.033^2/4=0.00085(\mathrm{m}^3)$$

排管的容积：2708.36×0.00085＝2.302（m^3）

翅片管总长（ϕ25mm×2.2mm）：共有3台400号冷风机，每台冷却面积为412m^2，每平方米翅片管冷却表面积为0.71m^2；总长＝3×412/0.71＝1740（m）。

计算出每米管长的容积为0.00033 m^3。

冷风机翅片管容积：1740×0.00033＝0.574（m^3）。

冷却设备的容积：V_1＝2.302＋0.574＝2.799（m^3）。

② 计算回气管的容积　冻结间的回气管（ϕ76mm×3.5mm）共长40m，每米容积为0.00374m^3，共有容积为0.149m^3。

冷藏间的回气管（ϕ57mm×3.5mm）共长70m，每米容积为0.00196m^3，共有容积为0.137m^3。

回气管的容积：V_2＝0.149＋0.137＝0.286（m^3）。

③ 计算液管容积　冷藏间液管长70m，冻结间液管共长40，管径为ϕ38mm×2.5mm，每米容积为0.0085m^3，共有容积为V_3＝0.0935m^3。

④ 需用低压循环储液桶容积V为：

$$V=(0.4V_1+0.6V_2+V_3)/0.7=1.978\mathrm{m}^3$$

选用外径ϕ800mm低压储液桶2台，每台容积1.6m^3。

（9）系统管道的管径的确定

① 回气管　按冷藏间和冻结间制冷设备总负荷查得冷藏间的回气管用ϕ40mm的管子，冻结间用ϕ89mm的管子，两管的总管用ϕ108mm的管子。

② 吸入管　按制冷设备总负荷，管长50m，查图得为ϕ90mm，可采用ϕ108mm的管子。

③ 排气管　按冷凝热负荷，管长50m，查图得为ϕ57mm，可采用ϕ89mm的管子。

④ 储液桶至调节站　按总管长度小于30m考虑，总负荷以冷凝热负荷计算时查图得内径为20mm，可采用ϕ32mm的管子。

⑤ 冷凝器至储液器　按总管长度小于30m考虑，总冷凝热负荷计算时查图得内径为38mm，可采用ϕ57mm的管子。

⑥ 其他管道　放油管采用ϕ32mm的管子；放空气管采用ϕ25mm的管子；平衡管采用ϕ25mm的管子；安全管采用ϕ25mm的管子。

（10）制冷设备和管道的隔热层厚度　凡管道和设备导致冷量损失的部位，将产生凝结水的部位和形成冷桥的部位，均应进行保温。

中间冷却器：设备周围空气温度为30℃，设备直径为0.5m；蛇形盘管冷却面积为2.5m^2；隔热层厚度为160mm。

低压循环储液桶：隔热层厚度为170mm。

低压供液管的厚度和其他低温管的隔热层厚度查相关的图表。

7.1.3 制冷系统的原理图

如图7-3所示是500t冷库的制冷系统原理透视图，该系统是一个蒸发温度为－33℃的氨泵供液、双级压缩的制冷循环。

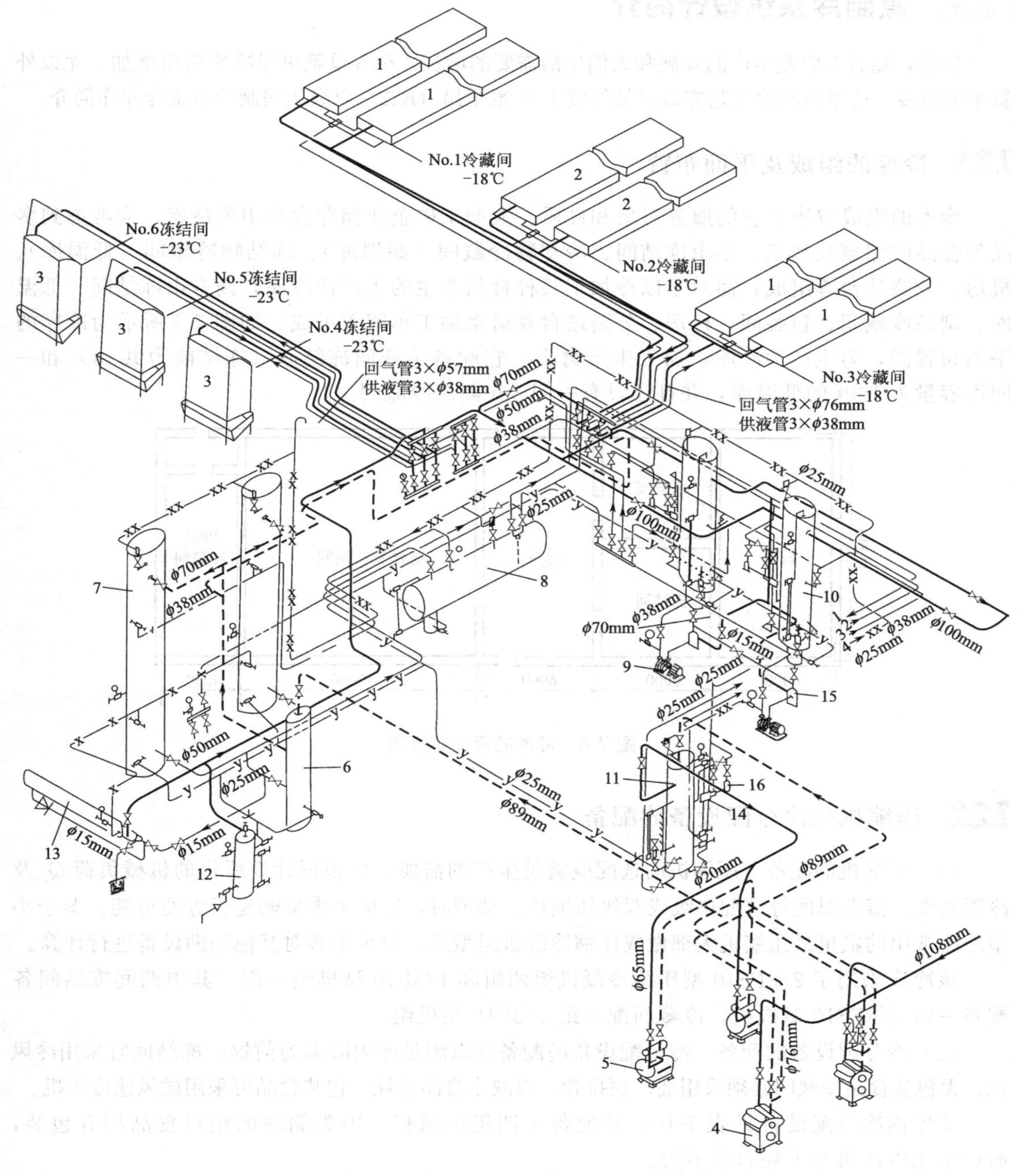

图 7-3 500t 冷库的制冷系统原理透视图

1，2—顶排管；3—冷风机；4—低压级压缩机；5—高压级压缩机；6—油分离器；7—冷凝器；8—高压储液器；9—氨泵；10—低压循环储液桶；11—中间冷却器；12—集油器；13—空气分离器；14—液位控制器；15—过滤器；16—液位显示器

7.2 氟制冷系统设计简介

目前，随着工农业生产的发展和人们生活需要的增长，小容量氟里昂冷库有所增加，尤以外贸系统为多。这里从制冷工艺方面对某外贸100t氟里昂（R22）双级压缩制冷系统冷库作简介。

7.2.1 冷库的组成及平面布置

冷库的组成取决于它的服务对象和性质。大型工矿企业储存食品用的冷库，应考虑到多品种食品的储藏及加工，多由冻结间、冷却物冷藏间（高温库）、冻结物冷藏间（低温库）、机房、公路站台等组成；而对于以冷加工某种食品为主的生产性冷库，则常由冻结间、低温库、副品冷藏间、包装间、机房、公路站台及屠宰加工车间等组成。如图7-4所示为冷库的平面布置图，为生产性冷库，加工生产禽类。它配备了两间冻结间（冻结能力共8t）和一间库容量为100t的低温库，并且还设有一间30t副品冷藏间。

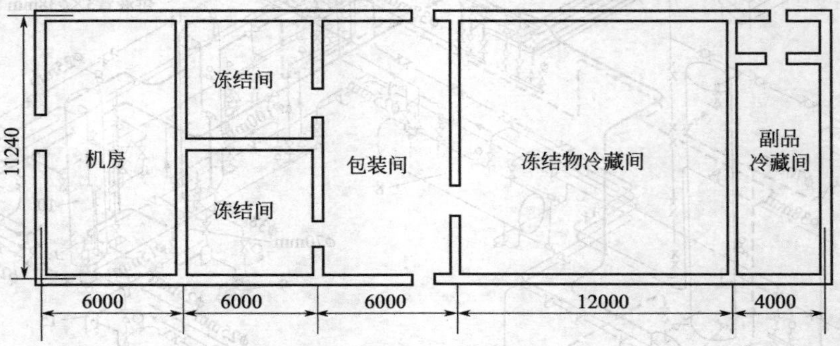

图7-4 冷库的平面布置图

7.2.2 压缩机和冷分配设备的配备

（1）压缩机的配备　压缩机的选配应满足生产的需要，再根据计算所得的机械负荷 Q_j 及冷凝温度、蒸发温度等选配单级或双级压缩机。选型时，还应考虑采购是否方便可能。鉴于小型冷库常用的氟里昂压缩机大都做成压缩冷凝机组型式，故可不必对其他辅助设备进行计算。

该冷库采用了2/6FS10型压缩冷凝机组两组和1/3F10型机组一组，其中两间冻结间各配备一组2/6FS10型机组，冷藏间配一组1/3F10型机组。

（2）冷分配设备的配备　冷分配设备的配备要以满足库内降温为前提，冻结间宜采用冷风机，无包装食品冷藏间必须采用墙、顶排管，以减小食品干耗，包装食品可采用微风速冷风机。

冷库内冷分配设备见表7-10，共配备了四组冷风机，因为储藏的出口食品均有包装，所以采用冷风机对干耗影响不大。

表7-10 冷库内冷分配设备

库房名称	设备形式	设备型号	组数
No.1冻结间	冷风机	F-145	2
No.2冻结间	冷风机	F-145	2
No.3低温库	冷风机	F-54	2
No.4副品冷藏间	冷风机	F-54	1

7.2.3 制冷系统

为便于润滑油及时从冷分配设备中返回压缩机曲轴箱，采取各库房分别单配一组机组或一组冷分配设备单配一组机组的单独系统，这样既有利于回油，又便于实现自动控制，且易于使冷分配设备的供液均匀。

如图 7-5 所示是冷库的双级压缩制冷系统原理，该系统机组与库房冷分配设备也为单独系统，两组 2/6FS10 型压缩冷凝机组分别负担两间冻结间的冷风机，另一组 1/3F10 型机组则负担低温库和副品冷藏间的三组冷风机，并可利用过桥阀将各单独系统连通。与图 7-5 的设备及其明细见表 7-11。

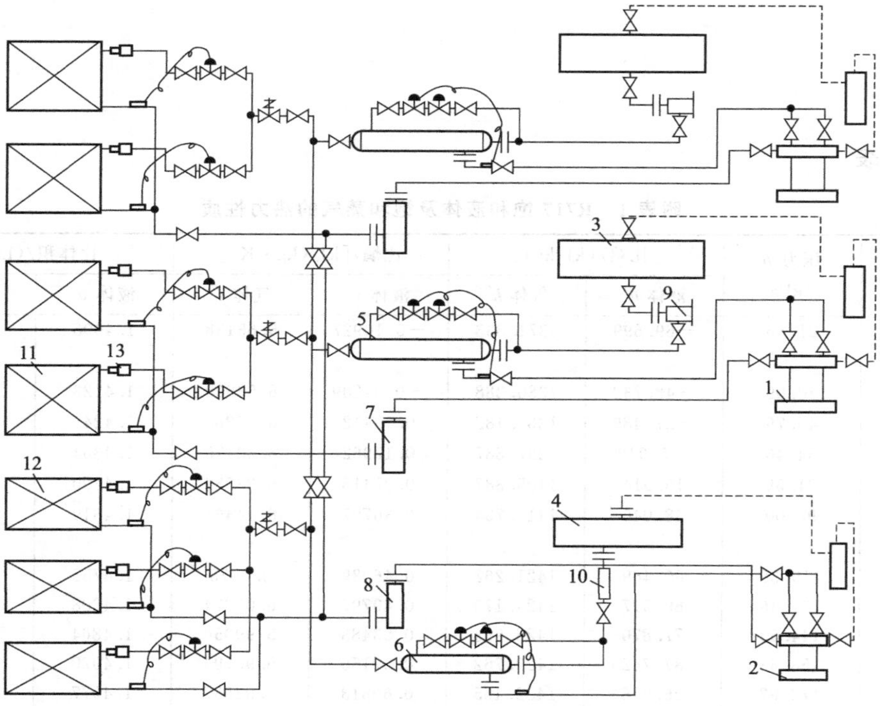

图 7-5 冷库的双级压缩制冷系统原理

表 7-11 与图 7-5 相应的设备及其明细

序号	名称	型号(规格)	单位	数量
1	压缩机	2/6FS10 型	台	2
2	压缩机	1/3F10 型	台	1
3	冷凝器	LN35 型	台	2
4	冷凝器	LN7.2 型	台	1
5	中间冷却器	ZL-1	个	2
6	中间冷却器	ZL-0.5	个	1
7	气液分离器	QF(0.025m²)	个	2
8	气液分离器	QF(0.030m²)	个	1
9	过滤器	GJ-32	个	2
10	过滤器	GJ-20	个	1
11	冷风机	F-145	台	4
12	冷风机	F-54	台	3
13	分液器	FY-1	个	7

附录

1. 附表

附表1 R717饱和液体及饱和蒸气的热力性质

温度 t /℃	压力 p /kPa	比焓/(kJ/kg)		比熵/[kJ/(kg·K)]		比体积/(L/kg)	
		液体 h'	气体 h''	液体 s'	气体 s''	液体 v'	气体 v''
−60	21.86	−69.699	1371.333	−0.10927	6.65138	1.4008	4715.8
−55	30.09	−48.732	1380.388	−0.01209	6.53900	1.4123	3497.5
−50	40.76	−27.489	1387.182	0.08412	6.43263	1.4242	2633.4
−45	54.40	−5.919	1397.887	0.17962	6.33175	1.4364	2010.6
−40	71.59	15.914	1405.887	0.27418	6.23589	1.4490	1555.1
−35	93.00	38.046	1413.754	0.36797	6.14461	1.4619	1217.3
−30	119.36	60.469	1421.262	0.46089	6.0575	1.4753	963.49
−28	131.46	69.517	1424.170	0.49797	6.02374	1.4808	880.04
−26	144.53	77.870	1426.993	0.53483	5.99056	1.4864	805.11
−24	158.63	87.742	1429.762	0.57155	5.95794	1.4920	737.70
−22	173.82	96.916	1432.465	0.60813	5.92587	1.4977	676.97
−20	190.15	106.130	1435.100	0.64458	5.89431	1.5035	622.14
−18	207.07	115.381	1437.665	0.68108	5.86325	1.5093	572.57
−16	226.47	124.668	1440.160	0.71702	5.83268	1.5153	527.68
−14	246.59	133.988	1442.581	0.75300	5.80256	1.5213	486.96
−12	268.10	143.341	1444.929	0.78883	5.77289	1.5274	449.97
−10	291.06	152.723	1447.201	0.82448	5.74365	1.5336	416.32
−9	303.12	157.424	1448.308	0.84224	5.72918	1.5067	400.63
−8	315.56	162.132	1449.396	0.86026	5.71481	1.5399	385.65
−7	328.40	166.846	1450.464	0.87772	5.70054	1.5430	371.35
−6	341.64	171.567	1451.513	0.89526	5.68637	1.5462	357.68
−5	355.31	176.293	1452.541	0.91254	5.67229	1.5495	344.61
−4	369.39	181.025	1453.550	0.93037	5.65831	1.5527	332.12
−3	383.91	185.761	1454.468	0.94785	5.64441	1.5560	320.17
−2	398.88	190.503	1455.505	0.96529	5.63061	1.5593	308.74
−1	414.29	195.249	1456.452	0.98267	5.61689	1.5626	297.74

续表

温度 t /℃	压力 p /kPa	比焓/(kJ/kg)		比熵/[kJ/(kg·K)]		比体积/(L/kg)	
		液体 h'	气体 h''	液体 s'	气体 s''	液体 v'	气体 v''
0	430.17	200.000	1457.739	1.00000	5.60326	1.5660	287.31
1	446.52	204.754	1458.284	1.01728	5.58970	1.5693	277.28
2	463.34	209.512	1459.168	1.03451	5.57642	1.5727	267.66
3	480.66	214.273	1460.031	1.05168	5.56286	1.5762	258.45
4	498.47	219.038	1460.873	1.06880	5.54954	1.5796	249.61
5	516.79	223.805	1461.693	1.08587	5.53630	1.5831	241.14
6	535.63	228.574	1462.492	1.10288	5.52314	1.5866	233.02
7	554.99	233.346	1463.269	1.11966	5.51006	1.5902	225.22
8	574.89	238.119	1464.023	1.13672	5.49705	1.5937	217.74
9	595.34	242.894	1463.757	1.15365	5.48410	1.5973	210.55
10	616.35	247.670	1465.466	1.17034	5.47123	1.6010	203.65
11	637.92	252.447	1466.154	1.18706	5.45842	1.6046	197.02
12	660.07	257.225	1466.820	1.20372	5.44568	1.6083	190.65
13	682.80	262.003	1467.462	1.22032	5.43300	1.6120	184.53
14	706.13	266.781	1468.082	1.23686	5.42039	1.6158	178.64
15	730.07	271.559	1468.680	1.25333	5.40784	1.6196	172.98
16	754.62	276.336	1469.250	1.26974	5.39534	1.6234	167.54
17	779.80	281.113	1469.805	1.28609	5.39291	1.6273	162.30
18	805.62	285.888	1470.332	1.30238	5.37054	1.6311	157.25
19	832.09	290.662	1470.836	1.32660	5.35824	1.6351	152.40
20	859.22	295.435	1471.317	1.33476	5.34595	1.6390	147.72
21	887.01	300.205	1471.774	1.35085	5.33374	1.64301	143.22
22	915.48	304.975	1472.207	1.36687	5.32158	1.64704	138.88
23	944.65	309.741	1472.616	1.38283	5.30948	1.65111	134.69
24	974.52	314.505	1473.001	1.39873	5.29742	1.65522	130.66
25	1005.1	319.266	1473.362	1.41451	5.28541	1.65936	126.78
26	1036.4	324.025	1473.699	1.43031	5.27345	1.66354	123.03
27	1068.4	328.780	1474.011	1.44600	5.26153	1.66776	119.41
28	1101.2	333.532	1474.839	1.46163	5.24966	1.67203	115.92
29	1134.7	338.281	1474.562	1.47718	5.23784	1.67633	112.56
30	1169.0	343.026	1474.801	1.49269	5.22605	1.68068	109.30
31	1204.1	347.767	1475.014	1.50809	5.21431	1.68507	106.17
32	1240.0	252.504	1475.175	1.52345	5.20261	1.68950	103.13
33	1276.7	257.237	1475.366	1.53872	5.19095	1.69398	100.21
34	1314.1	261.966	1475.504	1.55397	5.17932	1.69850	97.376
35	1352.5	366.691	1475.616	1.56908	5.16774	1.70307	94.641
36	1391.6	371.411	1475.703	1.58416	5.15619	1.70769	91.998
37	1431.6	376.127	1475.765	1.59917	5.14467	1.71235	89.442
38	1472.4	380.838	1475.800	1.61411	5.13319	1.71707	86.970
39	1514.1	385.548	1475.810	1.62897	5.12174	1.72183	84.580
40	1556.7	390.247	1475.795	1.64379	5.11032	1.72665	82.266
41	1600.2	394.945	1475.750	1.65852	5.09894	1.73152	80.028
42	1644.6	399.639	1475.681	1.67319	5.08758	1.73644	77.861
43	1689.9	404.320	1475.586	1.68780	5.07625	1.74142	75.764
44	1736.2	409.011	1475.463	1.70234	5.06495	1.74645	73.733
45	1783.4	413.690	1475.314	1.71681	5.05367	1.75154	71.766

续表

温度 t /℃	压力 p /kPa	比焓/(kJ/kg)		比熵/[kJ/(kg·K)]		比体积/(L/kg)	
		液体 h'	气体 h''	液体 s'	气体 s''	液体 v'	气体 v''
46	1831.5	418.366	1475.137	1.73122	5.04242	1.75668	69.860
47	1880.6	423.037	1474.934	1.74556	5.03120	1.76189	68.014
48	1930.7	427.704	1474.703	1.75984	5.01999	1.76716	66.225
49	1981.8	432.267	1474.444	1.77406	5.00881	1.77249	64.491
50	2033.8	437.026	1474.157	1.78821	4.99765	1.77788	62.809
51	2086.9	441.682	1473.840	1.80230	4.98651	1.78334	61.179
52	2141.1	447.334	1473.500	1.81634	4.97539	1.78887	59.598
53	2196.2	450.984	1473.138	1.83031	4.96428	1.79446	58.064
54	2252.5	455.630	1472.728	1.84432	4.95319	1.80013	56.576
55	2309.8	460.274	1472.290	1.85808	4.94212	1.80586	55.132

附表 2 R12 饱和液体及饱和蒸气的热力性质

温度 t /℃	压力 p /kPa	比焓/(kJ/kg)		比熵/[kJ/(kg·K)]		比体积/(L/kg)	
		液体 h'	气体 h''	液体 s'	气体 s''	液体 v'	气体 v''
-60	22.62	146.463	324.236	0.77977	1.61373	0.63689	637.911
-55	29.98	150.808	326.567	0.79990	1.60552	0.64226	491.000
-50	39.15	155.169	328.897	0.81964	1.59810	0.64782	383.105
-45	50.44	159.549	331.223	0.83901	1.59142	0.65355	302.683
-40	64.17	163.948	333.541	0.85805	1.58539	0.65949	241.910
-35	80.71	168.369	335.849	0.86776	1.57996	0.66563	195.398
-30	100.41	172.810	338.143	0.89516	1.57507	0.67200	159.375
-28	109.27	174.593	339.057	0.90244	1.57326	0.67461	147.275
-26	118.72	176.380	339.968	0.90967	1.57152	0.67726	136.284
-24	128.80	178.171	340.876	0.91686	1.56985	0.67996	126.282
-22	139.53	179.965	341.780	0.94400	1.56825	0.68269	117.167
-20	150.93	181.764	342.682	0.93110	1.56672	0.68547	108.847
-18	163.04	183.567	343.580	0.93816	1.56526	0.68829	101.242
-16	175.89	185.374	344.474	0.94518	1.56385	0.69115	94.2788
-14	189.50	187.185	345.365	0.95216	1.56256	0.69407	87.8951
-12	203.90	189.001	346.252	0.95910	1.56121	0.69703	82.0344
-10	219.12	190.822	347.134	0.96601	1.55997	0.70004	76.6464
-9	227.04	191.734	347.574	0.96945	1.55938	0.70157	74.1155
-8	235.19	192.647	348.012	0.97287	1.55897	0.70310	71.6864
-7	243.55	193.562	348.450	0.97629	1.55822	0.70465	69.3543
-6	252.14	194.477	348.886	0.97971	1.55765	0.70622	67.1146
-5	260.96	195.395	349.321	0.98311	1.55710	0.70780	64.9629
-4	270.01	196.313	349.755	0.98650	1.55657	0.70939	62.8952
-3	279.30	197.233	350.187	0.98989	1.55604	0.71099	60.9075
-2	288.82	198.154	350.619	0.99327	1.55552	0.71261	58.9963
-1	298.59	199.076	351.049	0.99664	1.55502	0.71425	57.1579

续表

温度 t /℃	压力 p /kPa	比焓/(kJ/kg)		比熵/[kJ/(kg·K)]		比体积/(L/kg)	
		液体 h'	气体 h''	液体 s'	气体 s''	液体 v'	气体 v''
0	308.61	200.000	351.477	1.00000	1.55452	0.71590	55.3892
1	318.88	200.925	351.905	1.00335	1.55404	0.71756	53.6869
2	329.40	201.852	352.331	1.00670	1.55356	0.71924	52.0481
3	340.19	202.780	352.755	1.01004	1.55310	0.72094	50.4700
4	351.24	203.710	353.179	1.01337	1.55264	0.72265	48.9499
5	263.55	204.642	353.600	1.01670	1.55220	0.72438	47.4853
6	374.14	205.575	354.020	1.02001	1.55176	0.72612	46.0737
7	386.01	206.509	354.439	1.02333	1.55133	0.72788	44.7129
8	398.15	207.445	354.856	1.02663	1.55091	0.72966	43.4006
9	410.58	208.383	355.272	1.02993	1.55050	0.73146	42.1349
10	423.30	209.323	355.686	1.03322	1.55010	0.73326	40.9137
11	436.31	210.264	356.098	1.03650	1.54970	0.73510	39.7352
12	449.62	211.207	356.509	1.03978	1.54931	0.73695	38.5975
13	463.23	212.152	356.918	1.04305	1.54893	0.73882	37.4991
14	477.14	213.099	357.325	1.04632	1.54856	0.74071	36.4382
15	491.37	214.048	357.730	1.04958	1.54819	0.74262	35.4133
16	505.91	214.998	358.134	1.05284	1.54783	0.74455	34.4230
17	520.76	215.951	358.535	1.05609	1.54748	0.74649	33.4658
18	535.94	216.906	358.935	1.05933	1.54713	0.74846	32.5405
19	551.45	217.863	359.333	1.06258	1.54679	0.75045	31.6457
20	567.29	218.821	359.729	1.06581	1.54645	0.75246	30.7802
21	583.47	219.783	360.122	1.06904	1.54612	0.75449	29.9429
22	599.98	220.746	360.514	1.07227	1.54579	0.75655	29.1327
23	616.84	221.712	360.904	1.07549	1.54547	0.75863	28.3485
24	634.05	222.680	361.291	1.07871	1.54515	0.76073	27.5894
25	651.62	223.650	361.676	1.08193	1.54484	0.76286	26.8542
26	669.54	224.623	362.059	1.08514	1.54453	0.76501	26.1422
27	687.82	225.598	362.439	1.08835	1.54423	0.76718	25.4524
28	706.47	226.576	362.817	1.09155	1.54393	0.76938	24.7840
29	725.50	227.557	363.193	1.09475	1.54363	0.77161	24.1362
30	744.90	228.540	363.566	1.09795	1.54334	0.77386	23.5082
31	764.68	229.526	363.937	1.10115	1.54305	0.77614	22.8993
32	784.85	230.515	364.305	1.10434	1.54276	0.77845	22.3088
33	805.41	231.506	364.670	1.10753	1.54247	0.78079	21.7359
34	826.36	232.501	365.033	1.11072	1.54219	0.78316	21.1802
35	847.72	233.498	365.392	1.11391	1.54191	0.78556	20.6408

续表

温度 t /℃	压力 p /kPa	比焓/(kJ/kg)		比熵/[kJ/(kg·K)]		比体积/(L/kg)	
		液体 h′	气体 h″	液体 s′	气体 s″	液体 v′	气体 v″
36	869.48	234.499	365.749	1.11710	1.54163	0.78799	20.1173
37	891.64	235.503	366.103	1.12028	1.54135	0.79045	19.6081
38	914.23	236.510	366.454	1.12347	1.54107	0.79294	19.1156
39	937.23	237.521	366.802	1.12665	1.54079	0.79546	18.6362
40	960.65	238.535	367.146	1.12984	1.54051	0.79802	18.1706
41	984.51	239.552	367.487	1.13302	1.54024	0.80062	17.7182
42	1008.8	240.574	367.825	1.13620	1.53996	0.80325	17.2785
43	1033.5	241.598	368.160	1.13938	1.53968	0.80592	16.8511
44	1058.7	242.627	368.491	1.14257	1.53941	0.80863	16.4356
45	1084.3	243.659	368.818	1.14575	1.53913	0.81137	16.0316
46	1110.4	244.696	369.141	1.14894	1.53885	0.81416	15.6386
47	1136.9	245.736	369.461	1.15213	1.53856	0.81698	15.2563
48	1163.9	246.781	369.777	1.15532	1.53828	0.81985	14.8844
49	1191.4	247.830	370.088	1.15351	1.53799	0.82277	14.5224
50	1219.3	248.884	370.396	1.16170	1.53770	0.82573	14.1701

附表 3　R22 饱和液体及饱和蒸气的热力性质

温度 t /℃	压力 p /kPa	比焓/(kJ/kg)		比熵/[kJ/(kg·K)]		比体积/(L/kg)	
		液体 h′	气体 h″	液体 s′	气体 s″	液体 v′	气体 v″
−60	37.48	134.763	379.114	0.73254	1.87886	0.68208	537.152
−55	49.47	139.830	381.529	0.75599	1.86389	0.68856	414.827
−50	64.39	144.959	383.921	0.77919	1.85000	0.69526	324.557
−45	82.71	150.153	386.282	0.80216	1.83708	0.70219	256.990
−40	104.95	155.414	388.609	0.82490	1.82504	0.70936	205.745
−35	131.68	160.742	390.896	0.84743	1.81380	0.71680	166.400
−30	163.48	166.140	393.138	0.86976	1.80329	0.72452	135.844
−28	177.76	168.318	394.021	0.87864	1.79927	0.72769	125.563
−26	192.99	170.507	394.896	0.88748	1.79535	0.73092	116.214
−24	209.22	172.708	395.762	0.89630	1.79152	0.73420	107.701
−22	226.48	174.919	396.619	0.90509	1.78779	0.73753	99.9362
−20	244.83	177.142	397.467	0.91386	1.78415	0.74091	92.8432
−18	264.29	179.376	398.305	0.92259	1.78059	0.74436	86.3546
−16	284.93	181.622	399.133	0.93129	1.77711	0.74786	80.4103
−14	306.78	183.878	399.951	0.93997	1.77371	0.75143	74.9572
−12	329.89	186.147	400.759	0.94862	1.77039	0.75506	69.9478
−10	354.30	188.426	401.555	0.95725	1.76713	0.75876	65.3399
−9	367.01	189.571	401.949	0.96155	1.76553	0.76063	63.1746
−8	380.06	190.718	402.341	0.06585	1.76394	0.76253	61.0958
−7	393.47	191.868	402.729	0.97014	1.76237	0.76444	59.0996
−6	407.23	193.021	403.114	0.97442	1.76082	0.76636	57.1820

续表

温度 t /℃	压力 p /kPa	比焓/(kJ/kg)		比熵/[kJ/(kg·K)]		比体积/(L/kg)	
		液体 h'	气体 h''	液体 s'	气体 s''	液体 v'	气体 v''
−5	421.35	194.176	403.496	0.97870	1.75928	0.76831	55.3394
−4	435.84	195.335	403.876	0.98297	1.75775	0.77028	33.5682
−3	450.70	196.497	404.252	0.98724	1.75624	0.77226	51.8653
−2	465.94	197.662	404.626	0.99150	1.75475	0.77427	50.2274
−1	481.57	198.828	404.994	0.99575	1.75326	0.77629	48.6517
0	497.59	200.000	405.261	1.00000	1.75279	0.77804	47.1354
1	514.01	201.174	405.724	1.00424	1.75034	0.78041	45.6757
2	540.83	202.351	406.084	1.00848	1.74889	0.78249	44.2702
3	548.06	203.530	406.440	1.01271	1.74746	0.78460	42.9166
4	565.71	204.713	406.793	1.01694	1.74604	0.78673	41.6124
5	583.78	205.899	407.143	1.02116	1.74463	0.78889	40.3556
6	602.28	207.089	407.489	1.02537	1.74324	0.79107	39.1441
7	621.22	208.281	407.831	1.02958	1.74185	0.79327	37.9759
8	640.59	209.477	408.169	1.03379	1.74047	0.79549	36.8493
9	660.42	210.675	408.504	1.03799	1.73911	0.79775	35.7624
10	680.70	211.877	408.835	1.04218	1.73775	0.80002	34.7136
11	701.44	213.083	409.162	1.04637	1.73640	0.80232	33.7013
12	722.65	214.291	409.485	1.05056	1.73506	0.80465	32.7239
13	744.33	215.503	409.804	1.05474	1.73373	0.80701	31.7801
14	766.50	216.719	410.119	1.05892	1.73241	0.80939	30.8683
15	789.15	217.937	410.430	1.06309	1.73109	0.81180	29.9874
16	812.29	219.160	410.736	1.06726	1.72978	0.81424	29.1361
17	835.93	220.386	411.038	1.07142	1.72848	0.81671	28.3131
18	860.08	221.615	411.336	1.07559	1.72719	0.81922	27.5173
19	884.75	222.848	411.629	1.07974	1.72590	0.82175	26.7477
20	909.93	224.084	411.918	1.08390	1.72462	0.82431	26.0032
21	935.64	225.324	412.202	1.08805	1.72334	0.82691	25.2829
22	961.89	226.568	412.481	1.09220	1.72206	0.82954	24.5857
23	988.67	227.816	412.755	1.09634	1.72080	0.83221	23.9107
24	1016.0	229.068	413.025	1.10048	1.71953	0.83491	23.2572
25	1043.9	230.324	413.289	1.10462	1.71827	0.83765	22.6242
26	1072.3	231.583	413.548	1.10876	1.71701	0.84043	22.0111
27	1101.4	232.847	413.802	1.11299	1.71576	0.84324	21.4169
28	1130.9	234.115	414.050	1.11703	1.71450	0.84610	20.8411
29	1161.1	235.387	414.293	1.12116	1.71325	0.84899	20.2829
30	1191.9	236.664	414.530	1.12530	1.71200	0.85193	19.7417
31	1223.2	237.944	414.762	1.12943	1.71075	0.85491	19.2168
32	1255.2	239.230	414.987	1.13355	1.70950	0.85793	18.7076
33	1287.8	240.520	415.207	1.13768	1.70826	0.86101	18.2135
34	1321.0	241.814	415.420	1.14181	1.70701	0.86412	17.7341
35	1354.8	243.114	415.627	1.14594	1.70576	0.86729	17.2686

续表

温度 t /℃	压力 p /kPa	比焓/(kJ/kg)		比熵/[kJ/(kg·K)]		比体积/(L/kg)	
		液体 h'	气体 h''	液体 s'	气体 s''	液体 v'	气体 v''
36	1389.0	244.418	415.828	1.15007	1.70450	0.87051	16.8168
37	1424.3	245.727	416.021	1.15420	1.70325	0.87378	16.3779
38	1460.1	247.041	416.208	1.15833	1.70199	0.87710	15.9517
39	1496.5	248.361	416.388	1.16246	1.70073	0.88048	15.5375
40	1533.5	249.686	416.561	1.16655	1.69946	0.88392	15.1351
41	1571.2	251.016	416.726	1.17073	1.69819	0.88741	14.7439
42	1609.6	252.352	416.883	1.17486	1.69692	0.89997	14.3636
43	1648.7	253.694	417.033	1.17900	1.69564	0.89459	13.9938
44	1688.5	255.042	417.174	1.18310	1.69435	0.89828	13.6341
45	1729.0	256.396	417.308	1.18730	1.69305	0.90203	13.2841
46	1770.2	257.756	417.432	1.19145	1.69174	0.90586	12.9436
47	1812.1	259.123	417.548	1.19560	1.69043	0.90976	12.6122
48	1854.8	260.497	417.655	1.19977	1.68911	0.91374	12.2895
49	1898.2	261.877	417.752	1.20393	1.68777	0.91779	11.9753
50	1942.3	263.264	417.838	1.20811	1.68643	0.92193	11.6693

附表 4　R134a 饱和液体及饱和蒸气的热力性质

温度 t/℃	压力 p/kPa	密度 /(kg/m³)		比焓 /(kJ/kg)		比熵 /[kJ/(kg·K)]		质量定容热容 /[kJ/(kg·K)]		质量定压热容 /[kJ/(kg·K)]		表面张力 σ/(N/m)
		液体 ρ'	气体 ρ''	液体 h'	气体 h''	液体 s'	气体 s''	液体 c_V'	气体 c_V''	液体 c_p'	气体 c_p''	
−40	52	1414	2.8	0.0	223.3	0.000	0.958	0.667	0.646	1.129	0.742	0.0177
−35	66	1399	3.5	5.7	226.4	0.024	0.951	0.696	0.659	1.154	0.758	0.0169
−30	85	1385	4.4	11.5	229.6	0.048	0.945	0.722	0.672	1.178	0.774	0.0161
−25	107	1370	5.5	17.5	232.7	0.073	0.940	0.746	0.685	1.202	0.791	0.0154
−20	133	1355	6.8	23.6	235.8	0.097	0.935	0.767	0.698	1.227	0.809	0.0146
−15	164	1340	8.3	29.8	238.8	0.121	0.931	0.786	0.712	1.250	0.828	0.0139
−10	201	1324	10.0	36.1	241.8	0.145	0.927	0.803	0.726	1.274	0.847	0.0132
−5	243	1308	12.1	42.5	244.8	0.169	0.924	0.817	0.740	1.297	0.868	0.0124
0	293	1292	14.4	49.1	247.8	0.193	0.921	0.830	0.755	1.320	0.889	0.0117
5	350	1276	17.1	55.8	250.7	0.217	0.918	0.840	0.770	1.343	0.912	0.0110
10	415	1259	20.2	62.6	253.5	0.241	0.916	0.849	0.785	1.365	0.936	0.0103
15	489	1242	23.7	69.4	256.3	0.265	0.914	0.857	0.800	1.388	0.962	0.0096
20	572	1224	27.8	76.5	259.0	0.289	0.912	0.863	0.815	1.411	0.990	0.0089
25	666	1206	32.3	83.6	261.6	0.313	0.910	0.868	0.831	1.435	1.020	0.0083
30	771	1187	37.5	90.8	264.2	0.337	0.908	0.872	0.847	1.460	1.053	0.0076
35	887	1167	43.3	98.2	266.6	0.360	0.907	0.875	0.863	1.486	1.089	0.0069
40	1017	1147	50.0	105.7	268.8	0.384	0.905	0.878	0.879	1.514	1.130	0.0063
45	1160	1126	57.5	113.3	271.0	0.408	0.904	0.881	0.896	1.546	1.177	0.0056
50	1318	1103	66.1	121.0	272.9	0.432	0.902	0.883	0.914	1.581	1.231	0.0050

续表

温度 t/℃	压力 p/kPa	密度 /(kg/m³)		比焓 /(kJ/kg)		比熵 /[kJ/(kg·K)]		质量定容热容 /[kJ/(kg·K)]		质量定压热容 /[kJ/(kg·K)]		表面张力 σ/(N/m)
		液体 ρ'	气体 ρ''	液体 h'	气体 h''	液体 s'	气体 s''	液体 c'_V	气体 c''_V	液体 c'_p	气体 c''_p	
55	1491	1080	75.3	129.0	274.7	0.456	0.900	0.886	0.932	1.621	1.295	0.0044
60	1681	1055	87.2	137.1	276.1	0.479	0.897	0.890	0.950	1.667	1.374	0.0038
65	1888	1028	100.2	145.3	277.3	0.504	0.894	0.895	0.970	1.724	1.473	0.0032
70	2115	999	115.5	153.9	278.1	0.528	0.890	0.901	0.991	1.794	1.601	0.0027
75	2361	967	133.6	162.6	278.4	0.553	0.885	0.910	1.104	1.884	1.776	0.0022
80	2630	932	155.4	171.8	278.0	0.578	0.897	0.922	1.039	2.011	2.027	0.0016
85	2923	893	182.4	181.3	276.8	0.604	0.870	0.937	1.066	2.204	2.408	0.0012
90	3242	847	216.9	191.6	274.5	0.631	0.860	0.958	1.097	2.554	3.056	0.0007
95	3590	790	264.5	203.1	270.4	0.662	0.844	0.988	1.131	3.424	4.483	0.0003
100	3971	689	353.1	219.3	260.4	0.704	0.814	1.044	1.168	10.793	14.807	0.0000

附表 5 各主要城市部分气象资料

地 名	台站位置 北纬	夏季室外计算干球温度/℃		夏季空气调节室外计算湿球温度/℃	室外计算相对湿度/%		最大冻土深度/cm
		夏季空气调节日平均	夏季通风		最热月月平均	夏季通风	
北京市							
延庆	40°27′	26	27	24	77	62	115
密云	40°23′	29	29	26	77	62	69
北京市区	39°48′	29	30	26	78	64	85
天津市							
蓟县	40°02′	28	29	27	78	65	69
天津市区	39°06′	29	29	27	78	65	69
塘沽	38°59′	29	28	26	79	70	59
河北省							
承德	40°58′	27	28	24	72	57	126
张家口	40°47′	26	27	22	67	51	136
唐山	39°38′	28	29	26	79	64	73
保定	38°51′	30	31	27	76	62	55
石家庄	38°02′	30	31	27	75	54	54
邢台	37°04′	30	31	27	77	54	44
山西省							
大同	40°06′	25	26	21	66	48	186
阳泉	37°51′	27	28	24	71	46	68
太原	37°47′	26	28	23	72	54	77
介休	37°03′	27	28	24	72	54	69
阳城	35°29′	28	29	25	75	54	41
运城	35°02′	31	32	26	69	46	43
内蒙古自治区							
海拉尔	49°13′	23	25	20	71	47	242
锡林浩特	43°57′	24	26	20	62	44	289

续表

地名	台站位置 北纬	夏季室外计算干球温度/℃ 夏季空气调节日平均	夏季通风	夏季空气调节室外计算湿球温度/℃	室外计算相对湿度/% 最热月月平均	夏季通风	最大冻土深度/cm
二连浩特	43°39′	27	28	19	49	34	337
通辽	43°36′	27	28	25	73	55	179
赤峰	42°16′	27	28	22	65	48	201
呼和浩特	40°49′	25	26	21	64	49	143
辽宁省							
开原	42°32′	27	27	25	80	65	143
阜新	42°02′	27	28	25	76	59	140
抚顺	41°54′	27	28	25	80	64	143
沈阳	41°46′	27	28	25	78	64	148
朝阳	41°33′	28	29	25	73	56	135
本溪	41°19′	27	28	24	75	62	149
锦州	41°08′	27	28	25	80	65	113
鞍山	41°05′	28	28	25	76	64	118
营口	40°40′	27	28	26	78	67	111
丹东	40°03′	26	27	25	86	74	88
大连	38°54′	26	26	25	83	76	93
吉林省							
通榆	44°47′	27	28	24	73	55	178
吉林	43°57′	26	27	25	79	64	190
长春	43°54′	26	27	24	78	64	139
四平	43°11′	26	27	25	78	64	148
延吉	42°53′	25	26	24	80	64	200
通化	41°41′	25	26	23	80	63	133
黑龙江省							
爱辉	50°15′	24	25	22	79	63	298
伊春	47°43′	24	25	22	78	59	290
齐齐哈尔	47°23′	26	27	23	73	53	225
鹤岗	47°22′	25	25	24	77	62	238
佳木斯	46°49′	26	26	24	78	62	220
安达	46°23′	26	27	24	74	57	214
哈尔滨	45°41′	26	27	23	77	61	205
鸡西	45°17′	25	26	23	77	53	255
牡丹江	44°34′	25	27	24	76	57	191
绥芬河	44°23′	23	23	22	82	61	241
上海市							
崇明	31°37′	30	31	28	85	73	—
上海市区	31°10′	30	32	28	83	67	8
金山	30°54′	30	31	28	85	71	9
江苏省							
连云港	34°36′	31	31	28	81	67	25
徐州	34°17′	31	31	27	81	65	24
淮阴	33°36′	30	31	28	85	70	23

续表

地 名	台站位置北纬	夏季室外计算干球温度/℃		夏季空气调节室外计算湿球温度/℃	室外计算相对湿度/%		最大冻土深度/cm
		夏季空气调节日平均	夏季通风		最热月月平均	夏季通风	
南通	32°01′	30	31	29	86	72	12
南京	32°00′	31	32	28	81	64	9
武进	31°46′	31	32	29	82	66	10
浙江省							
杭州	30°14′	32	33	29	80	62	—
舟山	30°02′	29	30	28	84	73	—
宁波	29°52′	30	32	29	83	68	—
金华	29°07′	32	34	28	74	56	—
衢州	28°58′	32	33	28	76	58	—
温州	28°01′	30	31	29	84	73	—
安徽省							
亳县	33°56′	31	31	28	80	61	18
蚌埠	32°57′	32	32	28	80	60	15
合肥	31°52′	32	32	28	81	63	11
六安	31°45′	32	32	28	80	63	12
芜湖	31°20′	32	32	28	80	63	—
安庆	30°32′	32	32	28	79	62	10
屯溪	29°43′	31	33	27	79	57	—
福建省							
建阳	27°20′	30	33	28	79	57	—
南平	26°39′	30	34	27	76	54	—
福州	26°05′	30	33	28	78	61	—
永安	25°58′	30	33	27	75	54	—
上杭	25°03′	30	32	27	77	57	—
漳州	24°30′	31	33	28	80	63	—
厦门	24°27′	30	31	28	81	70	—
江西省							
九江	29°41′	32	33	28	76	60	—
景德镇	29°18′	31	34	28	79	56	—
德兴	28°57′	31	33	28	79	59	—
南昌	28°36′	32	33	28	75	58	—
上饶	28°27′	32	33	29	74	—	—
萍乡	27°39′	31	33	28	76	56	—
吉安	27°07′	32	34	28	73	57	—
赣州	25°51′	32	33	27	70	54	—
山东省							
烟台	37°32′	28	27	26	80	74	43
德州	37°26′	30	31	27	76	55	48
莱阳	36°56′	28	29	27	84	66	45
淄博	36°50′	30	31	27	76	57	48
潍坊	36°42′	29	30	27	81	61	50
济南	36°41′	31	31	27	73	54	44

续表

地 名	台站位置	夏季室外计算干球温度/℃		夏季空气调节室外计算湿球温度/℃	室外计算相对湿度/%		最大冻土深度/cm
	北纬	夏季空气调节日平均	夏季通风		最热月月平均	夏季通风	
青岛	36°04′	27	27	26	85	72	49
荷泽	35°15′	30	31	28	79	62	35
临沂	35°03′	30	30	28	83	63	40
河南省							
安阳	36°07′	30	32	28	78	47	35
新乡	35°19′	30	32	28	78	49	28
三门峡	34°48′	30	31	26	71	46	45
开封	34°46′	31	32	28	79	50	26
郑州	34°43′	31	32	27	76	45	27
洛阳	34°40′	31	32	28	75	45	21
商丘	34°27′	31	32	28	81	53	32
许昌	34°01′	31	32	28	79	50	18
平顶山	33°43′	31	32	28	78	51	14
南阳	33°02′	31	32	28	80	54	12
驻马店	33°00′	31	32	28	81	58	16
信阳	32°08′	31	32	28	80	62	8
湖北省							
光化	32°23′	31	32	28	80	60	11
宜昌	30°42′	32	33	28	80	60	—
武汉	30°37′	32	33	28	79	63	10
江陵	30°20′	31	32	29	83	68	8
恩施	30°17′	30	32	26	80	58	—
黄石	30°15′	32	33	29	78	61	6
湖南省							
岳阳	29°27′	32	32	28	75	68	—
常德	29°03′	32	32	28	75	64	2
长沙	28°12′	32	33	28	75	59	5
株洲	27°52′	32	334	28	72	55	—
芷江	27°27′	30	32	27	79	60	—
邵阳	27°14′	31	32	27	75	57	5
衡阳	26°54′	32	34	27	71	54	—
零陵	26°14′	31	33	27	72	57	—
郴州	25°48′	31	34	27	70	53	—
广东省							
韶关	24°48′	31	33	27	75	57	—
汕头	23°24′	30	31	28	84	73	—
广州	23°08′	30	31	28	83	67	—
阳江	21°52′	30	31	27	85	73	—
湛江	21°13′	31	31	28	81	70	—
海口	20°02′	30	32	28	83	67	—
西沙	16°50′	30	30	28	82	78	—

续表

地名	台站位置北纬	夏季室外计算干球温度/℃		夏季空气调节室外计算湿球温度/℃	室外计算相对湿度/%		最大冻土深度/cm
		夏季空气调节日平均	夏季通风		最热月月平均	夏季通风	
广西壮族自治区							
桂林	25°20′	31	32	27	78	61	—
柳州	24°21′	31	32	27	78	63	—
百色	23°54′	31	32	28	79	63	—
梧州	23°29′	30	32	28	80	62	—
南宁	22°49′	30	32	28	82	66	—
北海	21°29′	30	31	28	83	74	—
四川省							
广元	32°26′	29	30	26	76	60	—
甘孜	31°37′	17	19	14	71	50	95
南充	30°48′	32	32	27	74	58	—
万县	30°46′	32	33	28	80	57	—
成都	30°40′	28	29	27	85	70	—
重庆	29°35′	33	33	27	75	56	—
宜宾	28°48′	30	30	28	82	66	—
西昌	27°54′	26	26	22	75	61	—
贵州省							
思南	27°57′	31	32	26	74	59	—
遵义	27°42′	28	29	24	77	62	—
毕节	27°18′	24	26	22	78	62	—
威宁	26°52′	20	21	19	83	69	—
贵阳	26°35′	26	28	23	77	64	—
安顺	26°15′	24	25	22	82	70	—
独山	25°50′	25	26	23	84	73	—
兴仁	25°26′	25	25	22	82	66	—
云南省							
昭通	27°20′	22	24	20	78	61	—
丽江	26°52′	21	22	18	81	63	—
腾冲	25°07′	22	23	21	90	76	—
昆明	25°01′	22	23	20	83	64	—
蒙自	23°23′	25	26	22	79	62	—
思茅	22°40′	24	25	22	86	69	—
景洪	21°52′	28	31	26	76	59	—
西藏自治区							
索县	31°54′	14	16	11	69	51	140
那曲	31°29′	11	13	9	71	54	281
昌都	31°09′	19	22	15	64	49	81
拉萨	29°40′	18	19	14	54	44	26
林芝	29°34′	18	20	15	76	57	14
日喀则	29°15′	17	19	12	53	42	67
陕西省							
榆林	38°14′	27	28	22	62	44	148

续表

地　名	台站位置北纬	夏季室外计算干球温度/℃		夏季空气调节室外计算湿球温度/℃	室外计算相对湿度/%		最大冻土深度/cm
		夏季空气调节日平均	夏季通风		最热月月平均	夏季通风	
延安	36°36′	26	28	23	72	52	79
宝鸡	34°21′	29	30	25	70	54	29
西安	34°18′	31	31	26	72	55	45
汉中	33°04′	29	29	26	81	65	—
安康	32°43′	31	31	27	75	59	7
甘肃省							
敦煌	44°09′	28	30	20	43	29	144
酒泉	39°46′	25	26	19	52	37	132
山丹	38°48′	24	25	17	52	36	143
兰州	36°03′	26	26	20	61	44	103
平凉	35°33′	24	25	21	72	54	62
天水	34°35′	27	27	22	72	50	61
武都	33°24′	28	28	24	67	51	11
青海省							
西宁	36°34′	21	22	16	65	47	134
格尔木	36°25′	21	22	13	36	26	88
都兰	36°18′	19	19	12	46	36	201
共和	36°16′	19	20	14	62	47	133
玛多	34°55′	11	11	9	68	52	—
玉树	33°01′	15	17	13	69	52	＞103
宁夏回族自治区							
石嘴山	39°12′	26	27	21	58	42	104
银川	38°29′	26	27	22	64	47	103
吴忠	37°59′	26	27	22	65	—	112
盐池	37°47′	26	27	20	57	38	128
中卫	37°32′	26	27	21	66	48	83
固原	30°00′	22	23	19	71	48	114
新疆维吾尔自治区							
阿勒泰	47°44′	27	26	19	47	38	＞146
克拉玛依	45°36′	32	30	19	32	29	197
伊宁	43°57′	26	27	21	58	44	62
乌鲁木齐	43°47′	29	29	19	44	31	133
吐鲁番	42°56′	36	26	24	31	24	83
哈密	42°49′	31	32	20	34	25	127
喀什	39°28′	29	29	20	40	28	66
和田	37°08′	29	29	20	40	30	67
台湾省							
台北	25°02′	31	31	27	77	—	—
花莲	24°01′	30	30	27	80	—	—
恒春	22°00′	29	31	28	84	—	—
香港	22°18′	30	31	27	81	73	—

注：本表摘自 GB J19—87 采暖通风与空气调节设计规范 2001 年版。

附表 6　冷库常用建筑材料热物理系性能

序号	材料名称	规格	密度 ρ /(kg/m³)	测定时质量湿度 W_z /%	热导率测定值 λ'/[W/(m·℃)]	设计采用热导率 λ/[W/(m·℃)]	热扩散率 α /($\times10^{-3}$ m²/h)	比热容 c /[J/(kg·℃)]	蓄热系数 S_{24}/[W/(m²·℃)]	蒸汽渗透系数 μ /[g/(m·h·Pa)]
1	碎石混凝土		2280	0	1.510	1.510	3.33	711.76	13.36	4.5×10^{-5}
2	钢筋混凝土		2400	—	1.550	1.550	2.77	837.36	14.94	3.0×10^{-5}
3	石料									
	大理石、花岗岩、玄武岩		2800	—	3.490	3.490	4.87	921.10	25.47	2.1×10^{-5}
	石灰石		2000	—	1.160	1.160	2.27	921.10	12.56	6.45×10^{-5}
4	实心重砂浆、普通黏土砖砌体		1800	—	0.810	0.810	1.85	879.23	9.65	1.05×10^{-4}
5	土壤、砂、碎石									
	亚黏土		1980	10.0	1.170	1.170	1.87	1130.44	13.78	9.75×10^{-5}
	亚黏土		1840	15.0	1.120	1.120	1.72	1256.04	13.65	
6	干砂填料	中砂	1460	0	0.260	0.580	0.82	753.62	4.52	1.65×10^{-4}
		粗砂	1400	0	0.240	0.580	0.77	753.62	4.08	1.65×10^{-4}
7	水泥砂浆	1∶2.5	2030	0	0.930	0.930	2.07	795.49	10.35	9.00×10^{-5}
8	混合砂浆		1700	—	0.870	0.870	2.21	837.36	9.47	9.75×10^{-5}
9	石灰砂浆		1600	—	0.810	0.810	2.19	837.36	8.87	1.20×10^{-4}
10	建筑钢材		7800	0	58.150	58.150	58.28	460.55	120.95	0
11	铝		2710	0	202.940	202.940	309.00	837.36	182.59	0
12	红松	热流方向顺木纹	510	—	0.440	0.440	1.40	2219.00	6.05	3.00×10^{-5}
	红松	热流方向垂直木纹	420	—	0.110	0.120	0.53	1800.32	2.44	1.68×10^{-4}
13	炉渣		660	0	0.170	0.290	1.00	837.36	2.48	2.18×10^{-4}
			900	—	0.240	0.350	0.91	1088.57	4.12	2.03×10^{-4}
			1000	—	0.290	0.410	1.25	837.36	4.22	1.95×10^{-4}
14	炉渣混凝土	1∶1∶8	1280	0	0.420	0.580	1.44	837.36	5.70	1.05×10^{-4}
		1∶1∶10	1150	0	0.370	0.520	1.45	795.49	4.65	1.05×10^{-4}
15	胶合板	三合板	540	—	0.150～0.170	0.170	0.46	1549.12	2.56	1.05×10^{-4}
16	纤维板		945	—	0.270	0.270	0.30	1507.25	3.49	1.05×10^{-4}
17	刨花板		650	—	0.220	0.220	0.42	1632.85	3.02	1.05×10^{-4}
18	聚苯乙烯	普通型、自发性	18	—	0.036	0.047	6.23	1172.30	0.23	2.78×10^{-5}
	泡沫塑料	自熄型、可发型	19	—	0.035	0.047	5.52	1214.17	0.23	2.55×10^{-5}
19	乳液聚苯乙烯泡沫塑料		37	—	0.034	0.044	3.06	1088.57	0.31	—
20	聚氨酯泡沫塑料	硬质、聚醚型	40	—	0.022	0.031	1.65	1256.04	0.28	2.55×10^{-5}
21	岩棉半硬板		186	—	0.038	0.076	0.90	837.36	0.65	4.88×10^{-4}
			100	—	0.036	0.076	1.35	962.96	0.50	—
22	膨胀珍珠岩	Ⅰ类	70	5.8	0.052	0.087	2.11	1297.91	0.58	
		Ⅱ类	150	0.6	0.056	0.087～0.105	1.18	1046.70	0.81	—

续表

序号	材料名称	规格	密度 ρ /(kg/m³)	测定时质量湿度 W_z /%	热导率测定值 λ'/[W/(m·℃)]	设计采用热导率 λ/[W/(m·℃)]	热扩散率 α /(×10⁻³ m²/h)	比热容 c /[J/(kg·℃)]	蓄热系数 S_{24}/[W/(m²·℃)]	蒸汽渗透系数 μ /[g/(m·h·Pa)]
		Ⅲ类	150～250	—	0.064～0.076	0.105～0.128	—	—	—	—
23	水泥珍珠岩	1：12：1.6	380	0	0.086	沥青铺砌 0.116	0.91	879.23	1.51	9.00×10^{-5}
		1：8：1.45	540	0	0.116	沥青铺砌 0.150	0.92	879.23	2.04	—
24	水玻璃珍珠岩		300	0	0.078	沥青铺砌 0.100	1.12	837.36	1.28	1.5×10^{-4}
25	沥青珍珠岩	珍珠岩：沥青(压比)								
		1m³：75kg (2：1)	260	—	0.077	0.093	0.75	1381.64	1.42	6.00×10^{-5}
		1m³：100kg (2：1)	380	—	0.095	0.116	0.55	1632.85	2.06	—
		1m³：60kg (1.5：1)	220	—	0.062	0.076	0.81	1256.04	1.12	—
26	乳化沥青膨胀珍珠岩	乳化沥青：珍珠岩＝4：1 压比 1.8：1	350	—	0.091	0.111	0.71	1339.78	1.73	6.09×10^{-5}
27	加气混凝土	蒸汽养护	500	0	0.116	沥青铺砌 0.152	0.93	962.96	2.02	9.98×10^{-5}
28	泡沫混凝土		370	0	0.098	沥青铺砌 0.128	0.89	837.36	1.33	1.8×10^{-4}
29	软木		170	—	0.058	0.069	0.62	2051.53	1.19	2.55×10^{-5}
30	稻壳		120	5.9	0.061	0.151	1.09	1674.72	0.94	4.5×10^{-4}

注：水泥珍珠岩、水玻璃珍珠岩、加气混凝土、泡沫混凝土设计采用的热导率为用沥青铺砌时的数值。

附表 7 冷库常用防潮、隔气材料的热物理系数

序号	材料名称	密度 ρ/(kg/m³)	厚度 δ /mm	热导率 λ/[W/(m·℃)]	热阻 R /(m²·℃/W)	热扩散率 α/(×10⁻³ m²/h)	比热容 c/[J/(kg·℃)]	蓄热系数 S_{24}/[W/(m²·℃)]	蒸汽渗透系数 μ/[g/(m·h·Pa)]	蒸汽渗透阻 H/(m²·h·Pa/g)
1	石油沥青油毛毡(350号)	1130	1.5	0.27	0.0050	0.32	1590.98	4.59	1.35×10^{-6}	1106.57
2	石油沥青或玛瑞脂一道	980	2.0	0.20	0.0100	0.33	2135.27	5.41	7.5×10^{-6}	226.64
3	一毡二油	—	5.5	—	0.02600	—	—	—	—	1639.86
4	二毡三油	—	9.0	—	0.0410	—	—	—	—	3013.08
5	聚乙烯塑料薄膜	1200	0.07	0.16	0.0017	0.28	1423.51	3.98	2.03×10^{-8}	3466.37

附表 8　食品的比焓

单位：kJ/kg

食品温度	牛肉各种禽类	羊肉	猪肉	肉类副产品	去骨牛肉	少脂鱼	多脂鱼	鱼片	鲜蛋	蛋黄	纯牛奶	奶油	炼制奶油	奶油冰淇淋	牛奶冰淇淋	葡萄、杏、樱桃	水果及其他浆果	水果及糖浆浆果	加糖的浆果
−25	−10.9	−10.5	−11.7	−11.3	−12.2	−12.2	−12.6	−8.8	−9.6	−12.6	−9.2	−8.8	−16.3	−14.7	−17.2	−14.2	−17.6	−22.2	
−20	0.0	0.0	0.0	0.0	0.0	0.0	0.0	0.0	0.0	0.0	0.0	0.0	0.0	0.0	0.0	0.0	0.0	0.0	0
−19	2.1	2.1	2.1	2.5	2.5	2.5	2.5	2.5	2.1	2.1	2.9	1.7	1.7	3.4	2.9	3.8	3.4	3.8	5.0
−18	4.6	4.6	4.6	5.0	5.0	5.0	5.0	5.4	4.2	4.6	5.4	3.8	3.4	7.1	6.3	7.5	6.7	8.0	10.0
−17	7.1	7.1	7.1	8.0	8.0	8.0	8.0	8.4	6.3	6.7	8.4	5.9	5.0	11.3	9.6	11.7	10.0	12.0	15.5
−16	10.0	9.6	9.6	10.9	10.5	10.9	10.9	11.3	8.4	8.8	11.3	8.0	7.1	15.5	13.4	15.9	13.4	16.8	21.0
−15	13.0	12.6	12.2	13.8	13.3	14.2	1.2	14.7	10.5	11.3	14.2	10.1	9.2	19.7	17.6	20.5	17.2	21.4	26.8
−14	15.9	15.5	15.1	17.2	16.8	17.6	17.2	18.0	12.6	13.8	17.6	12.6	11.3	24.3	22.2	25.6	21.0	26.4	33.1
−13	18.9	18.4	18.0	20.5	20.1	21.0	20.5	21.8	15.1	15.9	21.4	15.1	13.4	29.3	27.2	31.0	25.1	31.4	39.8
−12	22.2	21.8	21.4	24.3	23.5	24.7	24.3	25.6	17.6	18.4	25.1	17.6	15.9	34.8	33.1	36.5	29.7	36.9	46.9
−11	26.0	25.6	25.1	28.5	27.2	28.9	28.1	29.7	20.1	21.4	28.9	20.5	18.0	40.6	39.8	42.7	34.4	43.2	54.9
−10	30.2	29.7	28.9	33.1	31.4	33.5	32.7	34.8	22.6	24.2	32.7	23.5	20.5	46.9	47.3	49.9	39.4	49.4	63.7
−9	34.8	33.9	33.1	38.1	36.0	38.5	37.3	40.2	25.6	28.5	37.3	26.4	23.5	54.1	55.7	57.8	44.8	56.6	73.7
−8	39.4	38.5	37.3	43.2	41.1	43.6	42.3	45.7	28.5	31.0	42.3	29.3	26.0	62.4	65.4	66.6	51.19	64.9	85.9
−7	44.4	43.6	14.9	48.6	46.1	49.4	47.8	51.5	31.8	34.4	48.2	32.7	28.5	27.9	77.1	78.8	58.7	75.8	101.0
−6	50.7	49.4	47.3	55.3	52.4	56.6	54.5	58.7	36.0	39.0	54.9	36.5	86.7	92.2	93.9	68.7	89.7	120.3	
−5	57.4	55.7	54.5	62.9	59.9	74.2	61.6	67.0	41.5	44.8	62.9	40.6	34.4	105.6	111.9	116.1	82.1	108.1	147.5
−4	66.2	64.5	62.0	72.9	69.1	80.9	71.8	77.5	47.8	52.0	73.7	44.8	36.9	132.0	138.7	150	104.3	135.3	169.7
−3	75.4	77.1	73.7	88.0	83.0	89.2	85.5	93.9	227.9/57.8	63.3	88.8	50.7	39.8	178.9	181.4	202.8	139.1	180.6	173.5
−2	98.9	96.0	91.8	109.8	103.5	111.9	106.4	117.7	230.9/75.8	83.4	111.5	60.3	43.2	221.2	230.0	229.2	211.2	240.1	176.4
−1	186.0	139.8	170.1	204.5	194.4	212.4	199.9	255.0	324.2/128.6	140.2	184.4	91.8	49.0	224.6	233.4	233.0	268.2	243.9	179.8
0	232.5	224.2	211.0	261.5	243.0	266.0	249.3	282.0	237.6	264.4	319.3	95.1	52	227.9	236.7	236.3	271.9	247.2	182.7
1	235.9	227.5	214.9	264.8	246.4	269.8	253.1	285.8	240.5	267.7	323.0	98.0	55.3	231.3	240.1	240.1	275.7	251.0	186.0
2	238.8	230.5	217.9	268.6	249.7	273.2	256.4	289.1	243.9	271.1	326.8	101.4	58.2	234.6	243.4	243.4	279.5	254.3	189.0
3	242.2	233.8	221.2	271.9	253.1	277.0	259.8	392.9	246.8	274.4	331.0	104.8	61.2	238.0	247.2	249.7	283.2	258.1	192.3
4	245.5	236.7	224.2	275.3	256.4	280.3	263.1	196.7	250.1	277.8	334.8	107.7	64.1	241.3	250.1	250.6	287.0	261.5	195.3
5	248.5	240.1	227.1	279.1	259.8	283.7	266.5	300.4	253.1	281.6	339.0	111.5	67.5	244.7	253.9	254.3	290.8	266.5	198.6
6	251.8	243.0	230.0	282.4	263.1	287.4	269.8	303.8	256.4	284.9	342.7	114.4	70.8	248.0	257.3	257.7	294.6	268.6	201.5
7	255.2	246.4	233.4	285.8	266.5	290.8	273.2	307.5	259.4	288.3	346.5	117.7	74.2	251.4	260.6	260.6	298.3	272.4	204.9
8	258.5	249.3	236.3	289.5	269.4	295.4	277.0	311.3	262.7	291.6	350.7	121.5	77.5	254.8	264	264.8	302.1	275.7	207.8

续表

食品温度	牛肉各种禽类	羊肉	猪肉	肉类副产品	去骨牛肉	少脂鱼	多脂鱼	鱼片	鲜蛋	蛋黄	纯牛奶	奶油	炼制奶油	奶油冰淇淋	牛奶冰淇淋	葡萄、杏、樱桃	水果及其他浆果	水果及糖浆浆果	加糖的浆果
9	261.5	252.6	239.2	292.9	272.8	297.9	280.3	315.1	265.6	295.0	354.5	125.7	81.3	258.1	267.3	268.6	305.9	279.5	211.2
10	264.8	255.6	242.2	296.2	276.1	301.3	283.7	318.4	269.0	298.7	358.7	129.9	85.5	261.5	270	271.9	309.6	282.8	214.1
11	268.2	258.9	245.5	300.0	279.5	305.0	287.0	322.2	271.9	302.1	362.4	134.1	90.1	264.8	274.4	275.7	313.4	286.6	217.5
12	271.1	261.9	248.5	303.4	282.8	308.4	290.4	326.0	275.3	305.5	366.6	138.7	95.1	268.2	277.8	279.1	317.2	289.6	220.4
13	274.4	265.2	251.4	306.7	286.2	312.2	293.7	329.3	278.6	308.8	370.4	144.1	100.6	271.5	281.1	282.8	321.0	293.7	223.7
14	277.8	268.2	254.3	310.5	289.5	315.5	297.1	333.1	281.6	312.2	374.6	149.6	106.4	274.9	284.5	286.2	324.7	297.1	226.7
15	280.7	271.5	257.3	313.8	292.9	318.9	300.8	336.9	284.9	315.9	378.8	155.4	112.3	278.2	287.9	289.9	328.5	300.8	230.0
16	284.1	274.4	260.6	317.2	296.2	322.6	304.2	340.6	287.9	319.3	382.5	161.3	118.6	281.6	291.2	293.3	332.3	304.2	233.0
17	287.4	277.8	263.6	321.0	299.6	326.0	307.5	344.0	291.2	322.6	396.7	166.8	124.9	284.9	294.6	297.1	336.5	308.0	236.3
18	290.4	280.7	266.5	324.3	302.9	329.8	310.9	347.8	294.1	326.0	390.9	72.2	130.3	288.3	297.9	300.4	339.8	313.4	239.2
19	293.7	284.1	260.4	327.7	306.3	331.1	314.3	351.5	397.5	329.3	394.7	177.7	136.2	291.6	301.3	304.2	343.6	315.1	242.6
20	297.1	287.0	272.8	331.4	309.6	336.5	317.6	355.3	300.4	333.1	398.9	182.7	141.2	295.0	304.6	307.5	347.4	318.4	245.5
21	300.0	290.4	275.7	334.8	313	340.2	321.4	358.7	303.8	336.5	402.7	187.7	146.2	298.3	308.0	311.3	351.1	322.2	248.9
22	303.4	293.3	278.6	338.1	315.9	343.6	324.7	352.4	307.1	339.8	406.8	192.3	150.8	301	311.3	315.1	354.9	325.6	251.8
23	306.7	296.7	281.6	341.9	319.3	346.9	328.1	366.2	310.1	343.2	410.6	196.5	155.4	305.0	314.7	318.5	358.7	329.3	255.2
24	310.1	299.6	284.9	345.3	322.6	350.7	331.4	39.6	313.4	346.5	414.8	200.7	159.6	308.4	318.0	321.8	362.4	332.7	258.1
25	133.0	302.9	287.9	349.0	326.0	354.1	334.8	373.3	316.4	350.3	418.6	204.9	163.8	311.4	325.6	366.2	336.5	261.5	
26	316.4	305.9	290.8	252.4	329.3	357.8	338.1	337.1	319.7	—	422.8	208.7	167.6	315.1	325.1	328.9	370.0	339.8	264.4
27	319.7	309.2	293.7	256.2	332.7	361.2	341.5	380.9	322.6	—	426.5	212.4	171.0	318.4	328.5	322.7	373.8	343.6	267.3
28	322.6	312.2	297.1	359.5	336.0	365.0	345.3	384.2	326.0	—	430.7	215.8	174.3	321.8	331.9	336.0	377.5	344.4	270.7
29	326.0	315.3	300.0	326.9	339.4	368.3	348.6	388.0	328.9	—	434.5	219.1	177.7	325.1	335.2	339.8	381.3	350.7	273.96
30	329.3	318.4	302.9	366.6	342.7	371.7	352.0	391.8	332.3	—	438.7	222.9	181.4	328.5	338.6	343.2	385.1	354.1	277.0
31	332.7	321.8	305.9	370.0	346.1	375.4	355.3	395.5	335.2	—	442.5	226.7	185.2	331.9	341.9	346.9	388.8	357.8	280.0
32	335.6	324.7	309.2	373.3	349.5	378.8	358.7	398.9	338.6	—	446.2	230.45	189.0	335.2	345.3	350.3	392.6	361.2	283.2
33	339.0	328.1	312.2	377.1	352.8	382.6	362.0	402.7	341.5	—	450.4	234.2	192.3	338.6	348.6	354.1	396.4	365.0	286.2
34	342.3	331.0	315.1	380.5	356.2	385.9	365.8	406.4	344.8	—	454.2	237.6	195.7	341.9	352.0	357.4	400.2	368.3	290.0
35	345.7	334.4	318.0	384.2	359.1	389.3	369.1	409.8	347.8	—	458.4	240.5	198.6	345.3	355.7	361.2	403.9	372.1	292.5

附表 9　空气的比焓（压力为 101.325kPa）

t/℃	比焓 h/(kJ/kg)										
	相对湿度 φ/%										
	0	10	20	30	40	50	60	70	80	90	100
-20	-20.097	-19.929	-19.720	-19.511	-19.343	-19.176	-18.966	-18.757	-18.589	-18.380	-18.231
-19	-18.841	-18.883	-18.673	-18.464	-18.255	-18.045	-17.878	-17.668	-17.459	-17.208	-17.040
-18	-18.087	-17.878	-17.626	-17.417	-17.208	-16.998	-16.747	-16.538	-16.287	-16.077	-15.868
-17	-17.082	-16.831	-16.580	-16.370	-16.161	-15.868	-15.617	-15.366	-15.114	-14.905	-14.654
-16	-16.077	-15.826	-15.533	-15.282	-15.031	-14.733	-14.486	-14.235	-13.942	-13.691	-13.440
-15	-15.073	-14.779	-14.486	-14.193	-13.816	-13.649	-13.356	-13.063	-12.770	-12.477	-12.184
-14	-14.068	-13.775	-13.440	-13.147	-12.812	-12.519	-12.184	-11.891	-11.556	-11.263	-10.928
-13	-13.063	-12.728	-12.393	-12.060	-11.723	-11.346	-11.011	-10.677	-10.341	-10.007	-9.672
-12	-12.058	-11.681	-11.304	-10.969	-10.593	-10.216	-9.839	-9.462	-9.085	-8.750	-8.374
-11	-11.053	-10.635	-10.258	-9.839	-9.462	-9.044	-8.667	-8.248	-7.829	-7.453	-7.034
-10	-10.048	-9.672	-9.253	-8.876	-8.457	-8.081	-7.704	-7.285	-6.908	-6.490	-6.113
-9	-9.044	-8.625	-8.164	-7.746	-7.327	-6.908	-6.448	-6.029	-5.610	-5.150	-4.731
-8	-8.039	-7.578	-7.118	-6.615	-6.155	-5.694	-5.234	-4.731	-4.271	-3.810	-3.308
-7	-7.034	-6.531	-6.129	-5.485	-4.982	-4.480	-3.936	-3.433	-2.931	-2.387	-1.884
-6	-6.029	-5.485	-4.899	-4.354	-3.768	-3.224	-2.680	-2.093	-1.549	-0.963	-0.419
-5	-5.024	-4.396	-3.810	-3.182	-2.596	-1.968	-1.340	-0.754	-0.126	0.502	1.130
-4	-4.019	-3.349	-2.680	-2.010	-1.340	-0.670	0.000	0.670	1.340	2.010	2.680
-3	-3.015	-2.303	-1.549	-0.837	-0.126	0.628	1.340	2.093	2.805	3.559	4.271
-2	-2.010	-1.214	-0.419	0.377	1.172	1.968	2.763	3.559	4.354	5.150	5.945
-1	-1.005	-0.126	0.712	1.591	2.428	3.308	4.187	5.024	5.903	6.783	7.620
0	0	0.921	1.884	2.805	3.726	4.689	5.610	6.573	7.494	8.457	9.378
1	1.005	1.884	3.015	4.019	5.024	6.029	7.076	8.081	9.085	10.132	11.137
2	2.010	3.098	4.187	5.275	6.364	7.453	8.541	9.630	10.718	11.807	12.895
3	3.015	4.187	5.359	6.490	7.662	8.834	10.007	11.179	12.351	13.565	14.738
4	4.019	5.275	6.531	7.788	9.044	10.300	11.556	12.812	14.068	15.324	16.580
5	5.024	6.364	7.704	9.044	10.383	11.765	13.105	14.445	15.826	17.166	18.548
6	6.029	7.453	8.918	10.341	11.807	13.230	14.696	16.161	17.585	19.050	20.515
7	7.034	8.583	10.132	11.681	13.230	14.779	16.329	17.878	19.469	21.018	22.567
8	8.039	9.713	11.346	13.021	14.696	16.329	18.003	19.678	21.352	23.069	24.744

续表

t/℃	比焓 h/(kJ/kg)										
	相对湿度 φ/%										
	0	10	20	30	40	50	60	70	80	90	100
9	9.044	10.802	12.602	14.361	16.161	17.920	19.720	21.520	23.321	25.121	26.921
10	10.048	11.932	13.816	15.742	17.668	19.552	21.478	23.404	25.330	27.256	29.224
11	11.053	13.063	15.114	17.166	19.176	21.227	23.279	25.330	27.424	29.475	31.569
12	12.058	14.235	16.412	18.589	20.767	22.944	25.163	27.382	29.529	31.778	33.997
13	13.063	15.366	17.710	20.013	22.358	24.702	27.047	29.391	31.778	34.164	36.551
14	14.068	16.538	19.050	21.520	24.032	26.502	29.015	31.527	34.081	36.635	39.147
15	15.073	17.710	20.348	23.027	25.707	28.387	31.066	33.746	36.425	39.147	41.868
16	16.077	18.883	21.730	24.577	27.424	30.271	33.159	36.048	38.895	41.784	44.799
17	17.082	20.097	23.111	26.126	29.182	32.238	35.295	38.393	41.491	44.380	47.730
18	18.087	21.311	24.493	27.217	30.982	34.248	37.556	40.863	44.380	47.311	50.660
19	19.092	22.525	25.958	29.391	32.866	36.341	39.817	43.543	46.892	50.242	54.010
20	20.100	23.739	27.382	31.066	34.750	38.477	42.287	46.055	49.823	53.591	57.359
21	21.102	24.953	28.889	32.783	36.718	40.654	44.799	48.567	52.754	56.522	60.709
22	22.106	26.251	30.396	34.541	38.728	43.124	47.311	51.498	55.684	59.871	64.477
23	23.111	27.507	31.903	36.341	40.821	45.217	49.823	54.428	59.034	63.639	68.245
24	24.116	28.763	33.453	38.184	43.124	47.730	52.335	57.359	62.383	66.989	72.013
25	25.121	30.061	35.044	40.068	45.217	50.242	55.266	60.290	65.733	70.757	76.200
26	26.126	31.401	36.676	41.868	47.311	52.754	58.197	63.639	69.082	74.944	80.387
27	27.131	32.741	38.351	43.961	49.823	55.684	61.127	66.989	72.850	78.712	84.992
28	28.135	34.081	40.068	46.055	52.335	58.197	64.477	70.757	77.037	83.317	89.598
29	29.140	35.420	41.784	48.148	54.428	61.127	67.826	74.106	80.805	87.504	94.203
30	30.145	36.802	43.543	50.242	57.359	64.058	71.176	77.875	84.992	92.110	99.646
31	31.150	38.226	45.218	52.754	59.871	66.989	74.525	82.061	89.598	97.134	104.670
32	32.155	39.649	47.311	54.847	62.383	70.338	78.293	86.248	94.203	102.158	110.532
33	33.106	41.073	48.986	57.359	65.314	73.688	82.061	90.435	98.809	107.008	116.393
34	34.164	42.705	51.079	59.453	68.245	77.037	85.829	94.622	103.833	113.044	122.255
35	35.169	43.961	53.172	61.965	71.176	80.805	90.016	99.646	109.276	118.905	128.535
36	36.174	45.636	55.266	64.895	74.525	84.155	94.203	104.251	114.718	124.767	135.234
37	37.179	47.311	57.359	67.408	77.456	87.922	98.809	109.276	120.161	131.047	142.351
38	38.184	48.567	59.453	69.920	80.805	92.110	103.414	114.718	126.023	137.746	149.469
39	39.189	50.242	61.546	72.850	84.573	96.296	108.019	120.161	132.722	144.863	157.424
40	40.193	51.916	63.639	75.781	88.342	100.48	113.044	126.023	139.002	152.340	165.797

2. 附图

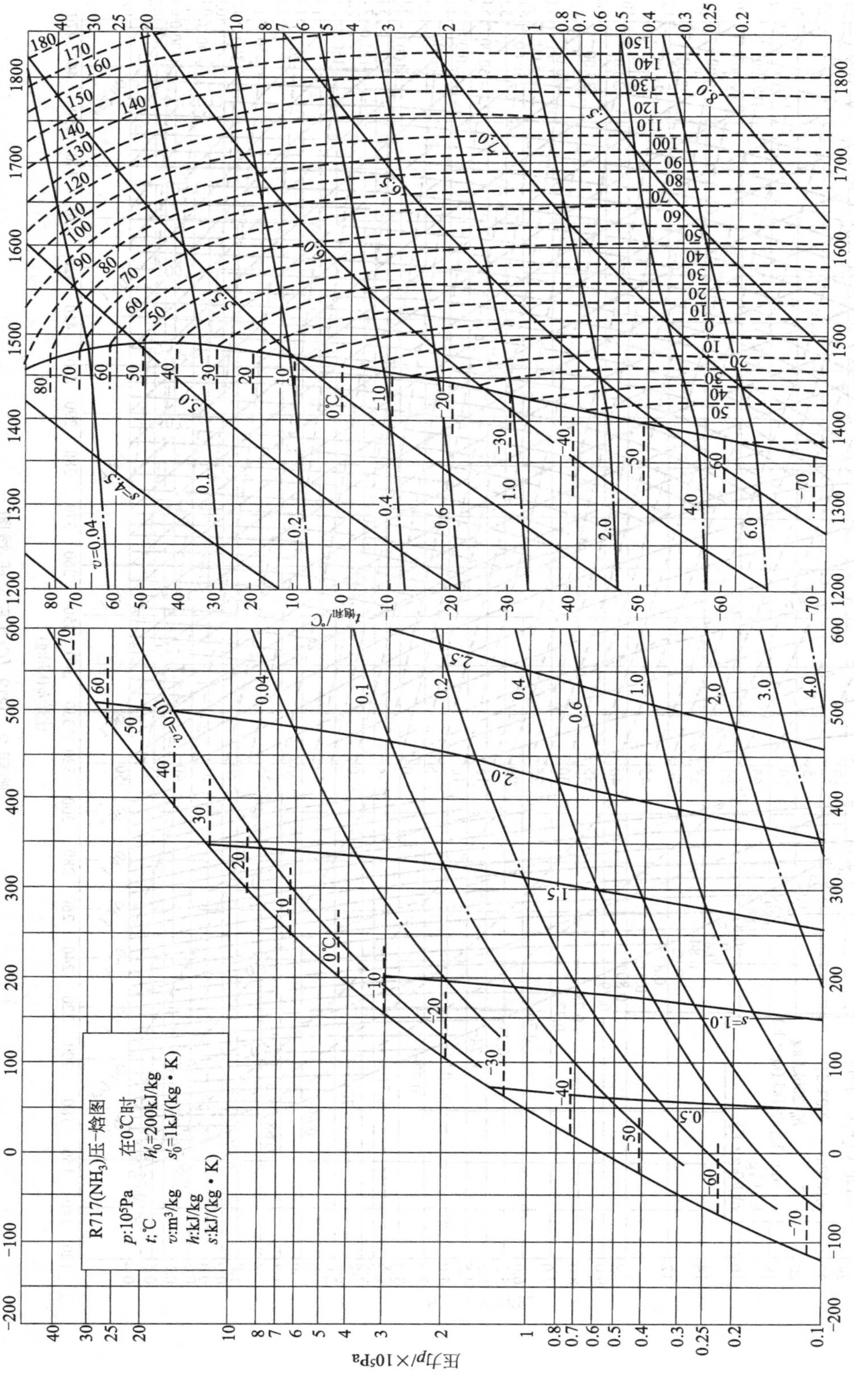

附图 1 R717 (NH_3) 压-焓图

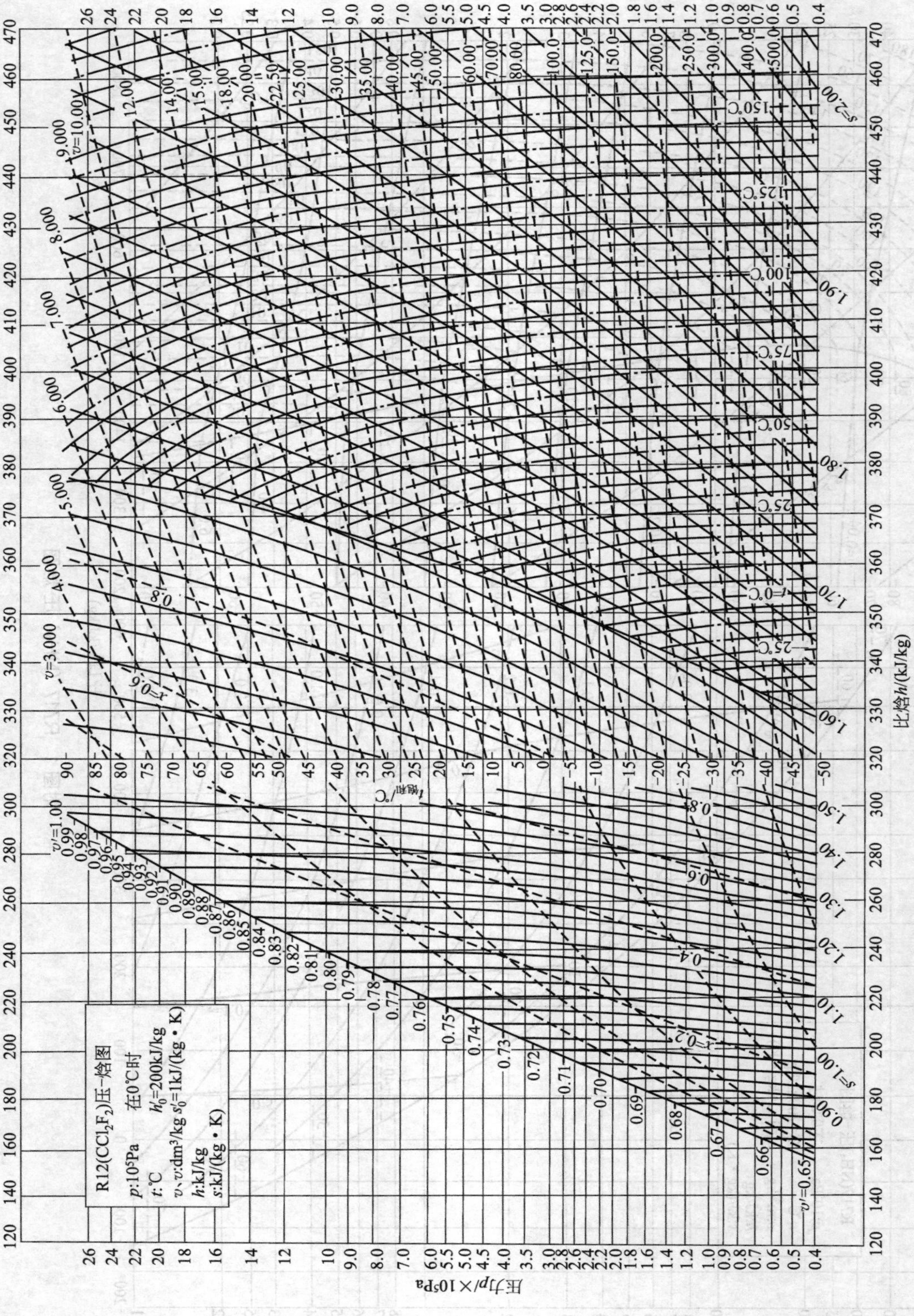

附图 2 R12（CCl_2F_2）压-焓图

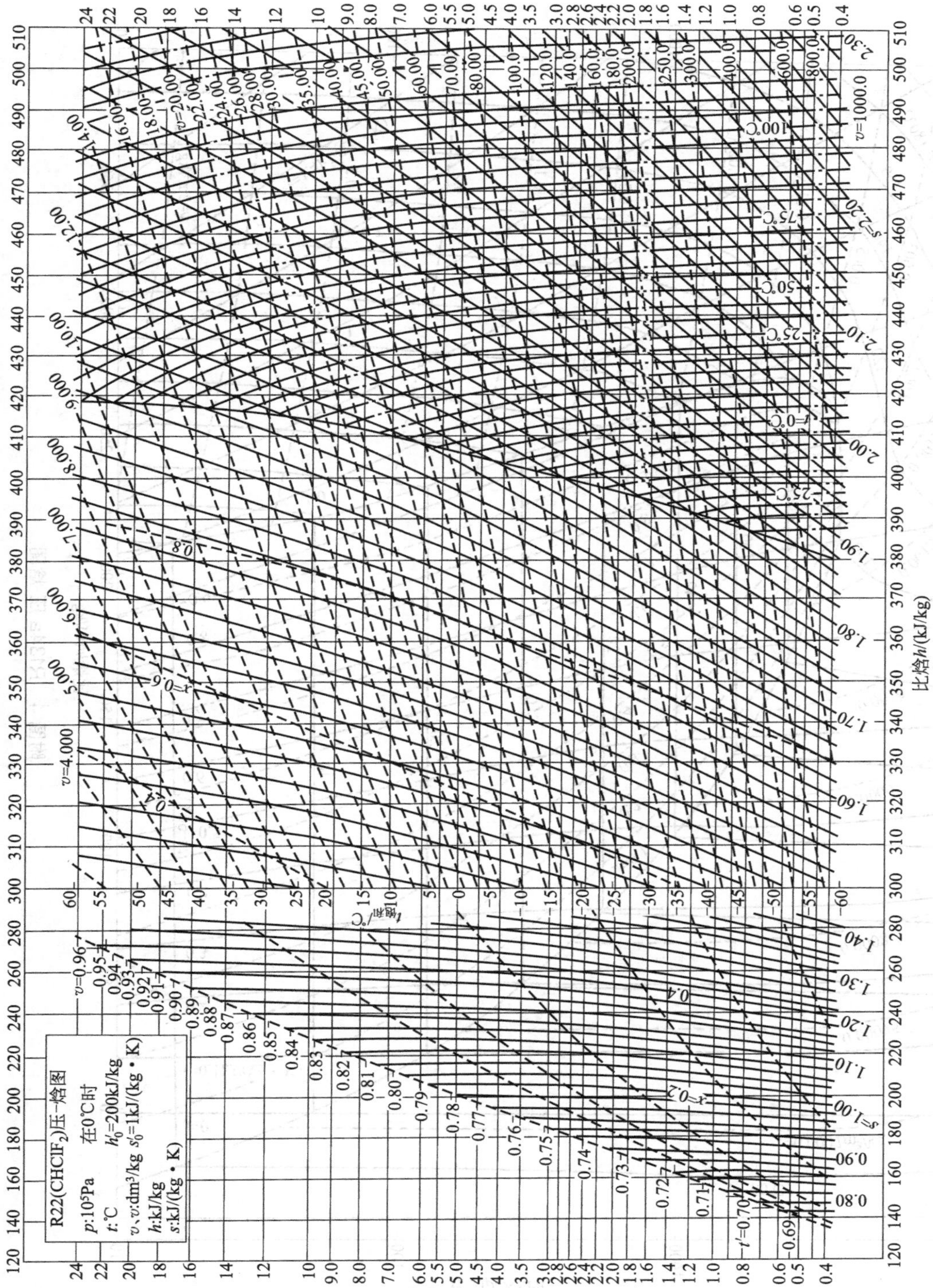

附图 3 R22（$CHClF_2$）压-焓图

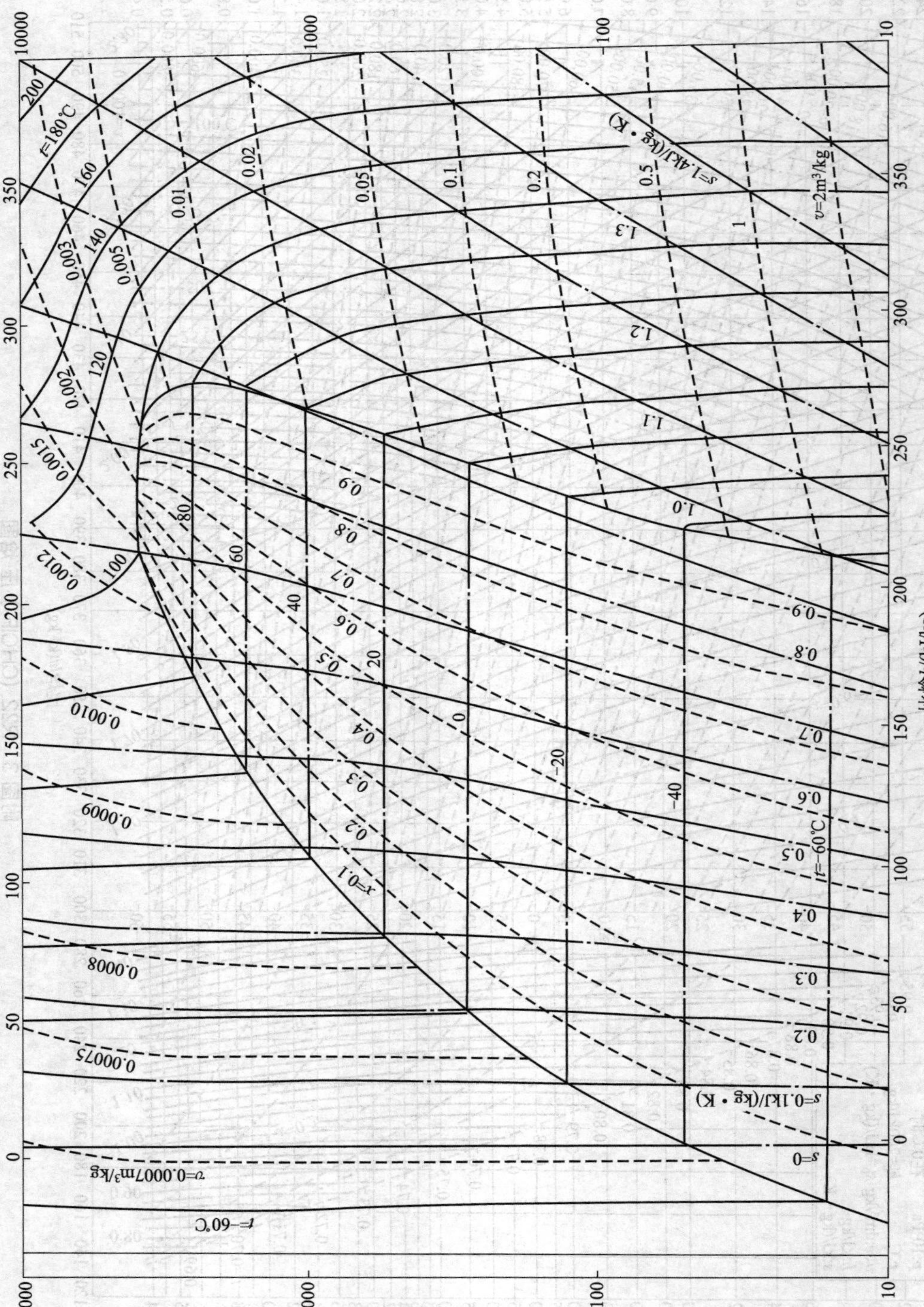

附图 4 R134a 压-焓图

参 考 文 献

[1] 冷库设计规范 GB 50072—2010 [S]．北京：中国计划出版社，2010.
[2] 气调冷藏库设计规范 SBJ 16—2009 [S]．北京：中国计划出版社，2009.
[3] 尉迟斌．实用制冷与空调工程手册 [M]．北京：机械工业出版社，2003.
[4] 张祉祐．制冷空调设备使用维修手册 [M]．北京：机械工业出版社，1998.
[5] 李明忠，孙兆礼．中小型冷库技术 [M]．上海：上海交通大学出版社，1995.
[6] 张萍．制冷工艺设计 [M]．北京：中国商业出版社，2002.
[7] 李敏．冷库制冷工艺设计 [M]．北京：机械工业出版社，2009.
[8] 王春．冷库制冷工艺 [M]．北京：机械工业出版社，2002.
[9] 孙秀清．制冷工艺设计实训教程 [M]．北京：中国商业出版社，2001.
[10] 李建华，王春等．冷库设计 [M]．北京：机械工业出版社，2003.
[11] 申江．制冷装置设计 [M]．北京：机械工业出版社，2011.
[12] 吴业正．小型制冷装置设计指导 [M]．北京：机械工业出版社，1998.
[13] 田国庆．食品冷加工工艺 [M]．北京：机械工业出版社，2008.
[14] 魏龙．冷库安装、运行与维修 [M]．北京：化学工业出版社，2010.
[15] 李永安．制冷技术与装置 [M]．北京：化学工业出版社，2010.